"十二五"职业教育国家规划教材
经全国职业教育教材审定委员会审定

印染概论

（第3版）

郑光洪　主　编
蒋学军　副主编

中国纺织出版社

内 容 提 要

本教材简单明了地介绍了纺织品染整加工的基本知识，并结合目前国内染整工艺的发展趋势，介绍了纺织品的前处理、染色、印花、整理及绿色环保染整加工新技术。书中采用“二维码”，提供了印染生产现场的视频，使教学内容更加丰富，教学形式更加生动和直观，便于老师和学生的教与学。

本书为纺织院校非染整专业学生染整概论课程的专用教材，也可供纺织、印染、服装、化纤及高分子材料等行业的工程技术人员和营销人员参阅。

图书在版编目（CIP）数据

印染概论/郑光洪主编．—3版．—北京：中国纺织出版社，2017.1（2025.5重印）
“十二五”职业教育国家规划教材
ISBN 978-7-5180-3111-5

Ⅰ．①印…　Ⅱ．①郑…　Ⅲ．①染整—职业教育—教材
Ⅳ．①TS19

中国版本图书馆CIP数据核字（2016）第284156号

策划编辑：秦丹红　　责任校对：楼旭红
责任设计：何　建　　责任印制：何　建

中国纺织出版社出版发行
地址：北京市朝阳区百子湾东里A407号楼　邮政编码：100124
销售电话：010—67004422　传真：010—87155801
http：//www.c-textilep.com
中国纺织出版社天猫旗舰店
官方微博 http：//weibo.com/2119887771
北京虎彩文化传播有限公司印刷　各地新华书店经销
2025年5月第30次印刷
开本：787×1092　1/16　印张：14
字数：290千字　定价：48.00元

第3版前言

本教材按照教育部高职高专染整技术专业教学指导委员会通过的编写计划，以2008年出版的《印染概论（第二版）》为基础，结合近几年纺织印染行业的发展和技术创新重新修订出版。

书中对主要染整设备附有示意图，并结合染整工艺作了简单的应用介绍。在选材上，结合目前国内染整工艺的发展趋势，介绍了纺织品的前处理、染色、印花、整理及其新技术。在上一版的基础上，在前处理方面增加了超声波和臭氧的应用；在染整方面增加了液体染料和新型涂料染色浆以及泡沫染整；在清洁生产、印染废水处理方面增加了激光应用技术、喷墨印花、减少浓缩污泥的处理方法等内容。书中有些内容可根据不同专业的要求，在授课时加以调整或删减。本书为纺织院校非染整专业学生染整概论课程的专用教材，也可供纺织、印染、服装、化纤及高分子材料等行业的工程技术人员和营销人员参阅。

本次修订，在染整技术专业相关教材中，首次创新应用“二维码”技术，通过手机扫描“二维码”可即时呈现相关视频。本次修订，书中除了提供有印染企业漂、染、印、整和牛仔染色的生产视频，还专门录制了设在成都纺织高等专科学校的四川省高校生态纺织品染整重点实验室开发的包括激光印染、超临界染色、泡沫染整、数码喷墨印花等有关印染新技术相关内容的现场视频，使教学内容更加直观、丰富，教学形式更加形象、生动，便于老师和学生的教与学。

本书编写与修订工作主要由成都纺织高等专科学校郑光洪、蒋学军完成，广东江门职业技术学院伍建国对本书进行审阅和修订。人员分工如下：绪论、第一章至第三章由郑光洪编写，第四章、第五章和附录由蒋学军编写；成都纺织高等专科学校染整教研室和实验室的全体教师参与了教学视频的编辑与录制工作；全书由郑光洪统稿。

本书参阅并引用了国内许多知名专家和学者的著作、论文和专利，在此向他们表示衷心的感谢。

由于编者水平有限，书中难免存在疏漏和错误，恳请读者批评指正。

编　者

2016年10月

第 2 版前言

《印染概论（第二版）》是普通高等教育“十一五”国家级规划教材。该教材是在全国纺织教育学会高职高专教学指导委员会的指导下编写而成的。

本教材简单明了地介绍了纺织品的前处理、染色、印花、整理的基本知识，包括基本的染色原理、工艺、处方、设备等，对主要染整设备附有示意图，并结合染整工艺作了简单的应用介绍。在编写的过程中，听取了多所院校师生对原版教材的反馈意见，在原版教材的基础上作了较大的修改，并结合目前国内染整工艺的发展趋势，介绍了纺织品的前处理、染色、印花、整理及绿色环保染整加工新技术，增加了禁用染料和清洁生产、印染废水处理的基本知识。特别是书中附赠光盘内提供了印染生产现场的视频和 PPT 课件，使教学更加生动和直观，便于老师和学生的教与学。书中有些内容可根据不同专业要求在授课时加以调整或删减。本书为纺织院校非染整专业学生染整概论课程的专用教材，也可供纺织、印染、化纤等行业的工程技术人员和营销人员参阅。

本教材由成都纺织高等专科学校郑光洪教授主编，编写了绪论和第一至第三章，高级实验师蒋学军任副主编，编写了第四、第五章和附录。全书由郑光洪教授统稿。

本教材在编写过程中得到了教育部食品和轻化工程教学指导委员会轻化工程印染专业分委员会、全国纺织教育学会高职高专教学指导委员会的关心和指导，并参阅和引用了国内许多知名专家和学者的专著，在此一并向他们致意并向他们表示衷心的感谢。

由于编者水平有限，书中的缺点和错误难免，欢迎批评指正。

编者

2008 年 4 月

课程设置指导

课程名称 印染概论

适用对象 纺织、轻化类高职高专院校非染整专业

总学时 46

理论教学时数 30 **实验（实践）教学时数** 16

课程性质：本课程为纺织、轻化高职高专院校非染整专业的染整概论课程，可作为必修课或选修课。

课程目的

1. 了解纺织品的前处理、染色、印花、整理的原理和主要的工艺参数。
2. 熟悉纺织品染整加工的主要流程和设备。
3. 掌握纺织品染整加工对纺织品质量的影响。
4. 了解纺织品染色的发展动向和印染废水的特点及处理方法。

课程教学基本要求 教学环节包括课堂教学、实验、作业和考试。通过各教学环节，重点培养学生对纺织品染整加工过程知识的理解、运用和实验技能的训练。

1. 理论教学：在讲授基本概念的基础上，采用启发、引导的方式进行教学，举例说明染色理论知识在生产实际中的应用，并及时补充染整技术的最新发展动态。

2. 实践教学：本课程中为实验或现场教学。根据教学的具体情况，安排教学实验或到印染厂生产一线，现场讲解工艺实现的整个过程，提高学生理论联系实际的能力。

3. 作业：每章给出若干思考题，尽量系统反映该章的知识点，布置适量书面作业。

4. 考核：采用期末考试和实验考核方式进行全面考核。考试形式根据情况采用开卷、闭卷笔试方式，题型一般包括名词解释、填空题、判断题、问答题、计算题。

课程设置指导

教学环节学时分配表

<table>
<tr><td>章　数</td><td>讲授内容</td><td>理论学时</td><td>实验（践）学时</td></tr>
<tr><td>第一章</td><td>前处理</td><td>6</td><td>4</td></tr>
<tr><td>第二章</td><td>染色</td><td>8</td><td>4</td></tr>
<tr><td>第三章</td><td>印花</td><td>6</td><td>4</td></tr>
<tr><td>第四章</td><td>整理</td><td>4</td><td>4</td></tr>
<tr><td>第五章</td><td>印染废水处理</td><td>4</td><td></td></tr>
<tr><td colspan="2">考（查）试</td><td>2</td><td></td></tr>
<tr><td colspan="2">合　　计</td><td>30</td><td>16</td></tr>
</table>

目　　录

绪　论

一、染整工程概述

1. 引言　当前纺织品发展的总趋势是向精加工、深加工、高档次、多样化、时新化、装饰化、功能化等方向发展，并以增加纺织品的“附加价值”为提高经济效益的手段。

印染后整理加工向“多样化、多变化”方向发展是当代印染技术的一个发展趋势，对不同产品采用不同的工艺流程，再辅以各类新型染化助剂和高速、高效的先进设备，使印染产品的质量和档次不断提高，同时也更快地促进了与染整技术相关的工艺、技术、染料、助剂及设备的发展。目前，染整设备的发展趋势是型号变化快，配套全，单元机台多，组成快，适应性强，并向“高效、智能、快捷”方向发展。为了提高劳动生产率，改善劳动条件，采取缩短工艺流程、利用高速高效技术等措施，采用自动化程度高、带有在线质量检测和控制的设备，从而提高了产品性能及其附加价值，使各种染色工艺、化学整理、物理整理技术发展迅速。

纺织工业从纤维材料开始，经过纺纱、织布、染整等各环节而成为纺织商品供应市场，工序繁多，工艺复杂，许多因素都将对产品性能产生影响，任一环节中某一工序稍有疏忽，就会造成次品。因此，各类成品的性能和质量往往随原料、工艺等条件的不同而变化。纺织产品的花色品种及质量，不能仅仅依靠最后的染整加工来完成，还与纺织纤维的品种质量、纱线种类、织物组织结构等因素有关。为此，从事染整加工的工程技术人员必须对纺织纤维、纺纱、织布等工艺有所了解，而从事纺织生产的工程技术人员也应该知道染整后加工对纺织品的要求，这样才能使前后工序要求互相熟悉沟通，做到前工序制品符合后工序加工要求，协同努力，生产出符合市场多方面需要的纺织产品。

2. 棉及棉型织物染整工艺流程　染整工艺流程需根据织物加工顺序要求制定，它同时决定生产车间机器的排列。由于机器安装定位后，再调整变动较为困难，因此制定工艺流程时必须慎重考虑。目前在棉布印染厂中多是根据棉布生产的要求定出工艺流程。如棉布印染厂的常规工序大致有坯布准备、烧毛、退浆、煮练、漂白、丝光、增白、热定形、染色、印花、拉幅、轧光、预缩、检码、包装等。各类织物加工工艺流程根据本身的加工要求安排，一般烧毛工序常紧接坯布缝头后进行，但考虑到涤纶、氨纶等化纤及弹性织物的特殊要求，也有安排在染色之后的。随着科学技术的发展，目前也可将退浆、煮练、漂白合为一浴进行。

二、印染成品质量与前工序制品质量的关系

1. 纺织纤维质量的影响　棉及棉型织物采用的天然纤维有棉纤维、麻类纤维（苎麻、亚

麻及大麻纤维等），化学纤维有黏胶纤维、涤纶、锦纶、氨纶、丙纶等。纺织纤维的质量对纺织制品质量有显著影响。各类纺织纤维品质对印染成品质量的影响分别叙述如下。

（1）棉纤维。纺织纤维中天然纤维仍占相当大的比重，天然纤维中棉纤维的耗用量最大。棉纤维的各项质量指标中，对印染成品质量影响最显著的是棉纤维的成熟度。棉纤维由初生胞壁与次生胞壁组成，次生胞壁加厚程度与棉纤维的成熟度有密切关系，胞壁越厚，成熟度越高。除纤维长度外，棉纤维的各项性能指标几乎都与棉纤维的成熟度有关，成熟度高的棉纤维强度高，弹性好，有光泽，吸色性好，织物染色均匀；成熟度低的纤维胞壁薄，吸色性差，容易在织物染深色时显现“白星”，影响织物外观。原棉中的杂物有两类：一类是非纤维性物质，包括泥沙、枝叶、铃壳、不孕籽、棉籽壳、籽棉、虫屎及虫浆等；另一类是原棉中存在的有害于纺纱的纤维性物质，包括索丝、棉结、软籽表皮、带纤维籽屑等，又称为棉纤维疵点。原棉中杂质与疵点在纺纱过程中较难全部排除，又由于受到机件的打击，颗粒较大的杂质会分裂成碎片，疵点粒数将增多，在染整过程中也很难彻底去除，最后影响成品的外观质量。特殊杂质如砖石、木屑、麻袋片、金属屑等，加工时常对机器设备造成损伤。麻丝、发丝混入棉纤维中，将影响纱与布的质量，增加染整加工的难度。

（2）麻纤维。麻纤维的重要质量指标之一是线密度，品种优良的麻纤维线密度在0.56tex以下（1800公支以上），中等线密度为0.67～0.56tex（1500～1800公支），线密度在0.67tex以上（1500公支以下）的为低级麻。同一株麻的梢部、中部、根部的线密度都不一致，收获季节次数不同的麻线密度也不一样。目前麻类织物向高档细薄织物方向发展，要求纱支条干均匀，使织物表面平整度提高，染色均匀。因此首先应培育线密度在0.56tex以下（1800公支以上）的优级麻，其次若能对不同收获季节的原麻及原麻的头梢、中部、根部分档处理，也可提高纺纱、织布的质量，从而也对提高染整最终产品的质量有利。苎麻的脱胶程度是否达到要求，将直接影响纺纱质量及织物表面平整度。

（3）化学纤维。化学纤维品种多，其中差别化纤维有中空纤维、异形纤维、空气变形纱网络丝、阳离子可染纤维、抗起球纤维、超细纤维以及高强高模量纤维、复合纤维等；功能纤维有阻燃纤维、抗静电纤维、高吸湿纤维、芳纶等。在纺纱工艺中常用多种纤维混纺，这必然带来染整工艺的复杂化，因此对化学纤维的质量必须重视，同时也应考虑到染整加工的难易及是否可行。

化学纤维的质量指标一般包括纤维的断裂强度、断裂伸长、长度偏差、倍长纤维含量、染色性能等。此外，黏胶纤维还有湿强度与湿伸长度、钩接强度和残硫量；维纶有缩醇度、水中软化点、色相、异形纤维含量；腈纶有上色率和染色配伍值；涤纶有沸水收缩率、强度不匀率、伸长不匀率等。其他如纤维卷曲数、回潮率等也列为化学纤维的质量指标。这些质量指标与纺织工艺及纱、布质量关系密切，也与染整最终产品质量有关。

化学纤维的外观疵点有粗丝、并丝、异状丝以及油污等，黏胶纤维还包括黏胶块。化学纤维的外观疵点影响其可纺性，也影响成品的质量。不同工厂生产或同一工厂生产的不同牌号、不同批号的化学纤维，因制造工艺上的差异，其热收缩率、染色性能都不完全一致，故在纺纱配用化学纤维原料时必须充分注意，否则在染整加工时会产生不规则收缩、形成上色不匀等疵病。

2. 纺纱制品质量的影响 纱线质量虽然首先影响的是织造产品，但最终仍将影响染整的最后产品，所有纱线或织物的疵病都会在染整加工中暴露出来，因此，纺织纤维的正确使用非常重要。纺纱时应首先重视纤维原料的配比，纺棉时的配棉工序应注意产地、牌号、批号；使用涤纶时要注意国别、牌号、批号以及在制造过程中是否漂白或消光，因为涤纶的上色率与这些因素密切相关。

（1）纤维原料的配比和混和。在染整生产中往往由于纤维原料的配比不一致，混和不良或纺织生产管理不善（如原料混错，批号翻错，混纺比搞错等），造成染色产品的色差和白星疵病，严重影响产品的质量。纱线品质指标是结合纱支粗细来表达强力的综合数据，对织造、染整工艺来说，品质指标越高越有利。用作经纱的品质指标要比用作纬纱的高。纱支捻度不匀对染整加工后的产品质量影响也很大，纱支捻度增加会使织物光泽减弱、手感增硬、染色性降低、缩水率增大、平磨性减弱、卷曲增加，还会影响绒布织物的顺利拉绒。坯布纬纱的捻度增大，经向的织缩随之增大，印染加工的伸长率也就越大。捻度不匀，还会影响织物的外观。对于合成纤维织物若捻度过低，容易起毛起球，即使经染整加工后也难以防止。

纱线条干不匀会使织物表面呈现不均匀的经纬白条，严重影响织物的外观，漂染后尤为突出。

纱线上的棉结是由成熟度低的棉纤维或僵棉在轧花和纺纱工程中处理不良纠结而成，呈黄色或白色的圆形或扁形小结状。此外，尚有因清棉不净而残留的棉籽屑、碎叶等，在纺纱时混入纱中。纱支上附有较多的棉纺杂质时，将影响织物外观，并使织物手感粗糙，平磨性减弱，同时增加了印染加工的难度。

在棉与化学纤维混纺时，应注意不同类型纤维混纺造成的纱线强力“垂链现象”，同时也应考虑到印染加工时的难易。

（2）造成染疵的纱疵因素。

① 纱线中的油迹、有色疵点，如竹节、油花纱、油经、油纬、色经、色纬和煤灰纱等，在漂白织物上十分显眼，必须特别注意。化纤本身白度较高，对于化纤纯纺及混纺织物更应避免使用有上述疵病的纱线。

② 深色织物对棉结、紧经、松经、紧捻纱等要求特别高，深色织物的“白星”问题也与纱疵有关。浅色织物因色浅，遮盖力较弱，各种疵点容易显现，除与深色织物一样，对紧经、松经、紧捻纱等有同样要求外，对花纬、棉球等纱疵要求也较高，否则易出色差及布面“白星”等染色疵病。

3. 织造制品质量的影响 染整是紧接着织造的工序，织造制品的质量将直接影响染整后最终产品的质量。织造制品质量的影响，一是对织物外观方面，如纬缩形成的毛圈形小辫、跳纱、蛛网等，这些疵病在细纱高密织物上（府绸、卡其等）更为突出；二是对色布染色质量的影响。常见疵病的影响分列于下：

坯布的边疵，如锯齿边、荷叶边、边纬缩、边穿错以及边擦疵、烂边、毛边等都将在染整加工过程中进一步严重发展。色边是在离布边0.5cm内织入有颜色的纱线。织入布边的色纱有两类：一类是暂时的着色记号，用以区别本厂各类织品不致搞错之用，所用染料应该是在染整加工的前处理工序时容易褪除的染料，如强酸性染料，使用牢度稍好的弱酸性染料或直接染料将会造成沾色疵病；另一种色纱的染色坚牢度要求较高，是为了区别本厂与外厂纺织品种而做的色纱边，要求色纱上的染料在染整加工时不能褪色，一般使用还原染料，但要考虑到在煮练时的高温强碱条件下，是否会造成白地沾色或搭色。织布厂交班时在坯布上盖交班印用的染料也要考虑以后的沾搭色问题。

染整成品上的色差、色疵有不少是由于坯布不符合要求所造成的，如经纬纱用错、筘路和穿错等，在染整加工后会出现程度不同的经向色档，影响成品质量，特别在染凡拉明蓝布、士林蓝布及硫化蓝布等更为显著。织造时经纱断头，长时间未予接上，造成织物上经纱短少或中断，染色后，断经处颜色较深，而且也会造成破洞。拖纱如不及时修剪，留在坯布上，经染色加工（尤其是轧染）即造成拖纱白印或浅色拖纱印。织厂经纱上蜡，如采用外上蜡法，而且布上含蜡量在0.7%～1.0%以上时，容易造成拒染斑。织厂在坯布上洗除油渍时，由于去除不净或污渍扩散，也会造成斑渍印。

坯布缺经、断纬、稀纬、稀弄及蛛网等织疵，除会引起相应的色疵外，稀薄织物如具上列织疵，在烧毛时易造成烧毛破洞，甚至引燃织物。坯布带来的布辊皱，烧毛时会产生烧毛条痕，最后造成染色条花。涤棉混纺纱定形不匀是造成染色织物“裙子皱”的原因。坯布幅宽不足时最后成品也将达不到标准，即使在拉幅时勉强拉足，其纬向缩水率也难以符合标准，有时因为硬拉幅还会将布拉破。

从纤维材料、纺纱、织布各工序来看，某一工序产生疵病，最后都会影响染整产品的质量。坯布在织厂整理车间，经过检验修理，虽可提高坯布合格率，但在印染厂加工时，某些经修补的疵病仍将在印染布上暴露出来，因此应加强各工序的管理，尽量减少差错，把坯布疵病减少到最低程度，这样才能得到质量优良的纺织品。

第一章　前处理

未经染整加工的织物统称为原布或坯布，其中仅少量供应市场，绝大多数坯布尚需在印染厂进一步加工成漂布、色布或花布供消费者使用。坯布中常含有相当数量的杂质，其中有棉纤维伴生物及杂质、织造时经纱上浆料、化纤上油剂以及在纺织过程中黏附的油污等。这些杂质污物若不除去，不但影响织物的色泽、手感，而且影响织物的吸湿性能，使织物上色不均匀，色泽不鲜艳，还影响染色牢度。

前处理的目的就是在使坯布受损很小的条件下，除去织物上的各类杂质，使织物成为洁白、柔软并有良好润湿性能的染印半制品。

前处理是印染加工的准备工序，也称为练漂，对于棉及棉型织物的前处理有准备、烧毛、退浆、煮练、漂白、丝光等工序，但对不同品种的织物，对前处理要求不一致，各地区工厂的生产条件也不相同，因而织物在前处理车间所经受的加工次序（工序）和工艺条件也经常是不同的。

第一节　前处理用水与主要助剂

一、前处理用水

1. 水质要求　印染厂是蒸汽、水用量较大的企业，而前处理工序用水量在整个印染过程中所占比例又较大，据统计，印染厂每生产1km棉印染织物，耗水量近20t，其中前处理用水约占50%。水的质量不仅对前处理及其他工序制品质量影响很大，而且还影响到染化料、助剂的消耗。虽然水质可以通过各种方法加以改善，但由于印染厂用水量很大，无论用哪种方法改善水质，都将占用设备、场地，并且耗用能源、化学药剂，导致成本增加。因而印染厂应建立在水源充足，水质良好，并有污水排放条件的地点。

印染厂水质质量要求如下：

透明度>30

色度≤10（铂钴度）

pH=6.5~8.5

含铁量≤0.1mg/L

含锰量≤0.1mg/L

总硬度：染液、皂洗用水<18mg/L（18ppm），一般洗涤用水<180mg/L（180ppm）

2. 硬水及其软化方法 通常将含有较多的钙、镁盐类的水称为硬水（硬水中钙、镁盐类含量用硬度表示），钙、镁盐类含量低的水称为软水。天然水的软水、硬水区分标准大致如下：

软水：0～57mg/L（0～57ppm）

略硬水：57～100mg/L（57～100ppm）

硬水：100～280mg/L（100～280ppm）

极硬水：>280mg/L（280ppm）

硬水中的钙、镁盐类对印染加工大都不利，如与肥皂作用生成难溶的钙、镁肥皂，沉淀在织物上，在碱性溶液中还会生成难溶的水垢，附着在前处理设备上（如机槽内壁、阀门、导辊等），妨碍生产正常进行。水中含有铁、锰盐类的量超过规定限量时，在煮练过程中会产生锈斑并催化氧化棉纤维。用氧化剂漂白时，铁、锰盐也起催化分解漂白剂的作用，使棉纤维脆损。锅炉用水必须是软水，否则水垢沉淀紧紧附着在锅炉管壁上，降低了锅炉壁的导热系数，会多耗燃料；水垢沉积还会引起锅炉爆炸事故。

从天然水中除去钙、镁盐类，称为硬水的软化。软化的方法有多种，根据需要可采取适宜的方法。一般用于前处理、染色、印花后水洗的水，只要水质洁净，接近中性，硬度在180mg/L（180ppm）以下即可。配制化学药剂溶液，应使用硬度小于18mg/L（18ppm）的软水。烘干机散热器的回汽水，是上等软水，用于配制溶液最好。如供应量不足或无回收设备时，也可用化学软化法，即在水中先加入软化剂，再加入染整化学药剂。常用的化学软水方法有下列几种：

（1）纯碱—石灰法。现以钙盐中的碳酸氢钙代表硬水中的钙、镁盐类，硬水中的碳酸氢钙加热时容易分解成为碳酸钙而从水中析出，称为暂时硬质。硬水中硫酸钙在水煮沸时并不析出，称为永久硬质。软化作用可以用下列化学反应式表示：

$$Ca(HCO_3)_2 + Ca(OH)_2 \longrightarrow 2CaCO_3\downarrow + 2H_2O$$

$$CaSO_4 + Na_2CO_3 \longrightarrow CaCO_3\downarrow + Na_2SO_4$$

纯碱也可单独使用，常用于印花、染色后皂洗液中。一般先在水中加入纯碱，煮沸后使水软化，再加入肥皂或其他净洗剂。

（2）磷酸三钠与六偏磷酸钠法。化学反应式如下：

$$3Ca(HCO_3)_2 + 2Na_3PO_4 \longrightarrow Ca_3(PO_4)_2\downarrow + 6NaHCO_3$$

$$3CaSO_4 + 2Na_3PO_4 \longrightarrow Ca_3(PO_4)_2 + 3Na_2SO_4$$

因磷酸是中强酸，弱酸如醋酸类难与$Ca_3(PO_4)_2$作用，常在配制煮练液时加入磷酸三钠为软化剂。

六偏磷酸钠与钙盐或镁盐起化学作用生成可溶性复盐，复盐内的钙、镁成分不易分解出来，因此降低了水的硬度，反应如下所示：

$$Na_2[Na_4(PO_3)_6] + 2CaSO_4 \longrightarrow Na_2[Ca_2(PO_3)_6] + 2Na_2SO_4$$

$$Na_2[Na_4(PO_3)_6] + 2MgSO_4 \longrightarrow Na_2[Mg_2(PO_3)_6] + 2Na_2SO_4$$

化学软化法不需要专门设备，方法简单方便，经济实用。软水剂用量可根据水的硬度及用水量计算后定量施加。

对于要求较高的软水，用化学法软化常有残余硬度，不能达到软化的目的，可采用离子交换法，用泡沸石、磺化煤可除去水中的钙、镁、铁等离子。如欲获得纯水可用阴、阳离子交换树脂先后处理，或同时混合处理，能够得到不含溶盐的纯水。离子交换法需用专门设备，并耗费动力及化学药剂，成本较高。锅炉用水对水质要求高，目前都用阳离子交换树脂除去水中钙、镁离子，以供使用。

二、前处理用助剂

常用的前处理用剂有碱类、酸类，以氧化型为主的漂白剂，表面活性剂，用于淀粉浆退浆的酶制剂等。

1. 碱和酸

（1）碱类。以烧碱为常用。工业用烧碱主要成分是氢氧化钠，有固体烧碱（一般纯度为95%以上）与液体烧碱（含量为30%～42%），固体烧碱便于长途运输及储存保管，液体烧碱使用方便，但体积较大。由于烧碱用食盐电解法制造，空气中二氧化碳也容易与烧碱反应生成碳酸钠，因此，烧碱中的纯碱含量应不大于1%～3%，氯化钠含量不大于1.5%～3%。烧碱是强碱，对皮肤及黏膜腐蚀性极强，使用时应注意劳动保护，尤其溶解固体烧碱开桶时，操作人员必须穿戴劳动保护用品。

烧碱在棉及棉型织物印染厂中是重要的化学用剂，在前处理工序中常用于织物退浆、煮练、丝光等。每百米织物标准碱耗为0.8～1.2kg。

纯碱在化学分类上属于盐类，在水溶液中水解后呈碱性，碱性较弱，不能代替烧碱，一般用作软水剂、色织物的煮练剂及蛋白质纤维的精练剂。

氨水在棉印染厂中很少使用，有时用于液氨丝光及醋酯纤维织物的煮练等。

其他尚有泡花碱（又名水玻璃），是煮练及双氧水漂白时的助剂。

（2）酸类。以硫酸为常用。用于退浆、煮练及漂白的酸洗，丝光后的中和等。工业用硫酸一般 H_2SO_4 含量为92.5%～98%。由于含有少量铁质、二氧化硫及有机物，使商品带棕色。浓硫酸腐蚀性较强，搬运时应轻放。浓硫酸加水时能产生大量热能，稀释浓硫酸时，只能将酸慢慢倾入冷水中，适当搅拌，绝对不能把水注入浓硫酸中，因为硫酸为热的不良导体，并且具有极强的吸水性，遇水产生的高热如不能立即散发，一部分水将迅速沸腾，使硫酸随蒸汽飞溅伤人，腐蚀皮肤及衣物。浓硫酸储存时应放在通风、干燥的处所，避免受热或雨水进入容器内，从而引起爆炸。

盐酸的作用与硫酸相同，也可用于中和碱剂。但硫酸价格较廉，含酸量高，中和能力强，工业盐酸浓度低，中和能力不如浓硫酸，所以在前处理时仍以使用硫酸为主。

2. 漂白剂 棉及棉型织物都用氧化型漂白剂进行漂白，常用氧化型漂白剂有下列几种。

（1）过氧化氢。俗称双氧水，用于棉织物及涤棉混纺织物的漂白，效果较好。工业用双氧水含过氧化氢30%，并含有少量作为稳定剂的硫酸。30%的过氧化氢溶液对皮肤有强烈刺激性，与金属物如铁、铜、铬等接触，受热或日光暴晒均会引起分解爆炸，应于阴凉遮光处储存。久储有效成分会降低，故不宜长时间储藏。

（2）次氯酸盐。由氯气与碱反应而成。氯气与石灰反应的产物称为漂白粉（是次氯酸钙与氯化钙的复盐，分子式一般用 $CaOCl_2$ 表示），优良的漂白粉含有效氯（有效氯是指漂白粉的有效成分，即一定量的漂白粉与酸作用后生成的氯气量，用百分率来表示）约30%～35%。含有效氯比普通漂白粉高的通称漂粉精。由于漂白粉是钙盐，使用不甚方便，除小厂仍有应用外，目前几乎都使用次氯酸钠。次氯酸钠是氯气与烧碱反应的产物，是次氯酸钠与氯化钠的混合物。次氯酸钠可以由印染厂自制，也可使用化工厂供应的产品。市售次氯酸钠为无色或淡黄色液体，含有效氯100～140mg/L。次氯酸钠的性能和用途与漂白粉相同，一般用于低档棉织物、维棉混纺织物的漂白。

（3）亚氯酸钠。用于高档织物的漂白，效果比次氯酸盐好，白度稳定。由于亚氯酸钠价格昂贵，对设备耐腐蚀的要求高，且亚氯酸钠分解产物 ClO_2 毒性较大，目前国内使用不多。

3. 表面活性剂 印染加工几乎都是在水溶液中进行，由于水具有较大的表面张力，使水溶液不能迅速良好地对纤维润湿、渗透，不利于印染加工的进行。为此，常在水中加入一种能降低水表面张力的物质，这种物质叫作表面活性剂。通常在水中只需加入少量表面活性剂，便能显著降低水的表面张力。属于这样的物质有很多，如常见的肥皂、红油、平平加O等。表面活性剂按其使用性能，主要可分为润湿渗透剂、乳化剂、分散剂、洗涤剂等。尽管表面活性剂有各种各样的性能和用途，但从它们的分子结构来说却有一个共同的特征，即都是由亲水基和疏水基两部分组成，一般可用下式表示：

亲水基是指与水有较大亲和力的原子团，表面活性剂分子中常见亲水基有羧基（—COONa）、磺酸基（$—SO_3Na$）、硫酸酯基（$—O—SO_3Na$）、醚键（—O—）等。疏水基也称亲油基，就是与油有较大亲和力的原子团，如烃基（$C_{17}H_{35}$—、$C_{12}H_{25}$—⌬—）等。

一种常用的表面活性剂分类方法是根据表面活性剂溶于水后所带电荷的情况，分为离子型与非离子型两大类，而离子型表面活性剂还可分为阳离子型、阴离子型、两性型三类，如下所示：

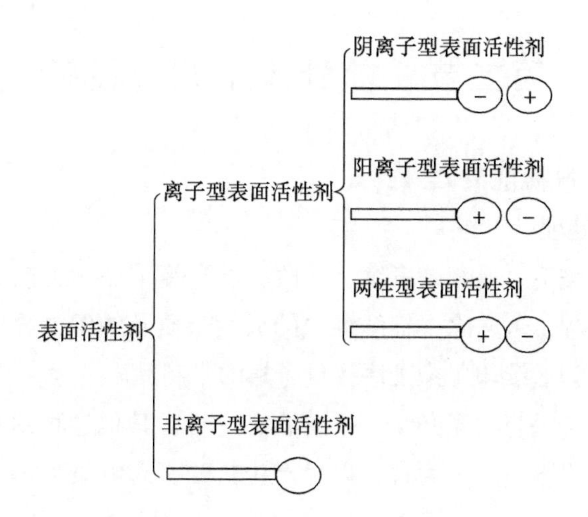

表面活性剂能显著降低水的表面张力，降低程度在一定浓度范围内与表面活性剂浓度有关，当浓度达到一定值后，溶液的表面张力不再减少。溶液的表面张力达到最低值所需的最低浓度称为临界胶束浓度（CMC）。不同的表面活性剂具有不同的临界胶束浓度，使用的表面活性剂浓度应稍大于临界胶束浓度，才能充分发挥作用。

在一般染整加工中，主要使用阴离子型和非离子型表面活性剂。常用的有下列一些品种。

（1）阴离子型表面活性剂。

① 拉开粉：是良好的润湿剂。

② 红油：通常用蓖麻油与硫酸作用制成，有良好的润湿性能，常用于织物煮练。

③ 肥皂：是高级脂肪酸钠盐，性能优良。但在硬水中容易生成脂肪酸钙、镁盐沉淀，在酸性溶液中易分解析出脂肪酸，从而失去洗涤能力，并使布身变硬。若粘在设备导辊上，则难以去除。

④ 烷基苯磺酸钠（ABS）：是家用洗涤剂的主要成分，耐酸及硬水，去污能力也较好。

⑤ 扩散剂 NNO：多用作染色时染料的分散剂。

（2）非离子型表面活性剂。

① 渗透剂 JFC（又名润湿剂 EA）：耐酸、碱，对硬水稳定，练漂中用于退浆助剂、酸洗、漂白等。

② 平平加 O：有很强的扩散能力，多用于染色、印花。

阴离子型表面活性剂不能与阳离子型表面活性剂同浴使用，否则将相互结合而彼此失效。对于其他阳离子型助剂及染料亦然，同浴亦将造成染疵。反之，阳离子型表面活性剂一般也不能与带阴离子的助剂、染料同浴使用。但离子型表面活性剂与非离子型表面活性剂可同浴使用。目前表面活性剂发展较快，品种繁多，在印染加工时应选用效果最佳的表面活性剂，以提高印染产品的质量。

第二节　前处理工艺及设备

一、棉及其混纺织物前处理

（一）棉织物的前处理

棉织物前处理需经烧毛、退浆、煮练、漂白、丝光等工序，工艺流程较长，使用的设备也多。经过这些加工过程，可以除去棉纤维中的天然杂质及纺织过程中带来的浆料污物，获得品质优良的棉织物，为后续印、染工序提供合格的半制品。

在棉织物加工中，烧毛与丝光必须以平幅状态进行，其他过程用平幅或绳状均可，但厚织物及涤棉混纺织物仍以平幅加工为宜，以免产生折皱，影响染色加工。各工序加工要求及有关设备分述于下。

1. 坯布准备与烧毛

（1）坯布准备：包括坯布检验、翻布（分批、分箱、打印）、缝头。坯布准备工作在原布间进行，经分箱缝头后的坯布送往烧毛间。

坯布检验率一般在10%左右，也可根据工厂具体条件增减。检验的内容为物理指标和外观疵点，物理指标如匹长、幅宽、重量、经纬纱密度和强度等；外观疵点如缺经、断纬、斑渍、油污、破损等。经检验查出的疵点可修整者应及时处理。严重的外观疵点除影响印染产品质量外，还可能引起生产事故，如织入的铜、铁等坚硬物质可能损坏染整设备的轧辊，并由此轧破织物，产生连续性破洞。对于漂白、染色、印花用坯布，应根据原坯布疵点情况妥善安排。

翻布时将织厂送来的布包（或散布）拆开，人工将每匹布翻平摆在堆布板上，把每匹布的两端拉出以便缝头。布头不可漏拉，摆布时应注意正反面一致，不能颠倒翻摆。翻布的同时进行分批、分箱。此时将加工工艺相同、规格相同的坯布划为一类，每批数量根据设备加工方式而定，如采用煮布锅煮练，则以煮布锅的容布量为一批；采用绳状连续练漂时，则以堆布池容量分批；采用平幅连续练漂时，通常以10箱布为一批。目前国内印染厂布匹运输仍使用堆布车（布箱），每箱布的多少可根据堆布车容量为准。由于绳状练漂是双头加工，分箱成双数。每箱布上附一张分箱卡片，标明批号、箱号、原布品种、日期等，以便管理检查。每箱布的两头距布头10～20cm处打上印章，打印油必须具有快干性，并能耐酸、碱、氧化剂及蒸煮。打印油都用炭黑与红车油自行调制。印章上标明品种、工艺、类别、批号、箱号、日期、翻布者代号，以便识别和管理。

下织机织物长度一般为30～120m，不能适应印染厂的连续加工，因此必须将每箱布内各布头用缝纫机依次缝接成为一长匹。缝接时要求缝路平直、布头对齐、针脚均匀，防止产生皱条；正反面不能搞错，也不能漏缝。各厂大都使用环缝式缝纫机（又称为满罗式、切口式），此机优点是缝接平整无叠层，缝接比较坚牢，各种织物都适用，但用线量高（为布幅宽的 13 倍），每个布头还要切除 1cm 宽的切口，浪费较大。箱与箱之间的布头连接都在机台前缝接，可采用平缝式缝纫机（或家用缝纫机），这种缝纫机使用时灵活方便，也可用于湿布接头，用线量较省（为布幅宽的 3.2 倍），但缝接后布头处有叠层，卷染染色时易造成横档色疵。缝接时布边针脚应适当加密，以改善染整时卷边现象。

（2）烧毛：纱线纺成后，虽然经过加捻并合，仍然有很多松散的纤维末端露出纱线表面，织成布匹后，在织物表面形成长短不一的绒毛。布面上的绒毛影响织物表面光洁，且易沾染尘污，合成纤维织物上的绒毛在使用过程中还会团积成球。绒毛又易从布面上脱落、积聚，给印染加工带来不利因素，如产生染色、印花疵病和堵塞管道等。因此，在棉织物前处理加工时必须首先除去绒毛，现一般均采用烧除的方法。

烧毛方法有两种，即燃气烧毛与赤热金属表面烧毛。前者利用可燃性气体燃烧直接燃去织物表面绒毛；后者为间接烧毛，即将金属板或圆筒烧至赤热，再引导织物擦过金属表面烧去绒毛。与这两种方法相应的烧毛设备，有气体烧毛机（无接触式烧毛）、铜板烧毛机和圆筒烧毛机。气体烧毛机（图 1－1）操作方便，适应性广，目前各厂普遍采用气体烧毛机。铜板烧毛机（图 1－2）及圆筒烧毛机劳动强度高，工作条件差，除灯芯绒厂尚在使用外，其应用不多。

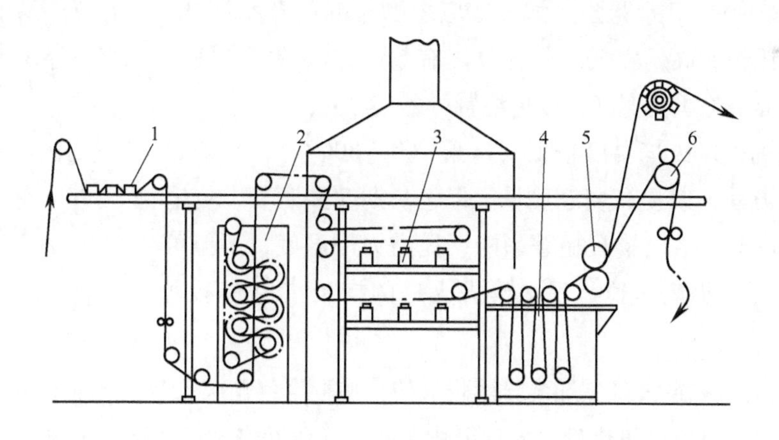

图 1－1 气体烧毛机

1—进布装置 2—刷毛箱 3—烧毛火口 4—平洗槽 5—轧车 6—出布装置

气体烧毛机对各种纺织物都适用，对凹凸提花织物效果尤其好，烧毛质量比较匀净，火焰易控制。气体烧毛机工作时对室温影响较小，准备工作时间短。热板烧毛机需提前约 1h 点火，将金属板或圆筒烧到红热，才能开始烧毛。铜与铸铁等金属材料在红热条件下容易被空气中的氧气氧化，耗损较大。

气体烧毛机由进布装置、刷毛箱、烧毛火口、灭火装置组成。气体烧毛机的主要部件是烧毛火口，通常使用狭缝式火口，这种火口使用较早，目前仍在使用，如图 1－3 所示。火口是一狭长的铸铁制小箱体，箱内是可燃性气体和空气的混合室，小箱上部有一条狭缝，是可

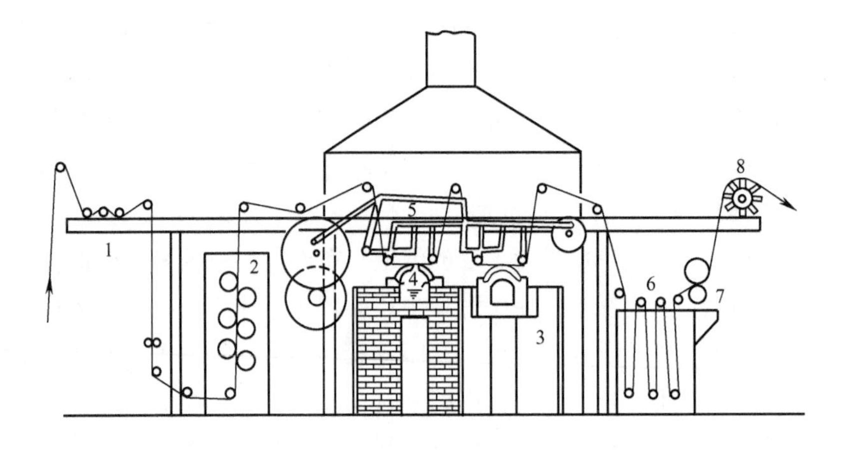

图1－2 铜板烧毛机

1—进布装置 2—刷毛箱 3—炉灶 4—拱形铜板

5—摇摆装置及升降架 6—浸液槽 7—轧车 8—落布装置

燃气与空气混合物的出口，称为喷口，喷口宽度一般为0.5～0.8mm，与所用可燃性气体的燃烧速度有关，燃烧速度快的，喷口可狭些，反之则喷口要宽些。为了适应织物布幅的宽窄变化，火口两端可用压板或高压空气或其他行之有效的方法调幅，使火焰喷射宽度适应烧毛织物宽度，以免浪费可燃气。

旧式烧毛机火口火焰温度较低（一般700～800℃），常采用多火口烧毛的方法，以提高烧毛质量。但经长期实践观察，烧毛火口的火焰温度对烧毛质量有显著影响，提高火焰温度，不但可以烧毛净，还可以提高车速。现在改进火口的措施主要有下列几种：

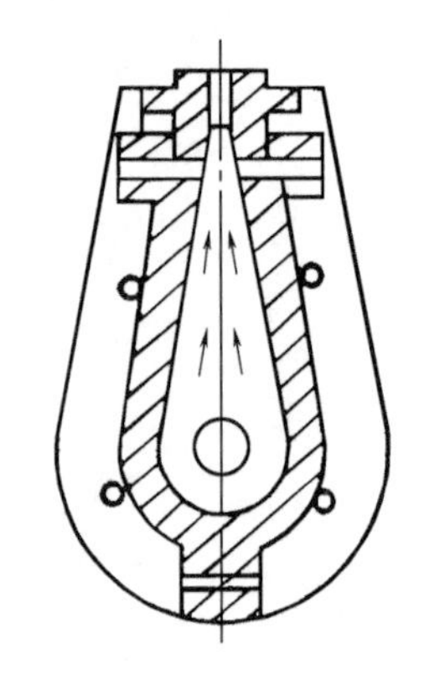

图1－3 狭缝式火口

① 辐射式火口：在火口上加装异形耐火砖，使混合气出喷口后在耐火砖小腔内燃烧，耐火砖是高温载体，可以聚集热量，提高燃烧温度，强化燃烧过程（可达1300～1400℃）。

② 多维火口：如国产SPS—Ⅱ型双喷射火口，在原狭缝式火口基础上，将喷口改成一主二辅，使燃气混合气形成滞涡流，从而燃烧得更充分，提高火焰温度，火焰平整稳定。双喷射火口还有其他结构形式，但作用原理类似。改进的气体烧毛机火口可以转动一定角度，便于控制烧毛程度。

烧毛时，织物引入进布架，然后经过刷毛箱，箱内装有4～8根鬃毛或尼龙毛刷辊，毛刷辊旋转方向和织物行进方向相反，用毛刷刷去附着在布面的纱粒、杂物和灰尘，并使布面绒毛竖直以便烧毛，然后在火口或热金属板表面烧灼。织物经烧毛后布面温度升高，甚至带有火星，因此必须及时扑灭火星，降低织物温度，以免影响织物的质量或造成破洞，甚至酿成火灾。灭火装置根据落布方式而定，湿布降温装置为1～2格平洗槽，槽内装有热水或退浆用的碱液或酶液，烧毛后的织物通过平洗槽灭火。干落布时则向布面喷雾湿蒸汽，或绕经冷流水辊筒灭火。

目前气体烧毛机使用的可燃性气体有城市煤气、天然气、液化石油气及汽油汽化气等，根据工厂所在地区供应条件而定，因此烧毛机火口及空气供应配比，必须根据所使用的可燃性气体作适当调整。燃烧充分时，火焰应呈光亮透明的蓝色，火焰平整、竖直、有力，无飘动和跳动现象。应随时保持狭缝口清洁无堵塞，以免造成烧毛条花。烧毛机工作时尚应注意防火、防尘、防毒、防爆等问题，做到安全生产。织物正反面经过火口的个数，随织物的品种和要求而定。

烧毛质量评定方法是将已烧毛的织物折叠，迎着光线观察凸边处绒毛分布情况，根据下列情况评级：

1 级：原坯未经烧毛

2 级：长毛较少

3 级：长毛基本没有

4 级：仅有短毛，且较整齐

5 级：烧毛净

一般烧毛质量应达 3 ~ 4 级，稀薄织物达 3 级即可。

2. 退浆 以纱为经线的织物，在织造前都必须经过上浆处理，以提高经纱的强力、耐磨性及光滑程度，从而减少经纱断头，保证织布顺利进行。经纱上浆所用浆料有天然浆料如淀粉、野生淀粉，化学浆料如聚乙烯醇（PVA）、聚丙烯酸（PAA），纤维素制剂如羧甲基纤维素（CMC）等。上浆液中还要加入其他成分如防腐剂、柔软剂、吸湿剂、减磨剂等。经纱上浆率的高低和纤维的质量、纱支、密度等有关，纱支细、密度大的织物，经纱上浆率高些，一般织物上浆率为 4% ~8% 。

坯布上浆料对印染加工不利，因为浆料的存在会沾污染整工作液，耗费染化料，甚至会阻碍染化料与纤维的接触，影响印染产品的质量。因此，织物在染整加工前必须经过退浆处理，尽可能地除去坯布上浆料。退浆要求根据后续加工的品种不同而异，例如，用于染色、印花的织物，退浆要求较高，而对漂白织物的退浆要求则可稍低一些。

经纱所上浆料品种与织物使用的纤维品种有关，淀粉浆多用于纤维素纤维织物，如棉织物、麻织物等，化学浆料多用于合成纤维织物，有时也使用混合浆料上浆。退浆是在退浆剂及一定作用条件下进行退浆。常用退浆剂及其退浆工艺分述于下。

（1）酶退浆：酶的本质是蛋白质，是一种生物催化剂。酶的作用效率高，作用条件缓和，不需要高温高压等剧烈条件，作用快速。但酶具有作用专一性，即一种酶只能催化一种或一类化学物质。例如，淀粉酶只能催化淀粉水解成糊精和低聚糖。

酶制剂可从动物内脏、腺体中提取，如胰酶；也可利用微生物生产酶制剂，如 BF 7658 酶。这两种酶能使淀粉降解，使淀粉大分子间键迅速断裂，黏度降低，进一步水解为水溶性较大的糊精及低聚糖类，从而容易在水洗时洗除。

酶的活力受温度、pH、活化剂及阻化剂等影响。一般 BF 7658 酶在 40～80℃之间、胰酶在 40～55℃之间活性较高。pH 与活性及稳定性有关，BF 7658 酶在 pH 为 6.0～6.5、胰酶在 pH 为 6.8～7.0 时使用最佳。水中的氯离子（Cl^-）及钙离子（Ca^{2+}）对酶有活化作用，因此常在酶退浆液中加入工业用食盐，但铜、铁离子有阻化作用，使淀粉酶活性降低，必须采取相应措施防止。胰酶退浆率可达 70%～80%，BF 7658 酶达 85%。

（2）碱及碱酸退浆：热的稀烧碱溶液可以使各类浆料发生溶胀，还能增加一些浆料的溶解性，使浆料与纤维的黏着变松，在机械作用下较易洗除大部分浆料，碱退浆率达 50%～70%。

在棉印染厂中有大量稀碱及废碱液，如丝光后的淡碱液、煮练后的废碱液均可用于碱退浆。虽然退浆效果较差，但适用于各类浆料，还能去除其他杂质和部分棉籽壳，而且可降低成本，被不少印染厂所采用。

碱退浆操作是在烧毛后灭火槽内浸轧碱液，槽内碱液浓度 3～5g/L，温度 80～85℃。轧去多余碱液后的织物进入导布圈成为绳状，再在绳状轧洗机上第二次轧碱，碱液浓度 5～10g/L，温度 70～80℃，并含少量润湿剂。然后堆在退浆池内，保温保湿堆置 6～12h。平幅退浆碱浓度一般是 10g/L 左右，在 100～102℃下汽蒸 1～1.5h。碱退浆后必须经热水、冷水充分洗涤，尤其是 PVA 浆更宜勤换洗液，避免 PVA 浓度增加再黏附在织物上。

碱退浆后经过水洗，再浸轧 5g/L 硫酸液，然后堆置约 1h，用水充分洗净。此法称为碱酸退浆法，用于含杂质较多的低级棉布及紧密织物如府绸等。碱酸退浆对去除棉纤维杂质及矿物质效果较好，并能提高半制品白度及吸水性。碱酸法退浆率达 60%～80%。

（3）氧化剂退浆：强氧化剂如过酸盐、过氧化氢、亚溴酸钠等，对各种浆料都有使浆料大分子断裂降解的作用，从而容易从织物上洗除。氧化剂退浆速度快，效率高，质地均匀，还有一定的漂白作用。但是强氧化剂对纤维素也有氧化作用，因此在工艺条件上应加以控制，使纤维强力尽可能保持。用于退浆的氧化剂中，亚溴酸钠是较好的一种，退浆液中含有效溴 0.5～1.5g/L 及适量润湿剂，退浆液 pH 为 9.5～10.5，织物浸轧退浆液后于室温堆置约 0.5h 即可。亚溴酸钠还可用于溴—碱退煮一浴法，即退浆与碱煮练同浴进行，大大简化了工序。亚溴酸钠退浆率较高，对 PVA 浆料可达 90%～95%，而且不会因水洗时 PVA 浓度增稠重新黏附在织物上，但因亚溴酸钠价格较贵，目前应用尚不广泛。过硫酸铵也是较好的退浆用氧化剂。氧化剂退浆中使用较广的是双氧水—烧碱退浆法，通常采用一浴法，退浆液含双氧水 4～6g/L，烧碱 8～10g/L，润湿剂适量，织物浸轧退浆液后，于 100～102℃汽蒸 1～2min，然后用 80～85℃热水洗净。氧化剂退浆主要用于 PVA 及其混合浆的退浆。

3. 煮练 退浆洗净后的织物即可进入煮练工序。煮练是棉及棉型织物前处理工艺中的主要工序，因为棉纤维伴生物、棉籽壳及退浆后残余浆料都必须通过煮练除去。使织物获得良好的润湿性及外观，以利后加工顺利进行。

（1）煮练液成分及其作用：烧碱是棉及棉型织物煮练的主要用剂，在较长时间热作用下，可与织物上各类杂质作用，如脂肪蜡质被碱及其生成物皂化乳化，果胶质生成果胶酸钠盐，含氮物质水解为可溶性物，棉籽壳膨化容易洗掉，残余浆料进一步溶胀除去。为了加强烧碱的作用，在练液中还需加入亚硫酸氢钠、水玻璃、磷酸三钠和润湿剂。亚硫酸氢钠的作用是防止煮练时纤维素被空气氧化，还可协助烧碱除去木质素。水玻璃能吸附和凝集练液中铁质及杂质，避免在织物上产生钙渍及防止杂质重新吸附在织物上，还能增加织物的白度和润湿性；水玻璃用量不能过多，否则将影响织物的手感。磷酸三钠是软水剂。润湿剂能使织物煮练匀透，可选用耐碱、耐酸、耐硬水、耐高温的表面活性剂，如红油、渗透剂 ABS、平平加等。如将非离子表面活性剂与阴离子表面活性剂拼混应用（如渗透剂 JFC 与 ABS 拼混），有较好协同效果。

（2）煮练设备与工艺：棉布煮练依织物加工形式不同有绳状与平幅两种。两种加工形式中又有间歇式和连续式之分。间歇式加工中的绳状加工以煮布锅为代表，平幅加工以轧卷式练漂机为代表；连续式加工中的绳状加工可以绳状汽蒸连续煮练机为代表，平幅加工以履带式平幅汽蒸煮练机为代表。中薄棉织物适宜在绳状汽蒸连续煮练机上加工；厚型棉织物如卡其、华达呢及涤棉混纺织物在绳状加工时容易产生折皱与擦伤，影响成品质量，因而适宜在平幅煮练设备上加工。此外，煮练设备还可分为高温高压式与常压式两种。煮布锅属于高温高压式，其余设备大都为常压式。高温高压式煮练效果较好，目前平幅连续式高温高压设备尚不成熟。

① 绳状汽蒸连续煮练机：绳状汽蒸连续煮练机是一组联合机，由多台绳状轧洗机、绳状汽蒸容布器等组成。绳状汽蒸容布器又称为汽蒸伞柄箱或 J 形箱，是联合机的主要机台，如图 1－4 所示。

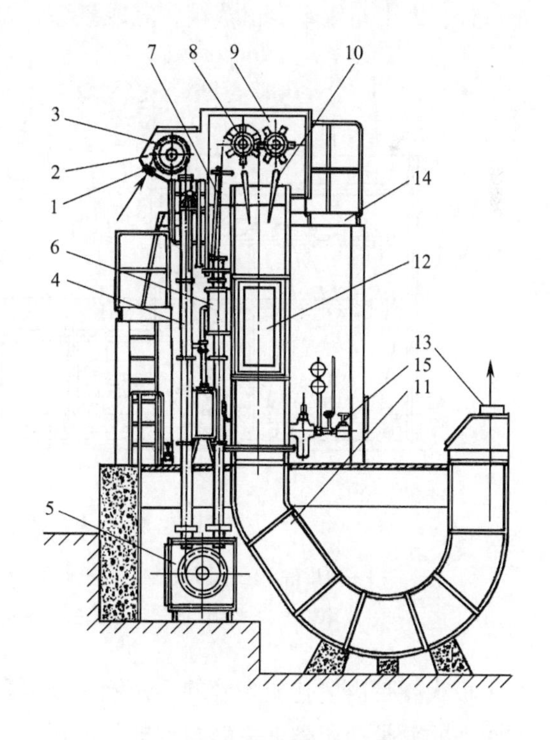

图 1－4　绳状汽蒸容布器示意图

1—导布圈　2—进口封闭箱　3—主导轮　4—加热管　5—槽轮箱　6—加热器　7—往复摆动杆　8—六角车　9—墙板　10—摆布板　11—箱体　12—观察窗　13—出布装置　14—操作台　15—蒸汽管道系统

汽蒸容布器箱体由上部直箱与下部弯箱组成。容布量应考虑能堆放汽蒸 1.5h 左右。直箱顶部布一对六角轮，牵引织物落入箱中，六角轮下部有一对摆布板，使织物按纵向均匀堆放。箱外还有一能往复摆动的导布圈，使织物按横向均匀堆放。

织物在容布器前的管形加热器中用饱和蒸汽喷射加热，加热后织物温度迅速提高，并带有饱和蒸汽进入容布箱体进行汽蒸堆置。

绳状连续汽蒸煮练工艺流程如下：

轧碱──→汽蒸──→轧碱──→汽蒸──→水洗

煮练液含烧碱量：薄织物为20～30g/L，厚织物30～40g/L。表面活性剂、亚硫酸氢钠、磷酸三钠适量。于70～80℃时轧碱，轧液率110%～130%，汽蒸温度100～102℃，时间60～90min，车速140m/min。

绳状汽蒸煮练的优点是能够连续生产，生产周期短，生产率高，劳动强度低，用汽量较省，适用于中薄棉织物。该机年生产能力高达6×10^7m，一般用于印花布生产量大的大型印染厂。因为是绳状加工，对厚重织物不适用，煮练去杂效果也不如煮布锅，而且整机占地面积较大。

② 履带式汽蒸煮练机：履带式汽蒸煮练机有导辊履带式及平板履带式两种机型，以后者使用较广泛。此机结构简单，操作方便，织物不易擦伤。由于堆积布层较薄，折痕程度轻，张力也小，汽蒸效果较好。全机由浸轧槽、履带式汽蒸箱及平洗槽等组成。织物浸轧煮练液后进入汽蒸箱，先在上下导辊间运行，受饱和蒸汽汽蒸，使织物温度升高，最后由履带运到出布口处，由出布辊牵引出蒸箱，完成煮练。如图1－5所示。

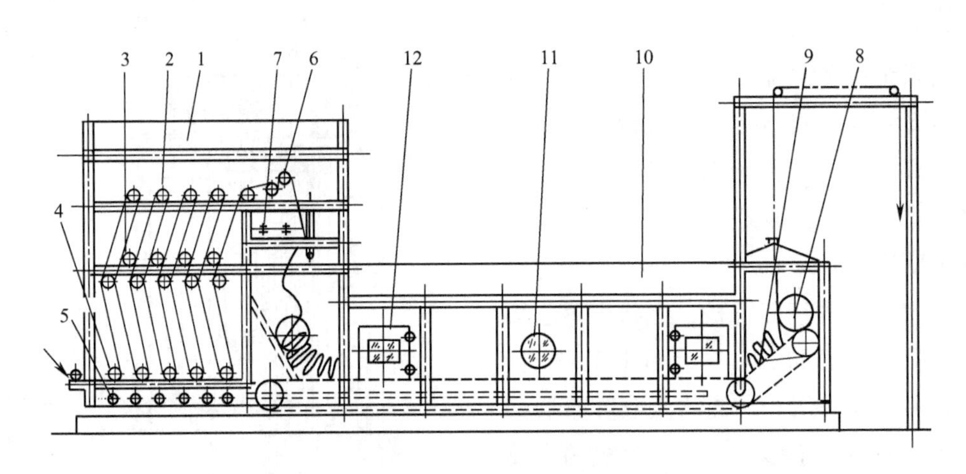

图1－5　履带式汽蒸练漂机

1—预热箱　2—上排主动辊　3—中间被动腰辊　4—下排被动辊　5—直接蒸汽管
6—主动牵引　7—打手　8—主动链轮　9—履带　10—汽蒸箱　11—观察窗　12—操作门

平板式履带由多孔或多缝的不锈钢长条形薄板连成履带，围绕在箱底的一排辊筒上，辊筒缓缓转动，带动履带低速向前移动，堆在履带上的织物也随之向前移动。此机对于厚薄织物都适用，是目前棉印染厂中较为广泛使用的一种煮练设备。履带式导辊则由多支主动的不锈钢导辊排列而成，导辊装在汽蒸箱两侧墙板上，不能位移，而由各导辊的缓缓转动使堆在辊面上的织物向前缓缓运行，此机更适用于轻薄织物。

平幅汽蒸连续煮练机工艺流程如下：

轧碱──→（湿蒸）──→堆置履带上汽蒸──→水洗

轧碱时煮练液中烧碱含量为40~70g/L，表面活性剂、亚硫酸氢钠等适量，轧液率80%~90%，温度100~102℃，汽蒸1~1.5h，车速一般为40~100m/min。汽蒸箱内应充满饱和蒸汽，以免表层织物被局部蒸干，造成织物脆损。可在蒸箱底部盛满煮练液，使蒸汽管在液面下部喷出蒸汽，以保证供给饱和湿蒸汽。

为适应前处理高速、高效的要求，履带式煮练机仍在发展中，目前有多导辊汽蒸加双层履带式，车速可达150m/min。还有蒸煮结合的液下履带式煮练机，可延长织物汽蒸时间并结合煮练，可以提高煮练效果。

平幅汽蒸煮练设备除履带式外，尚有叠卷式、翻板式、轧卷式等，但都不及履带式结构简单、操作维修方便。此外，尚有平幅高温高压连续煮练机，煮练温度可达132~138℃，因此可以缩短煮练时间至3~5min。但由于织物处于连续运动状态，在机器上织物的进出口密封问题尚未妥善解决，目前虽已有唇封式及辊封式封口装置，由于机内温度高，织物连续运动，使封口装置都不经久耐用。

棉布的煮练效果可用毛细管效应（简称毛效）来衡量。测试时将煮练后洗净干燥的织物一端垂直浸在水中（为便于观测，一般在水中加入重铬酸钾指示剂），测量30min后水的色迹在织物上的上升高度，即为毛效。一般要求达到8~10cm/30min。

4. 漂白　经过煮练，织物上大部分天然及人为杂质已经除去，毛细管效应显著提高，已能满足一些品种的加工要求。但对漂白织物及色泽鲜艳的浅色花布、色布类，还需要提高白度，因此需进一步除去织物上的色素，使织物更加洁白。另外，织物虽经过煮练，尤其是常压汽蒸煮练，仍有部分杂质如棉籽壳未能全部除去，通过漂白剂的作用，这些杂质可以完全去掉。

棉印染厂广泛使用过氧化氢等氧化性漂白剂。对棉及棉型织物漂白，过酸类化合物如过硼酸钠、过醋酸、过碳酸钠等也偶有应用，亚氯酸钠多用于合成纤维及其混纺织物的漂白。通常将过氧化氢漂白简称为氧漂，亚氯酸钠漂白简称为亚漂。

（1）过氧化氢漂白：过氧化氢也称双氧水。用双氧水漂白的织物白度较好，色光纯正，储存时不易泛黄，广泛应用于棉型织物的漂白。氧漂比氯漂有更大的适应性，但双氧水比次氯酸钠价格高，且氧漂需要不锈钢设备，能源消耗较大，成本高于氯漂。

① 过氧化氢漂白工艺：过氧化氢漂白方式比较灵活，既可连续化生产，也可在间歇设备上生产；可用汽蒸法漂白，也可用冷漂；可用绳状方式加工，也可用平幅加工。目前印染厂使用较多的是平幅汽蒸漂白法，此法连续化程度、自动化程度、生产效率都较高，工艺流程简单，且不产生环境污染。

过氧化氢漂白工艺流程如下：

轧过氧化氢漂液──→汽蒸──→水洗

漂白液含过氧化氢（100%）2~5g/L，用烧碱调节pH至10.5~10.8，加入适量稳定剂及湿润剂，于室温时浸轧漂液，95~100℃汽蒸45~60min，然后水洗出布。

② 影响过氧化氢漂白的因素：

a. 浓度的影响：与氯漂类似，当漂液内过氧化氢浓度达到5g/L时，已能达到漂白要求，浓度再增加，白度并不随之提高，反而导致棉纤维脆损。稀薄织物还可以适当再降低漂液中过氧化氢浓度。

b. 温度的影响：过氧化氢的分解速率随温度升高而增加，因此可用升高温度的办法来缩短漂白时间，一般在90～100℃时，过氧化氢分解率可达90%，白度也最好。采用冷漂法则应增加过氧化氢浓度，并延长漂白时间。

c. pH的影响：过氧化氢在酸性浴中比较稳定，工业用过氧化氢溶液含量约30%～35%，其中常加入少量硫酸以保持稳定。在碱性浴中过氧化氢分解率随溶液pH的增大而增加，pH在3～13.5时都有漂白作用，但pH为9～10时，织物白度可达最佳水平，实际生产中也大多将漂液pH调节至10左右。

d. 漂白时金属离子的影响及稳定剂的作用：水中铁盐、铜盐及铁屑、铜屑以及灰尘等，对过氧化氢都有催化分解作用，使过氧化氢分解为水与氧气，从而失去漂白作用。氧气渗透到织物内部，在漂白时的高温碱性条件下将使纤维素纤维严重降解，常在织物上产生破洞。为防止上述疵病，可在漂液中加入适量稳定剂，以降低过氧化氢的分解速率。稳定剂中以水玻璃使用较早，水玻璃的稳定作用机理尚不十分清楚，推测是由硅酸钙或硅酸镁胶体对有催化过氧化氢分解作用的金属离子产生吸附作用。水玻璃价格低廉易得，稳定效果好，但长期使用，容易在导辊等处形成难以除去的硅垢，影响织物质量。目前国内外都在研究使用非硅酸盐稳定剂，大都属于有机磷酸盐，效果也较好，不产生积垢，但价格高于硅酸盐，因此水玻璃仍在生产上继续使用。有时将含磷化合物与硅酸钠拼混使用，也可取得较好效果。

③ 过氧化氢的其他漂白方法：除了汽蒸漂白法广为应用外，过氧化氢漂白方法还有下列几种：

a. 氯—氧双漂法：先氯漂后氧漂，氧漂兼有脱氯与漂白作用，本法可以降低漂液中过氧化氢浓度，其工艺流程为：

轧次氯酸钠漂液──→堆置──→水洗──→轧过氧化氢漂液──→汽蒸──→水洗

次氯酸钠漂液含有效氯1～2g/L，过氧化氢漂液含过氧化氢1～3g/L，工艺条件与各自漂白时相同。

b. 冷轧堆法：为适应多品种、小批量、多变化要求，尤其是小型印染厂，在缺乏氧漂设备时可使用冷漂法。此法漂液中过氧化氢浓度较高，并加入过硫酸盐，织物轧漂液后，立即打卷用塑料膜包覆，以防蒸发干燥，然后在室温时堆置。此法虽然时间长，生产效率低，但比较灵活。漂液含过氧化氢（100%）10～12g/L、水玻璃25～30g/L、过硫酸盐7～10g/L，用烧碱调节漂液pH至10.5～10.8，于室温浸轧，堆放6～16h，充分水洗。

浓的过氧化氢溶液对皮肤有严重灼伤作用，使用时应注意劳动保护。

（2）亚氯酸钠漂白：亚氯酸钠用于棉织物漂白时的最大优点是在不损伤纤维的条件下，

能破坏色素及杂质。亚氯酸钠又是化纤的良好漂白剂，漂白织物的白度稳定性比氯漂及氧漂的织物好，但是亚氯酸钠价格较贵，对金属腐蚀性强，需用钛金属或钛合金等材料，而且亚漂过程中产生有毒 ClO_2 气体，设备需有良好的密封，因此在使用上受到一定限制，目前多用于涤棉混纺织物的漂白。

亚漂与氯漂、氧漂不同之处是在酸性条件下漂白，在酸性条件下的反应较为复杂，此时产生的亚氯酸较易分解，生成一些有漂白作用的产物，据认为其中二氧化氯的存在是漂白的必要条件。二氧化氯是黄绿色气体，化学性质活泼，兼有漂白及溶解木质素和果胶质的作用，且去除棉籽壳能力较强，因此亚漂对前处理要求不高，甚至织物不经过退浆即可漂白，工艺流程较短，对合成纤维织物特别适合。但不经过退浆、煮练直接亚漂的织物，一般吸水性较差，在漂液中加入适量的非离子表面活性剂，可提高织物吸水性能。亚漂后再经过一次氧漂，对织物的白度及吸水性均有提高。若织物在先行退浆、煮练后再进行亚漂，就可适当降低亚氯酸钠用量，但工艺流程较长。

亚漂是在酸性浴中进行漂白，酸性强弱对亚氯酸的分解率有较大影响，直接加强酸调节 pH 是不合适的，一般常利用加入活化剂来控制 pH，常用活化剂有：释酸剂，如无机铵盐；能在漂白过程中被氧化成酸的物质，如甲醛及其衍生物六次甲基四胺；水解后形成酸的酯类，如酒石酸二乙酯等；也可用弱酸，如醋酸、蚁酸。另外，加入某些缓冲剂如焦磷酸盐，可以增加亚漂液的稳定性，避免低 pH 时有二氧化氯逸出。

亚漂常用工艺与氧漂类似，可以用平幅连续轧蒸法，也可以根据设备情况采用冷漂工艺。亚漂连续轧蒸法工艺流程如下：

轧漂液──→汽蒸──→水洗──→去氯──→水洗

涤棉混纺漂白织物漂白液含亚氯酸钠 12～25g/L、硫酸铵（活化剂）5～10g/L、平平加 O 5～10g/L，室温时轧漂白液，100～102℃汽蒸 1～1.5h，水洗后在亚硫酸氢钠（1.5～2g/L）及碳酸钠（1.5～2g/L）溶液中浸轧，堆置后充分水洗。

5. 开幅轧水烘燥　织物练漂后，平幅织物在轧烘机上烘燥，提供给后续工序如丝光、染色、印花使用。对绳状加工的织物还需开幅，展开成平幅状，经轧烘后成为合格的半制品。

（1）开幅：开幅时绳状织物从堆布池中引出，经过导布圈入机，首先受到打手作用，打手由两根稍呈弧形的铜管组成，它与织物行进方向成反向高速回转。打手通常有两个，绳状织物在打手作用下展开成平幅，打手和导布圈距离应不少于 6m，距离过短，绳状织物不易展开，距离过长，织物因自身重量下垂会使织物的伸长增大。

（2）轧水：织物练漂水洗后，含水分较多，在烘燥前应尽可能轧去水分，以提高烘燥机效率，节省蒸汽。轧水机常用立式轧车，这类轧车有二辊及三辊两种，根据轧水要求配备。轧辊由铁或钢制的硬轧辊及软橡胶、纸粕等制的软辊组成。轧水时应控制轧液均匀及轧液率，重型轧车轧液率为 60% 以下，一般轧车轧液率为 75% 以下。

（3）烘燥：常用的烘筒烘燥机以 2～3 柱立式烘筒烘燥机应用最广，每柱烘筒数为 8～10

个。烘燥时织物 pH 应接近中性，以避免织物烘燥时发脆，否则应重新水洗后再烘燥。

以上所述是沿用多年的前处理工艺，当前国内外前处理工艺是向高效、高速、短流程方向发展。我国目前多将退、煮、漂三步法改为退煮一浴或煮漂一浴二步法。也有使用高效助剂将退、煮、漂合并为一浴一步法，在涤棉混纺织物上已获成功，纯棉织物一浴一步法也有进展。退、煮、漂一浴一步法大大缩短了工艺流程，减少了单元机台数，少占厂房面积，还可以节约能源，提高劳动生产效率，从而降低前处理成本，是一项值得重视和深入研究的新工艺。

6. 丝光 棉纤维用浓烧碱溶液浸透后，可以观察到棉纤维不可逆的剧烈溶胀，纤维横截面由扁平腰子形转变为圆形，胞腔也发生收缩，纵向的天然扭曲消失，长度缩短。如果在对纤维施加张力时浸浓碱，不使纤维收缩，此时纤维表面皱纹消失，成为十分光滑的圆柱体，对光线有规则地反射而呈现出光泽。若在张力持续存在时水洗去除纤维上碱液，就可以基本上把棉纤维溶胀时的形态保留下来，成为不可逆的溶胀，此时获得的光泽较耐久。由于烧碱能进入棉纤维内部，使部分晶区转变为无定形区，去碱、水洗后这种状况也基本保留下来，棉纤维的吸附性能也因此大为增加。

棉织物用浓碱浸渍时，因所受张力不同而有两种状况，一是在经纬向都施加张力条件下浸轧碱液，经冲洗去碱后，织物不再收缩，可使织物获得如丝织物般的光泽，称为丝光处理，一般含有棉纤维的织物大都经过丝光处理；另一种是织物在无张力条件下浸渍浓烧碱液，然后织物以松弛状态堆置，任其自由收缩，可使织物变得紧密、富有弹性，称作碱缩，多用于棉针织物汗布的加工。

棉及其混纺织物经过丝光处理后，棉纤维发生了超分子结构和形态结构上的变化，除了光泽改善外，而且增加了化学活泼性，对染料吸收能力增加，织物尺寸也较稳定，强力、延伸性等都有所增加。

棉混纺织物中除棉纤维外，烧碱对涤纶、维纶等都不产生丝光作用，而且这些纤维对浓烧碱液都较敏感，因而在棉型织物丝光时，应适当调整工艺条件，使涤纶、维纶等不致受到损伤。棉布丝光多安排为前处理的最后工序，即在退浆、煮练、漂白之后进行，这样丝光效果较好，但易受碱液不净的影响，织物白度稍差，对于漂白丝光织物可在丝光前后各漂白一次，或先丝光后漂白。对于一些染色时上染较快，容易造成染色不匀的品种，也可用先染色后丝光工艺。

除了烧碱可用作丝光剂外，有些化学药品如浓硫酸、浓氯化锌溶液、锌酸钠溶液等也可以使棉纤维溶胀，从而得到类似用烧碱丝光的效果，但都难以达到用烧碱丝光的程度，实际生产也有困难，这些化学药剂也不如烧碱价格低廉，来源广，除了偶尔有应用如浓硫酸的酸丝光外，缺乏实际使用价值。值得一提的是液态氨用于棉织品的处理，具有一定的特点，处理后织物的强度、耐磨性、防皱性、弹性、手感等力学性能都有明显提高。液氨处理要求专用设备，投资大，废氨回收也较困难，要在工业上广泛使用，还需进一步努力。

(1) 丝光设备与工艺：丝光机有布铗丝光机、直辊丝光机等几种。以布铗丝光机的使用最为普遍。

① 布铗丝光机：见图1－6。布铗丝光机扩幅能力强，对降低织物纬向缩水率，提高织物光泽都有较好效果。布铗丝光机有单层及双层两种，以单层布铗丝光机使用较广。这两种布铗丝光机都由下列几个部分组成：

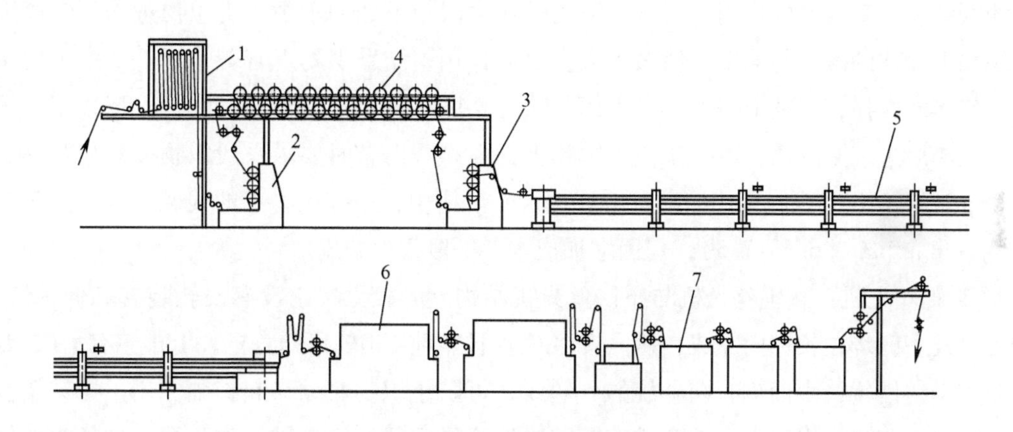

图1－6　布铗丝光机

1—透风装置　2，3—烧碱溶液平幅浸轧机　4—绷布辊
5—布铗链拉幅淋吸去碱装置　6—去碱蒸箱　7—平洗机

平幅进布装置⟶头道浸轧机⟶绷布辊筒⟶二道浸轧机⟶布铗扩幅装置⟶冲洗吸碱装置⟶去碱蒸箱⟶平洗机⟶（烘筒烘燥机）⟶出布

浸轧机槽内装有多只小导辊，织物反复上下穿过以增加浸碱时间，一般达20s。第二台浸轧机压力要大些，轧液率小于65%，以减少织物带碱量，便于冲洗去碱。

浸轧槽中碱液浓度控制在180～280g/L，由于棉纤维能吸附烧碱，使槽内烧碱浓度下降，因此需要随时补充浓碱液，以维持槽内碱液浓度。补充碱液浓度为300～350g/L。绷布辊筒是空心的，直径500mm，共约十余个，上下交替排列可以转动。织物出第一道轧槽后便绕经绷布辊筒，辊筒面略呈弧形，织物沿绷布辊筒的包角面尽可能大些，第一道轧车线速度略大于第二道轧车线速度，用这种方法控制织物张力，以防止浸碱后的收缩。织物从头道浸轧机进到二道浸轧机出，约历时30～40s。

为了使织物具有稳定的幅宽和提高产品光泽，必须将带有浓碱的织物纬向拉伸至规定宽度，同时用70～80℃热稀碱液淋洗，至织物带碱量降低至规定值后才放松纬向张力，在布铗丝光机上是通过布铗链伸幅装置来完成这个过程的。淋洗从布铗长度1/3处开始，冲淋器下方配备有带真空泵的吸碱器，可使稀碱液穿透织物去除。从织物进入头道轧碱槽开始引到第一个冲吸器，织物整个带浓碱时间约50～60s。冲淋液流动方向与织物行进方向相反，稀碱浓度逐渐增加，最后由泵送至碱液回收站蒸浓再供使用。

织物经稀碱冲吸以后脱离布铗，进入去碱箱进一步去碱。去碱箱是一铁制密封箱，箱盖可以吊起，以便穿布和处理故障。箱内上下有铁制导布辊各一排，上排主动，下排被动。进出口处均有水封，以阻止箱内蒸汽向外逸出。下排导辊之间有铁板相隔。箱底部盛水，用以洗去布上残碱。箱底倾斜，前低后高，后进水前出水，逐格倒流。织物层间装有直接蒸汽管，运转时向织物喷射蒸汽，部分蒸汽在织物表面冷凝成热水，并借蒸汽喷射作用渗入织物内部，起冲淡碱液和提高温度的作用。下排导辊浸没在去碱箱下部的水中，当织物进入下辊筒附近时，织物上较浓的碱液与箱中的淡碱水发生交换作用，结果织物上含碱量降低，水中含碱量增高。经多次交换，织物上烧碱可以大部分除去，每公斤干织物含碱量可降至5g以下。织物离开去碱箱后进入平洗槽，进一步洗去织物上的残碱。出布时要求一般织物pH为7～8，厚重织物pH为8～9。必要时可用硫酸稀溶液加入平洗槽中，中和织物上的残碱，再水洗至织物呈中性（出布pH为6.5～7.5），但因增加成本，一般很少采用。

② 直辊丝光机：直辊丝光机与布铗丝光机结构差异较大，它没有浸轧装置和伸幅装置。织物浸碱及去碱均在长槽内完成，槽内有多对上下排列互相轧压的直棍，上排包有耐碱橡胶，下排是主动铸铁辊，表面刻有向外旋的分丝纹，可防止织物收缩，起扩幅作用。铸铁辊浸在丝光碱液内，工作时织物在上下两排直辊间成波浪形穿行，每浸碱一次，即在软硬辊的轧点间轧液两次。织物经过碱液浸轧槽后便通过一重型轧液辊轧去多余碱液，再经过去碱槽、去碱箱和平洗槽完成丝光过程。直辊丝光机是利用织物经向张力及浸碱后织物收缩力，使织物紧贴在直辊表面，依靠它们之间的摩擦力来阻止织物纬向的收缩，因此伸幅效果较差。但是直辊丝光机可以双幅同时生产，产量较高，浸碱时间长，丝光匀透，不会产生破边，占地面积较小，操作方便。目前主要用于涤棉混纺织物丝光，纯棉织物因布幅难以达到要求，一般不用直辊机丝光。

（2）丝光方法：棉布丝光方法及其工序安排有多种，如坯布丝光、干布丝光、湿布丝光、热碱丝光、染后丝光及其他丝光方法。目前在生产中应用最多的仍是干布丝光法，即在织物练漂后轧水烘燥成为干布再进行丝光。因干布吸碱均一，轧碱时碱液浓度降低较少，便于控制及回收。干布丝光时由于干布表面先接触浓碱液，使织物表面溶胀，碱液难以透入布芯，造成表面丝光，丝光程度不均匀。湿布丝光即针对干布丝光的不足之处，将织物轧水后引入浓碱槽，由于织物含有一定水分，浓碱容易透芯，丝光均匀，可以省去预烘燥工序，但湿布要求轧水均匀，轧液率越低越好，以免丝光浓碱液过分稀释，影响淡碱回收。湿布丝光的效果稍逊于干布丝光，对染色半制品尚难掌握。染后丝光仅用于染色时因少数染料上染较快，易使上染不匀，或某些易在丝光时被擦伤的织物，但因工艺路线倒转，不能发挥丝光后染色能节省染料的优点，而且丝光淡碱受染料沾污，不利于回收，也不能利用丝光消除前处理中的折皱条，总的来说是弊多利少。

（3）影响丝光的因素：

① 碱液浓度：只有当碱液浓度达到某一临界值后，才能引起棉纤维剧烈膨化。烧碱浓度

在100～250g/L范围内，棉纤维经向收缩率随浓度的增加而上升，超过250g/L后，收缩率上升较缓和，浓度为300g/L时收缩达最高值。浓度超过300g/L，经向收缩率反而有所下降，因此丝光碱液浓度一般控制在240～280g/L，此浓度对织物光泽及改进染色性能都有较好的效果。如丝光的目的只为了提高染色时染料的上染率，则可将丝光碱液浓度控制在150～180g/L，称为半丝光工艺。烧碱中含杂应尽可能少，烧碱中的碳酸钠及食盐含量不能超过一定范围，否则将造成纤维膨化不匀。在回收丝光淡碱液时，应先将淡碱液经过净化处理，除去丝光冲洗时带进的纤毛、浆料、碳酸钠及其他杂质。常加进纯碱及石灰，待澄清过滤后再送入蒸发器蒸浓供重新使用，未经净化处理的淡碱液，蒸成浓碱后由于杂质积累，对丝光效果常有不良影响。

② 张力：对织物经纬向施加张力，是丝光时的必要条件之一。在适当张力下，可以防止织物收缩，而且织物光泽也随张力加大而提高，织物强力也有增加，但吸附性及断裂延伸度却因张力增大而下降。一般纬向施加的张力尽可能使织物达到坯布幅宽，经向张力控制在丝光前后织物无伸长或少伸长为佳。

③ 温度：棉纤维与浓碱作用是放热反应，因此温度提高将降低丝光效果。降低碱液温度可提高织物光泽，但碱液黏度随温度降低而增加，碱不易透入织物内部，以致丝光不透，目前多采用常温丝光，在轧碱槽外壁夹层中通以冷流水，使槽内碱液降温，保持一定温度。

④ 时间：丝光所需时间决定于浓碱液均匀地渗透到织物、纱线、纤维间的时间。在生产时以织物进入头道轧碱槽至第一次冲吸过程用时35～50s为宜。薄织物可适当缩短，厚重织物应稍延长。在碱液中加入耐碱润湿剂，可以加速碱液渗透，缩短工艺时间。但此类润湿剂价格较高，又影响丝光淡碱回收，应用不多。

⑤ 去碱：丝光时必须将织物上烧碱量冲洗降低至6%～7%以下，才能够放松张力，出布铗，否则出布铗后，织物仍将收缩。即应在布铗或其他伸幅装置上，将织物上烧碱含量冲洗致使织物不收缩的安全范围，再进入去碱箱及平洗槽等后洗装置。整个冲洗去碱采用逆流法，即全部冲洗液流动方向与织物行进方向相反，冲洗液含碱量逐渐增加，便于回收。烧碱在水中溶解度随温度增高而加大，为了提高冲洗去碱效果，冲吸碱液必须加热至70℃，去碱箱温度不低于95℃。

（二）涤棉混纺织物前处理

聚酯纤维与棉纤维的理化性质不同，在染整加工时，两者应兼顾，纤维混纺比例不同时应有相应的工艺。由于目前涤棉混纺织物是在棉织物染整工艺基础上进行的，工艺流程及设备安装路线也大体相似，因此带来一些不便之处，分述于下。

1. 烧毛　棉织物前处理工艺是先烧毛后退浆、煮练。涤棉混纺织物虽然也将烧毛列在退煮之前，但可能带来不利之处，如聚酯纤维没有来得及烧掉，受高热形成小熔珠散布在织物表面，在用某些分散染料染色时会因此产生色点；涤棉混纺织物常用PVA浆料上浆，经烧毛高温作用后退浆时PVA较难退掉，织物上油污也将会固着，影响织物白度。但由于坯布烧毛的工序顺当，管理方便，烧毛机的清洁要求不高，除了个别漂白品种在练漂后烧毛，个别深色卡其在染后烧毛外，坯布烧毛仍是切实可行的。

烧毛时布身温度要求低于180℃，温度过高，则布幅收缩过大，手感发硬粗糙，强力下降甚至脆损。对稀薄、网眼、提花织物更应引起注意。

烧毛设备仍以气体烧毛机为好，用于涤棉混纺织物的烧毛机火口上方有冷流水辊筒，烧毛时织物在辊筒上包绕，可吸去布身热量，降低布身温度。火口还可转动，针对不同织物采取不同的火口角度，如切线烧毛、透烧、直烧等。烧毛后落布时布身温度应在50℃以下，可用冷风或绕经大冷水辊降温或喷雾降温。干落布应加装静电消除器，以免落布不齐或织物被卷绕到落布架上。

2. 退浆 涤棉混纺织物多用PVA及其混合浆料上浆，退浆时可采用碱退浆。碱退浆工艺为烧碱5~10g/L，润湿剂适量，80℃轧碱后堆置0.5~1h，热水（80~85℃）冲洗，冷水洗。水洗时水量要充分，防止退下的浆料重新吸附到织物上，影响染色，退浆率要求达到80%。氧化剂退浆可用亚溴酸钠1~2g/L，pH调为9.5~10.5，室温浸轧后堆置15~20min，用3~5g/L烧碱于85~90℃碱洗，再用热水、冷水洗净。也可用烧碱—过氧化氢液退浆。

3. 煮练 涤棉混纺织物上浆料以PVA为主时，可以退煮一次进行，若是浆料以淀粉为主时，仍应经酶退浆后再煮练。由于聚酯纤维耐碱性较差，煮练工艺应比棉织物煮练温和。目前涤棉混纺织物煮练方法有两种，一种是低浓度碱、高温汽蒸煮练工艺；另一种是碱浓度稍高、热堆置的工艺。煮练设备以平幅汽蒸设备为主，绳状煮练容易造成折皱，一般不用，但也有少数工厂用绳状煮练处理印花用中薄型坯布。目前生产上趋向用双氧水或亚氯酸钠进行快速煮漂一浴法，已取得初步成功。

4. 漂白 涤棉混纺织物漂白主要是为了去除棉纤维中的天然色素。氯漂仅用于深色涤/棉卡其的漂白。氯—氧双漂工艺也可用于中、浅色品种的前处理。亚漂去除棉籽壳能力强，对煮练要求不高，但受设备限制。氧漂白度较好，不污染环境，对设备腐蚀小，是目前应用最广泛的漂白方法。氧漂常用碱—氧双漂工艺，即用过氧化氢（100%）5~7g/L，水玻璃（相对密度为1.4）7~10g/L，渗透剂及烧碱适量，pH为10.5~11，在100~102℃时汽蒸40~90min，然后再重复漂白一次，两次工艺完全相同。

对漂白织物应在热定形前后各漂一次，并结合聚酯纤维与棉纤维的增白加工，棉增白宜放在第二次漂白时同浴进行。

5. 丝光 丝光是为了改善棉纤维的上染性能，考虑到聚酯纤维不耐高温强碱的作用，冲洗碱液及去碱箱温度不能高于80℃，丝光水洗后，布上带碱量应尽量减少，出布时pH控制在7左右。丝光设备可用布铗丝光机，也可以用直辊丝光机。

6. 增白 涤棉混纺漂白织物及白地面积大的印花织物，漂白后均需再用荧光增白剂DT增白，可浸轧、烘干后在热定形时同时固色，定形后棉再用增白剂VBL在氧漂时同浴增白，并可同时除去多余的增白剂DT。

7. 热定形　热定形是合成纤维及其混纺织物的特殊工序。涤纶是热塑性纤维，当含涤纶的织物进行湿热加工时，会产生收缩变形和折皱痕，通过热定形工序可以防止上述疵病，并且对织物的光泽、手感、强力、抗起毛球等性能都有一定程度的改善。热定形温度要严格掌握，否则将影响织物的染色性能、热稳定性和表面平整性。

涤棉混纺织物一般采用干热定形工艺，热定形设备以热风针铗链卧式热定形机应用最广泛。此机由进布装置、超喂装置、针铗链、扩幅装置、热风房、出布冷却装置等组成。机器运转时，织物由超喂装置上针铗链，所谓“超喂”即喂布速度大于针铗链运行速度，如此可降低织物经向张力，有利于扩幅，又可使织物在经向能够有一定的回缩。针铗链的作用类似丝光机布铗链的作用，是两条由针板组成的环形长链，运行时针板上的尖针刺入左右布边，带动织物向前运行进入热风房并逐渐扩幅。热风房中循环流动热空气，温度控制在聚酯纤维的玻璃化温度与软化点之间，以190～210℃较为合适，经过15～30s作用，织物由针铗链送出热风房，以适当速度将织物冷却，使热定形状态得以固定，落布时，可向布面吹冷风或绕经大冷水辊筒来降温，使织物温度降至50℃以下。

热定形工艺顺序有以下几种。

（1）坯布定形：可消除织物在纺织过程中产生的内应力，染整时不致造成严重变形并消除皱痕、裙子皱等。但由于定形时的高温将造成退浆及去油污困难，因此此法较少应用。

（2）中间定形：将定形工序安排在练漂之后、印染之前进行，此法不致影响退浆工序，而且可以消除前处理产生的折皱，减少织物在印染工序时的收缩，避免升华牢度低的染料在定形时升华沾污设备与织物，但要注意控制好定形温度，此法应用较为广泛。

（3）后定形：在染印后进行定形，可以提高可溶性还原染料给色量、成品尺寸稳定性，且织物平整度较好，但应注意选用升华牢度高的染料，此法较少应用。

（三）维棉混纺织物前处理

维棉混纺织物的混纺比一般为50∶50，为了改善混纺织物的染色性能，也有用20∶80比例的。由于维纶的分子结构关系，染色维纶的鲜艳度不如棉纤维。维棉混纺织物前处理工艺如下所述。

1. 烧毛　烧毛会使维纶的纤维末端熔融收缩成球状，球状物吸收染料较多，在布面将形成色点。染色布以染后烧毛为宜，漂白坯布、黑及黑灰色坯布、部分印花坯布可采用坯布烧毛。烧毛时，要防止温度过高或车速过慢，以免维纶过热而软化乃至熔融，织物表面出现条痕，使手感粗硬。

2. 退浆　退浆工艺根据织物上浆料成分而定，可用酶法、稀碱法等。考虑到维纶在水中软化点较低，而且高温浓碱长时间作用下会泛黄，应掌握好适当的工艺条件。

3. 煮练　仍以烧碱煮练为主，因烧碱除杂效果好。煮练温度、碱液浓度、时间三者之间关系是碱浓度宜低，温度高则时间宜短，温度低则煮练时间宜长。绳状煮练或平幅汽蒸煮练均可。煮练温度在80℃左右。有时可加入一些还原剂如盐酸羟胺、雕白粉等，防止维纶泛黄，但这些药剂价格较高，采用较少。

4. 漂白 维棉混纺织物因煮练条件缓和，去除棉籽壳能力较差，可在煮练水洗后浸轧次氯酸钠溶液漂白。由于氯漂成本低，设备简单，使用方便，是维棉混纺织物漂白的主要方法。漂白时漂液浓度比漂棉织物高，有效氯为3～5g/L。维纶易吸氯，漂后必须用大苏打或亚硫酸氢钠脱氯，以免带氯烘干引起织物泛黄脆损。氧漂效果比氯漂好，漂白温度以85～90℃为宜。

5. 丝光 维棉混纺织物丝光与涤棉混纺织物丝光类似，主要是去碱箱温度应控制在80℃以下，不能开直接蒸汽吹向布面，防止维纶泛黄变硬，丝光可以降低维棉织物的缩水率和提高织物的尺寸稳定性，如维棉未丝光产品经向缩水率为8%～10%，而丝光产品为5%左右。

维纶的水中软化点为110℃，湿布烘干时，张力及烘燥温度都不宜太高，采用烘筒烘燥机时应放松张力并降低烘筒进汽压力，以免织物过分伸长，缩水率增大，手感板硬粗糙。热风烘干效果比烘筒烘干好。

二、苎麻及其织物前处理

苎麻与棉同属于纤维素纤维，但两者在物理结构和性质上有较大的差异，含杂也不同。苎麻纤维素含量较棉低，除含有原棉中所具有的主要杂质如果胶物质、油蜡等外，还含有少量木质素，同时纤维中杂质的含量和各种杂质间的比例，随着品种的不同有着较大的差异，因此，麻类的前处理较棉困难，具有独特之处。

苎麻收割后，从麻茎上剥取麻皮，并从麻皮上刮去青皮，得到苎麻的韧皮，经晒干后成为苎麻纺织厂的原料，称为原麻。原麻不能用来纺织，必须经过脱胶，制取苎麻单纤维，才能用来进行纺织加工。

1. 苎麻纤维的脱胶 苎麻中含有大量杂质，其中以多糖胶状物质为主，绝大部分要求在纺纱前除去。纺纱前将韧皮中的胶质去除，并使苎麻的单纤维相互分离，这一过程称为脱胶。苎麻脱胶的方法主要有土法脱胶、微生物脱胶、机械物理法脱胶和化学脱胶。以下主要介绍化学脱胶。

化学脱胶法是目前工业生产中用得最多的方法，此法利用强酸、强碱及氧化剂先后与原麻作用，原麻中所含非纤维素物质大多可溶于酸、碱液中，有些在氧化后可以溶解，由此可得到漂白精干麻。在上述化学药剂中，主要是烧碱，因烧碱热溶液可以溶除纤维素被水解的短节，使纤维分子长度均匀化。所得产品纯度较高，机械物理性能也较完好。

苎麻纤维脱胶时，先用硫酸2g/L，浴比1∶10左右，50℃浸1h，浸后及时冲洗和煮练。煮练时用6g/L烧碱溶液在110～130℃煮练2～3h，放掉碱液，冲洗后用10g/L烧碱再煮一次。煮练时还可加入一些助剂，如肥皂、硅酸钠、亚硫酸钠等，以提高煮练的质量。煮完后排掉碱液，再进行打纤，即利用机械的槌击和水力喷洗作用，将已被碱液破坏的胶质从纤维表面清除掉，使纤维松散、柔软。必要时可再用次氯酸钠溶液漂白，以提高白度并降低纤维木质素和其他杂质的含量。随后酸洗、水洗、脱水、给油、脱水、烘干。

目前常用的脱胶工艺有如下几种：

（1）一煮法：此法适合于纺制麻线。其工艺流程为：

拆包解束⟶原麻浸酸⟶浸碱液⟶一次煮练⟶水洗⟶打纤及水洗⟶酸洗⟶水洗⟶脱水⟶给油⟶烘干

（2）二煮法：此法适合于纺制低支纱。其工艺流程为：

拆包解束⟶浸酸⟶水洗⟶一次煮练⟶水洗⟶二次煮练⟶打纤及水洗⟶酸洗⟶水洗⟶脱水⟶给油⟶脱水⟶烘干

（3）二煮一漂法：此法适合于纺制中支纱。其工艺流程为：

拆包解束⟶浸酸⟶水洗⟶一次煮练⟶水洗⟶二次煮练⟶打纤及水洗⟶漂白⟶酸洗⟶水洗⟶脱水⟶给油⟶脱水⟶烘干

（4）二煮二漂法：此法适合于纺制高支纱。其工艺流程为：

拆包解束⟶浸酸⟶水洗⟶一次煮练⟶水洗⟶二次煮练⟶打纤及去氧⟶酸洗⟶水洗⟶脱水⟶给油⟶脱水⟶烘干

2. 苎麻织物的前处理　苎麻织物的前处理，基本上与棉织物的前处理相似，主要由烧毛、退煮和漂白等过程组成。

（1）烧毛。由于苎麻织物毛羽数量多，苎麻纤维刚性大，因此，苎麻织物烧毛比棉织物更为重要，否则服用中会有刺人感。苎麻烧毛要求高速、烧透，最适宜的设备是气体烧毛机，要求配置双喷射火口或旋风预混喷射式新型火口。这些火口火焰温度可达1350℃，在高温快速条件下，能保证既烧去绒毛，又不损伤纤维，一次烧透。火口上方不要配置冷水辊，以增强火焰的穿透能力。烧毛可采用二正二反，车速80～100m/min。

（2）退煮。退浆的目的是去除织物上的浆料和部分杂质。煮练的目的是去除纤维的伴生物，使织物具有一定的吸水性，便于染料及化学药剂的吸附和扩散。苎麻织物的煮练可在常压下进行。纯苎麻薄型织物，退煮可以合一，厚重织物或者麻/棉类产品，可以在退浆后再进行一次煮练；苎麻和涤纶的混纺织物，由于其中的苎麻纤维是预先经过充分脱胶的，所以不必再进行特别的煮练。退煮的关键是要匀透，去杂要净。此外，由于苎麻对酸、碱和氧化剂的抵抗力差，故在制定工艺时应特别注意。煮练液以烧碱5g/L为标准，练液中还可加入有较好渗透和净洗作用的表面活性剂，以加速练液渗透到织物内部，并能防止污物再沾污织物。

退煮采用平幅连续汽蒸设备，汽蒸宜在双层液下履带汽蒸箱或R汽蒸箱中进行，这些设备具有上蒸下煮功能，容布量大，汽蒸时间长，织物浸渍在碱液中作用充分，退煮较透，效果好。

（3）漂白。苎麻织物漂白可用氯漂或氧漂。次氯酸钠漂白时，采用稀溶液长时间漂白，其漂白效果较短时间漂白效果更好，这是由于苎麻纤维较粗，短时间内化学药剂不能很好浸透。但次氯酸钠漂白会产生泛黄现象，这可通过使用双氧水脱氯来解决。因此，采用氯氧双漂是一种较好的工艺。苎麻织物前处理加工时除稀薄织物外，都以采用平幅加工为好。

苎麻织物采用双氧水漂白，白度好。由于苎麻脱胶时经过漂白，具有一定的白度，所以双氧水的浓度可以低一些。用硅酸钠作氧漂稳定剂白度高，但易产生硅垢，造成织物擦伤、折皱、破洞等疵病，而非硅稳定剂（EDTA 等）效果不如硅酸钠，因此以硅酸钠和非硅酸稳定剂混合使用为宜。对涤麻等混纺织物可采用退煮碱氧一浴工艺，双氧水浓度 4 ~ 5g/L，氢氧化钠浓度 10 ~ 15g/L，也可采用冷轧堆一浴法工艺，可获得较好效果。

（4）丝光。苎麻丝光的目的在于提高染料的吸附能力，同时提高成品的尺寸稳定性，降低缩水率。由于苎麻纤维遇浓碱后手感粗硬，刺痒感明显，所以漂白布和浅色产品不丝光，但中、深色产品必须丝光，以提高上染率。丝光宜采用低浓度的碱，其碱液浓度可在 150 ~ 160g/L 之间。

丝光设备宜采用布铗丝光机，目前国内研究的“织物松堆”布铗丝光机更适合于苎麻织物加工。丝光要求经向张力要低，尽量调小绷布辊的张力，纬向幅宽不能拉得太大，以免产生破边，一般扩幅只能达到坯布幅宽的 95% ~ 96%。织物在轧碱前的干湿程度必须均匀，以防止由于丝光不匀而出现染色不匀的现象；轧碱温度要低，可在轧槽夹层内通入流动冷水冷却；为了保证脱碱效果，后道冲洗要保持一定的温度；丝光落布 pH 应接近中性，可在洗涤过程中用 2 ~ 3 g/L硫酸处理，以除去织物上残留的碱。

三、涤纶及新合纤织物前处理

1. 涤纶织物的前处理 至今，在合成纤维中，涤纶产品无论是数量还是品种，都占据主导地位。涤纶强度高、弹性好，其织物挺括、保形性好，且易洗、快干、免烫、不受虫蛀，因此，涤纶产品在市场上一直经久不衰。在涤纶产品的染整工艺过程中，涤纶前处理包括退浆精练、松弛、起绉、减量、定形等加工工艺，下面分别介绍。

（1）退浆精练。涤纶织造时常用的浆料是聚丙烯酸酯，它是丙烯酸酯共聚体浆料。由于浆料含有酯基(—COOR)，与含有同样基团的涤纶分子在结构上有一定相似性，所以对涤纶具有较强的亲和力。涤纶本身不含杂质，只是在合成过程中存在少量（约 3% 以下）低聚物，所以不像棉纤维那样需进行强烈的前处理。作为退浆精练工序，其主要目的是除去纤维制造时加入的油剂和织造时加入的浆料、着色染料及运输和储存过程中沾污的油迹和尘埃，所以退浆精练任务轻，条件温和，工艺简单。然而，若涤纶织物退浆不净或不退浆则会导致碱减量液组分不稳定、pH 难以控制、减量效果降低，产生减量不匀、染色不匀或色点、色花等病疵。所以，必须去净这些杂质，才能保证后道工序的顺利进行。

退浆剂、精练剂的选用和退浆精练方法的确定是退浆精练工序的关键，需根据织物上浆料的种类选择不同的退浆剂。常用的退浆剂是氢氧化钠或纯碱，因常用的丙烯酸酯类浆料，无论是可溶性的还是不溶性的，均能在碱剂的作用下成为可溶性的丙烯酸酯钠盐而溶解去除。对 PVA 或 CMC 类浆料，则热碱作用可增加浆料的膨化，从而使浆料与纤维之间作用力降低，在机械力的作用下，浆料易脱离纤维；另一方面，碱也能增加浆料的溶解度。碱还能使部分油剂如脂化油、高级脂肪酸酯等皂化成为水溶性物质而去除。

一般情况下聚酯浆料退浆 pH 控制在 8，聚丙烯酸酯浆料为 8 ~ 8.5，聚乙烯醇浆料为 6.5 ~ 7，而喷水织机织造的织物需用烧碱退浆。

纤维或织物上的油剂、油污及为了上浆和织造高速化而加的乳化石蜡及平滑剂的去除需采用表面活性剂（主要是阴离子型和非离子型），通过它们的润湿、渗透、乳化、分散、增溶、洗涤等作用，将油剂和油污从纤维和织物上除去。

除此之外，为避免金属离子与浆料、油剂等结合形成不溶性物质，精练时加入金属络合剂或金属离子封闭剂也是必要的。

退浆精练过程实际上是一洗涤过程，当然有时也存在着化学反应。通常退浆精练是在高温下长时间浸渍，把浆料、油剂等杂质、污垢，溶解、乳化、分散并去除。常用的退浆精练工艺有以下几种。

① 精练槽间歇式退浆精练工艺：一般的涤纶长丝织物或仿丝织物，若采用精练槽退浆精练，则可用纯碱 3 ~ 4g/L，净洗剂（雷米邦）2g/L，保险粉 0.5g/L，浴比 1∶(30 ~ 40)，于 98 ~ 100℃处理 30 ~ 40min；续缸时上述化学品分别加 2g/L、1g/L 和 0.5g/L。精练后经热水洗、酸洗、冷水洗，然后脱水、烘干。若坯绸有较多铁渍，则可在退浆精练前先用草酸处理（草酸 0.2g/L，平平加 O 0.2g/L，70 ~ 75℃处理 15min），然后加 0.5g/L 纯碱中和（40 ~ 45℃处理 10min），再退浆精练。

上述工艺较为简单，退浆精练的效果不是最理想。若用具有良好性能的精练剂来代替传统的纯碱、保险粉及雷米邦，则精练效果有所改善。如用精练剂 Albalex FFC 0.25%（对织物重）50℃洗 5min，加净洗剂 Wltravon GP 2% ~ 4%（对织物重）、螯合剂 DTPA—41 1%（对织物重）、精练剂 Irgasol FL 1% ~ 2%（对织物重），用纯碱调节 pH 至 8.5 ~ 9，90℃精练 30min，降温到 70℃溢流冲洗 5 ~ 10min，换新水加热至 60℃洗 10min，40℃温水洗。若 pH 偏碱性，则可用 0.5% DTPA—41 和 0.5% HAc 中和。

② 喷射溢流染色机退浆精练工艺：喷射溢流染色机退浆精练是目前国内常用的工艺。最简单的如涤双绉精练工艺，采用净洗剂 0.25g/L，纯碱 2g/L，30% 烧碱 2g/L，保险粉 1g/L，浴比 1∶10，于 80℃处理 20min；或用传化公司的 TF—101 及中性去油剂，均能达到目的。高性能的精练剂也是目前常用的，如 Ciba 精化公司的 Ulfravon GP/GPN 1 ~ 2mL/L、Invadin NF 1 ~ 3mL/L、Irgalen PS 0.5 ~ 1mL/L，用 NaOH 调节 pH 至 10 ~ 11，在喷射溢流染色机中于 90℃处理 20 ~ 30min，然后温水洗 5min，40℃水洗 10min。

③ 连续式松式平幅水洗机精练工艺：该类设备对上浆多的织物往往不能充分退浆和精练，所以需要堆置后进行第二次精练。另外，此工艺的加工条件是常温常压，对于要求高温高压加工的织物不适宜。

该类设备上可用 Ciba 精化公司的精练剂 Ulfravon GP 1 ~ 2g/L，纯碱 1g/L，于 40℃浸轧

（轧液率70%），并在80～90℃汽蒸60s，80℃热水洗，60℃和40℃热水洗，冷水洗并烘干。

在退浆精练过程中，后水洗同样是十分重要的，所以还需有不少加工设备和工艺，采用各种能提高水洗效果的装置和方法。

由于涤纶长丝织物包括仿真丝织物均要求松式加工，以提高产品的质量，改善织物风格。因此，大部分产品实际上在松式的退浆精练中都能完成松弛收缩，但对部分品种，则退浆精练与松弛是必须分开进行的，尤其是超细纤维的品种。

（2）松弛。松弛加工是将纤维纺丝、加捻、织造时所产生的扭力和内应力消除，并对加捻织物产生解捻作用而形成绉效应，从而改善织物手感和提高织物的丰满度。要释放所形成的扭力和内应力，则松弛加工时的条件必须超过扭力和内应力形成的条件。充分松弛收缩是涤纶仿真丝绸获取优良风格的关键。

大部分涤纶织物，松弛与精练是同步进行的，有些还与退浆同步一浴进行。而超细纤维织物由于纤维较细，织物密度高，因此若退浆精练与松弛同时进行，则往往组织间隙中的浆料、油剂不易脱除，故退浆精练与松弛以分开处理为宜。一般先退浆精练，而后松弛，并且可在松弛时再加入部分精练剂，以进一步去净杂质。

不同的松弛设备有不同的松弛工艺，处理后其产品风格也不尽相同。至今为止，能用于涤纶织物松弛的设备及相对应的松弛工艺有以下几种。

① 间歇式浸渍槽：此类设备最为简单。在一定的温度和压力下，织物在含有碱及精练剂的溶液中不断翻滚，以完成退浆、精练、松弛的目的。但用此类设备加工，其温度压力和翻滚程度均不足，产品收缩率低，因而很少使用。

② 喷射溢流染色机：喷射溢流染色机是国内进行退浆、精练、松弛处理最广泛使用的设备。在喷射溢流染色机中加工，织物的张力、摩擦和堆置与浴比和布速有很大关系，松弛处理产品的质量与上述因素也密切相关，因而除合理地控制升降温速率外，还要选择合适的浴比和布速。涤纶仿真丝织物松弛精练时，布速不宜大高，一般以200～300m/min为宜。而浴比则需根据设备及织物特性而定。超细纤维织物由于纤维表面积大，单纤细，故其浴比应大于普通丝织物，布速慢于普通丝织物。

在喷射溢流染色机上松弛精练，还可以通过调节喷嘴直径、工作液循环次数来达到所需的工艺参数。以涤双绉仿真丝织物为例，其高温高压喷射溢流染色机精练松弛起绉工艺配方为：

NaOH（30%）	4%
Na_3PO_4	0.5%
去油剂	x
浴比	1:（10～20）
布速	300m/min

喷射溢流染色机精练松弛解捻起绉操作时升、降温要慢。尤其是降温，否则会使织物手

感粗糙。

③ 平幅汽蒸式松弛精练机：此设备最大优点是能克服喷射溢流染色机易产生收缩不匀而形成皱印的缺点，且加工效率高。织物通过碱及精练剂预浸及精练，于98～100℃汽蒸，最后振荡水洗。此设备精练时间短，织物翻滚程度低，因而强捻产品的收缩率较低。大多采用退浆精练、松弛解捻两步法。

④ 解捻松弛转笼式水洗机：高温高压转笼式水洗机是精练松弛解捻处理最理想的设备，织物平放于转笼中松弛处理，处理后，织物的缩率可达12%～18%，强捻类织物可达20%，织物手感丰满度及风格较为理想，是其他机械所不能达到的。但此设备操作繁琐，劳动强度大，加上批量小，周期长，操作处理不当可能产生折皱、起绉不匀、边疵等疵病。

转笼式水洗机用于松弛解捻起绉，其工艺条件为：浴比1∶(10～15)，温度135℃，时间30～40min，缸体转速5～20r/min。

若精练起绉一浴，则精练液一般含30%氢氧化钠2～5g/L，络合软水剂0.1～0.5g/L，双氧水1～2g/L，润湿渗透剂、低泡助练剂0.5～1g/L及少量除斑剂（对含浆及杂质高的织物）。

（3）预定形。预定形主要目的是消除前处理过程中产生的折皱及松弛退捻处理中形成的一些月牙边，稳定后续加工中的伸缩变化，改善涤纶大分子非结晶区分子结构排列的均匀度，减少结晶缺陷，增加结晶度，使后续的碱减量均匀性得以提高。

松弛收缩的织物经干热预定形后，织物的风格受到影响。因为要消除折皱、提高分子结构排列的均匀度，必定对织物施加张力，而强力的增加，会使绉效应降低，活络度降低，柔软度、回弹性、丰满度等一系列性能恶化。定形时可通过超喂收缩来弥补增加张力所引起的织物风格变化。虽然定形时因张力作用会降低绉效应，但能改善减量的均匀性和尺寸的稳定性。

为此，松弛后应尽量避免加工中张力过大，所以定形前一般不烘燥。若烘燥也应采用松式烘燥设备。

为尽量避免绉效应消失而影响织物风格，一般定形幅宽较成品小4～5cm，或较前处理幅宽宽2～3cm，前车导辊张力全部放松，加适当的超喂（如增加10%～20%），以保持经线的屈曲，改善织物风格；冷却系统保证正常运转，以防压皱、融熔和硬化。

预定形温度一般控制在180～190℃。定形温度低，对织物手感有利，但湿热折皱增加。减量速率和得色率随定形温度的改变而有不同的变化，在170～180℃以下，减量速率和得色率随温度升高而降低；在190～230℃，减量速率和得色率随温度升高而增加。所以预定形温度需根据减量速率和织物风格要求结合得色率进行选择。

定形时间根据纤维加热时间、热渗透时间、纤维大分子调整时间和织物冷却时间确定。一般定形温度高，定形时间短。定形时间还与定形机风量大小和烘箱长短有关。从产品质量角度考虑，以低温长时间为宜，但必须兼顾设备及生产效率。若选用上述预定形温度，则预定形时间一般为20～30s。如果织物厚度和含湿率增加，则时间需延长，一般通过调节定形机车速来实现。如定形机长度增加，则可提高车速。

定形的张力只要能达到织物平整度，保证外观要求即可，以免影响织物丰满度、悬垂感，经向适当超喂，保证经线屈曲。

（4）碱减量。涤纶分子由于主链上含有苯环，大分子链旋转困难，分子柔顺性差。同时苯环与羰基平面几乎平行于纤维轴，使之具有较高的几何规整性，因而分子间作用力强，分子排列紧密，纺丝后取向度和结晶性高，纤维弹性模量高，手感硬，刚性大，悬垂性差。

若将涤纶置于热碱液中，利用碱对酯键的水解作用，可将涤纶大分子逐步打断。由于涤纶分子结构紧密，纤维吸湿性差而难以膨化，从而使高浓度、高黏度碱液难以渗入纤维分子内部，碱的水解作用只能从纤维表面开始，而后逐渐向纤维内部渗透。纤维表面被腐蚀，出现坑穴，纤维本身重量随之减少，使织物弯曲及剪切特性发生明显变化，从而获得真丝般柔软手感、柔和光泽、较好的悬垂性和保水性，且滑爽而富有弹性。因此，涤纶碱减量加工是仿真丝绸的关键工艺之一，而加工时如何有效地控制减量率，使织物表面呈均匀的减量状态是至关重要的。

由于涤纶碱处理后，纤维表面发生剥蚀，从而使纤维变细，重量减轻。碱处理使纤维重量减少的比率称为减量率，其公式如下：

$$\text{减量率} = \frac{\text{碱处理前织物重量} - \text{碱处理后织物重量}}{\text{碱处理前织物重量}}$$

理论减量率可通过涤纶与碱的反应方程求得，但与实际减量率有差异。

涤纶碱减量加工设备及工艺简介如下。

① 间歇式碱减量加工：

a. 精练槽：精练槽为长方形练桶，生产时一般以五只练桶为一组。

精练槽减量加工的优点是投资低，产量高，成本低，张力小，减量率易控制，强力损伤小，适宜于小批量多品种生产。但缺点是劳动强度大，各工艺参数随机性大，减量均匀性差，重现性差。精练槽减量的工艺流程为：

坯绸准备⟶精练⟶预定形⟶S码或圈码⟶钉襻⟶浸渍碱减量处理（95～98℃）⟶80℃热水洗⟶60℃热水洗⟶冷水洗⟶酸中和⟶水洗⟶脱水⟶烘干

碱减量时工艺配方：

NaOH	3～10g/L
促进剂	0.5～1.5g/L

b. 常压溢流减量机：此设备是在常压下绳状运转，在织物定形后进行。其张力低，减量率易控制。残液由吸泵吸收至箱顶高位槽内储存，织物易清洗，残液可利用，产品风格优于溢流喷射染色机，但易出现直皱印。其操作类似于高温高压溢流染色机，所不同的是它不需高压。

由于是常压下进行，因而工艺条件和配方类似于练槽，浴比较练槽低。此类设备加工的关键是精确控制碱液浓度、工艺温度、时间及布速，以提高减量率的均匀性和重现性。

c. 高温高压喷射溢流染色机：此类设备适用于绉类、乔其纱织物加工。该类设备张力低、温度高、碱反应完全、适应性广，可精练去绉后直接减量，强捻织物松弛效果明显。

高温高压喷射溢流染色机碱减量时，其碱用量视织物减量率而定。由于减量温度高，时间又较长，因而减量较为充分，所以其碱用量略大于理论用量。如果工艺配方、温度及时间配合合理，则实际碱用量与理论用量最多相差1%。涤纶仿真丝织物的减量率一般控制在15%～20%左右，所以实际生产的碱用量宜控制在7%～9%（按织物重量），上述碱用量是在加入促进剂情况下的用量，如不加促进剂，则碱用量需提高，但一般不宜超过30%。加促进剂情况下，碱用量应低于9%，至烧碱反应完，这样即使高温下时间再长，也不会发生过度减量而损坏纤维，而且此时不会涉及涤纶内部结晶区的水解。但是促进剂的加入，对产品质量弊大于利。所以，薄型织物在高温高压碱减量时一般不加促进剂，而中厚型织物，则往往需要加促进剂。

高温高压喷射溢流染色机碱减量，往往根据织物装载容量的多少和设备类型，选择浴比在1∶(10～20)。但对于低浴比高温高压染色机，则可采用更低浴比。如日本Onomdri公司的KSSPD—D6—2AL6型染色机，浴比可控制在1∶8.5，立信MK型浴比可控制在1∶(7～8)，气流式染色机则更低，最低为1∶3。

这类设备加工的关键在于碱浓度的控制，否则减量率难以控制。

② 连续式碱减量加工：连续式碱减量适合批量性连续化大生产，产量高，操作方便，减量均匀，但一次性投入碱量大，存在运转中碱浓度控制及涤纶水解物过滤去除困难等问题，且加工时织物张力大，因而不适合小批量、多品种生产，织物风格不及间歇式减量。

连续式减量设备是大型设备，目前主要有意大利的Debaca、日本小野森的M型、荷兰Brugman的Holland。这类设备都由浸轧、汽蒸、水洗单元组成，压力、汽蒸温度、碱浓度等技术参数均自动控制，十分稳定。最新的Debaca连续减量机已降低了张力，在加工薄型绉织物时也不产生伸长，可保持织物原风格，但产量较低。

连续式碱减量工艺流程为：

缝头进布──→浸轧碱液──→汽蒸──→热水洗──→皂洗──→水洗──→中和──→水洗

一般连续碱减量碱浓度较高，为21.55%～30%，即0.27～0.4kg/L，蒸箱温度110～130℃，织物运行速度约18～20m/min。

连续减量也可采用轧—烘碱工艺。推荐工艺如下：浸轧烧碱液16%，渗透剂Leonil MC或TF—107 2g/L，轧液率40%～50%；辊筒烘燥温度为125～130℃，烘燥时间为30～60min，然后进入无张力平洗机热水、冷水冲洗，再用醋酸中和，水洗脱水，于150℃下拉幅机超慢烘干。

（5）增白。涤纶织物增白传统上采用DT增白剂。DT增白剂是具有苯并噁唑结构的杂环乙烯（撑）类增白剂，但其性能不太理想，而20世纪80年代后期推出的双（苯乙烯基）苯衍生物型荧光增白剂如CPS、Blankophor ER具有强度高、色光鲜艳洁白、耐高温、不易升华、不易泛黄、耐漂等特点，因而加工质量较理想。涤纶荧光增白剂增白一般采用两种工艺。

① 热熔法：织物浸轧增白液并烘干，然后热熔或定形（180～200℃，30～60s）。DT增白剂用量较高，而CPS和ER用量较低，CPS的用量约为DT的1/10～1/12。CPS和ER在高温段白度改变较小，而DT在180℃以上随温度的提高白度降低；190℃热熔时，50s后，DT白度有较大幅度降低。

② 高温高压法：织物置于高温高压染色机的增白液中，125～130℃处理20～30min。DT增白剂用量为1%～4%，CPS和ER的用量一般为DT的1/10～1/12。

2. 新合纤前处理工艺 新合纤即新型的合成纤维，它是通过成纤聚合物的化学和物理改性，运用纺丝和后加工技术使纤维截面异形化、超细化；采用复合、混纤、多重变形及新型的表面处理等各种手段，使合成纤维具有天然纤维的各种特性，并赋予纤维超天然的功能、风格、感观等综合素质。从广义上讲，新合纤还包括用上述新型纤维进行织造、染色、整理等深加工后的具有高品质、高性能、高科技含量和高附加值的合纤新产品。新合纤在结构上有别于常规纤维，因此染整加工性能与常规纤维有明显的差别。

前处理加工是决定新合纤织物产品质量的关键。通常新合纤的前处理加工往往包括退浆、精练松弛、预定形、碱减量（或开纤）等几个过程。

（1）退浆、精练松弛加工工艺。新合纤上浆时采用矿物油、脂化油、蜡质类的复合油，因新合纤结构紧密、表面积大，故其上浆或上油率及黏附力大大增加，从而增加了退浆的难度。所以，退浆时以选择去油脂性、去蜡性、脱浆性强并具良好净洗效果的精练助剂为佳。新合纤退浆主要是去除油剂，所以退浆应以表面活性剂的作用为主，以碱剂为助剂。

根据新合纤上浆情况，首先需选择合适的退浆剂。碱剂是退浆剂中的主要成分，然后根据不同的浆料需调节不同的pH，添加不同的碱剂。退浆中除碱之外，常添加非离子表面活性剂作渗透和乳化剂，浊点不能太低。考虑到新合纤的特点，常选耐碱、耐高温的渗透性、乳化性和扩散性均好的阴离子和非离子表面活性剂的复配物。退浆温度通常在80～90℃。

精练方法视精练剂和工艺配方而定，精练质量的优劣主要取决于精练剂性能、用量及工艺配比。

工艺实例：

① Sunmorl WX—9精练配方：

Sunmorl WX—9（脂肪醇聚氧乙烯酯）	1g/L
NaOH	1g/L

溢流洗涤机工艺流程为：

120℃、20min精练——→80℃、5min热水洗——→水洗——→烘干

② 涤/锦新合纤连续式精练加工配方：

Sandodean PC（阴离子表面活性剂）	0.5～2mL/L

Sandozin NA（螯合剂）	0～0.5mL/L
Sirrix AK（净洗剂）	0.5～2mL/L
NaOH	2～3g/L
温度	90～98℃

（2）预定形加工工艺。为使新合纤织物有效收缩并获得良好的蓬松感，精练松弛的工艺条件要求较高。在精练松弛过程中还应使残脂率低于0.2%，并防止再沾污。新合纤收缩率随温度变化的敏感性远强于常规涤纶，因此，需把握好热处理时温度与纤维收缩率的关系。应从低温开始缓慢升温，使织物充分收缩，否则部分纤维收缩不匀，会产生折皱、光泽不匀及高温下定形而影响质量。对于新合纤强捻织物，应采取低温松弛处理。当然，不同要求的新合纤织物，应相应调整精练松弛工艺。新合纤精练松弛宜分阶段进行，可先在连续松弛机上进行预松弛，再经溢流染色机正式松弛。

良好的预定形，不但能改善织物的尺寸稳定性、消除折痕，而且有助于提高碱减量和染色均匀性。

超细纤维织物定形加工条件与常规仿真丝织物差异较大，一般控制在180～190℃，30～60s，经向超喂10%左右，但对改性涤纶则有明显差异。如阳离子可染涤纶定形控制在105～110℃，30～60s，超喂8%～10%；涤/锦复合超细纤维织物则控制在170～175℃，30s。预定形幅宽控制在小于成品幅宽1.5%。要注意定形条件应根据不同织物特点、组织规格、密度、捻度、原料种类，确定适宜的工艺条件。

（3）碱减量（或开纤）加工工艺。碱减量不仅能使纤维变细，而且还能改善织物的悬垂性、吸湿性和柔软性等，表现出新合纤的织物风格。但新合纤原料与传统产品不同，因而减量率要求也不同，如掌握不好，将造成减量率的差异，使强力下降，织物经向伸长。

涤/锦复合纤维织物采用剥离开纤，如开纤减量率为18%的参考配方为：

NaOH（98%）	3～5g/L
开纤促进剂CT	2～3g/L
浆斑去除防止剂ACR	0.5～2g/L

在100～110℃处理60min，然后在含Supersoap NF 2g/L的皂液中90℃处理20min。

超细纤维（复合纤维）的碱减量，实际上与传统涤纶仿真丝不一样，其主要是开纤，因而一般减量率控制在1%～2%即可，但其控制及生产困难。所以实际生产中，有的不采用碱减量方法，而采用开纤剂和经磨毛、砂洗来达到开纤目的，也可由碱减量补充开纤。若用碱减量法进行开纤，绝不能让碱减量增大。对涤/锦双组分复合纤维开纤，减量率不超过5%，但必须保证充分开纤，一般开纤率达80%即为充分开纤。减量率过高，会引起纤维损伤，降低纤维的强力；减量率过低，虽对纤维损伤小，但对涤/锦复合纤维的开纤就不充分。所以，通常在生产中，碱减量使纤维预开纤后，再经机械“揉搓”作用，使纤维进一步开纤。要注意的是，涤/锦复合纤维在前处理中不需要完全开纤，否则染色及后加工会引起纤维更大的损伤。

值得注意的是，新合纤碱水解速率快于常规涤纶，而且新合纤中各组分的水解速率又不同，因而必须注意新合纤中水解快的组分引起强力过分下降，同时，弯曲和剪切特征也将降低，影响织物的身骨和韧性。由此，新合纤减量控制要求远比常规涤纶严格，并且加工难度大。

在前处理加工中，应尽可能保持松式或无张力条件。

四、蛋白质纤维织物前处理

（一）羊毛的前处理

从羊身上剪下的羊毛称为原毛。原毛中除羊毛纤维外，还含有大量的杂质，羊毛纤维在原毛中的百分含量称为净毛率。由于原毛中含有杂质，所以不能直接用于毛纺生产。

原毛中含有杂质的种类、含量及其性质，随羊的品种、牧区情况及饲养条件的不同而存在差异，杂质含量一般为40%～50%，有的甚至高达80%。杂质的成分可分为天然杂质和附加杂质两类，天然杂质主要为羊身上的分泌物，如羊脂、羊汗及本身的排泄物，外来杂质主要为草屑、草籽及沙土等。

羊毛必须经过前处理才能进行纺织加工。羊毛前处理加工的任务，就是利用一系列物理机械和化学方法，除去原毛中的各种杂质，使其能够满足毛纺生产的要求。

原毛的前处理包括洗毛、炭化和漂白。洗毛的作用是除去羊毛纤维中的羊脂、羊汗及沙土等杂质；炭化的作用是除去原毛中的植物性杂质。通过这些作用，可使原毛呈现原有的洁白、松散、柔软及较高的弹性等优良品质，保证纺织加工能顺利进行，如果加工产品为浅色或漂白品种，则羊毛还需要进行漂白加工。

1. 洗毛　洗毛的目的主要是为了除去原毛中的羊脂、羊汗及沙土等杂质。洗毛质量如果得不到保证，将直接影响梳毛、纺纱及织造工程的顺利进行。羊汗的主要成分为无机盐，能溶于水。羊脂是羊脂腺的分泌物，它黏附在羊毛的表面，起着保护羊毛的作用。羊脂不溶于水，要靠乳化剂或者有机溶剂才能洗除。洗毛方法有乳化法、羊汗法、溶剂法以及冷冻法等，其中以乳化法应用最为普遍。

（1）乳化法洗毛工艺：乳化法洗毛可分为如下几种工艺。

① 皂—碱洗毛：皂—碱洗毛法即是用肥皂作洗涤剂、以纯碱作助洗剂的洗毛方法。洗毛时肥皂液润湿纤维表面并渗入纤维与羊脂之间，借助机械作用使羊脂及污物脱离纤维，转移到洗液中，形成稳定的乳化体，不再黏附在纤维上。纯碱的作用是维持洗液的pH，抑制肥皂水解，提高净洗效果。

皂—碱洗毛时，肥皂和纯碱的用量应根据羊脂及其他杂质的含量而定，制定洗毛工艺前需了解原毛中杂质的情况。肥皂和纯碱初加量应根据羊毛含脂的乳化性能来控制，国产毛皂液浓度一般选择在0.2%，超过这个浓度，不但乳化能力没有提高，过多的泡沫反而会影响羊毛的洗涤，并且会对羊毛有损伤。因此，碱液浓度应控制在0.2%以下。如果水质较硬，可适当增加碱用量。

皂—碱洗毛时，pH接近10最易乳化羊毛脂，此时温度应选在45～55℃，漂洗液pH应控制在9以下，以免烘干时羊毛受到损伤。

② 合成洗涤剂—纯碱洗毛：此法又称轻碱洗毛。这种方法是以合成洗涤剂为净洗剂，以纯碱为助剂的一种洗毛方法。纯碱不但可提高合成洗涤剂的洗净效果，而且还可以帮助皂化油脂，所以采用此法比较普遍。羊毛对碱比较敏感，在制定工艺时，需要严格控制工艺参数。

③ 铵—碱洗毛：采用轻碱洗毛时，残留的碱在烘燥及储存时，易使羊毛因氧化加速而受到损伤。工艺上可采用铵—碱洗毛来克服这一点，就是在两个加料槽中，前一槽以纯碱为助剂，后一槽以硫酸铵代替纯碱作助洗剂。硫酸铵可与残留的碱中和，其用量应取决于第一加料槽的轧液率，通常情况下，硫酸铵与纯碱的用量比为1∶3。

④ 中性洗毛：中性洗毛就是以合成洗涤剂为净洗剂，以中性盐作助洗剂的洗毛方法。中性洗毛法的特点是对水质要求不高，对羊毛损伤小，洗净毛的白度、手感均较好，而且不易引起羊毛纤维的粘连，长期储存不泛黄。

中性洗毛洗涤剂的用量应根据洗涤剂的去油污能力而定，中性盐元明粉用量为0.1%～0.3%，其主要作用是降低洗涤剂的临界胶束浓度，使其在较低的浓度下，发挥良好的净洗作用。中性洗毛时，由于洗液近于中性，所以温度相对可以高一些，一般可控制在50～60℃。

⑤ 酸性洗毛：在日光辐射强度大，气候变化幅度大，土壤含盐、碱较多的高原地带，所产羊毛的羊脂含量低，土杂含量高（如新疆毛）。这类羊毛本身强度低，弹性较差，如用一般碱性洗毛法洗毛，易使净毛发黄粘连，颜色灰暗，洗涤过程中水质变硬，pH不易控制。所以在洗涤这类羊毛时，可选用合成洗涤剂烷基磺酸钠或烷基苯磺酸钠，在酸性溶液中洗毛，洗毛效果好，且不损伤羊毛。酸剂一般选用醋酸。

（2）洗毛设备：洗毛设备有耙式洗毛机、喷射式洗毛机等多种型式。目前应用较多的为耙式洗毛机，如图1－7所示。

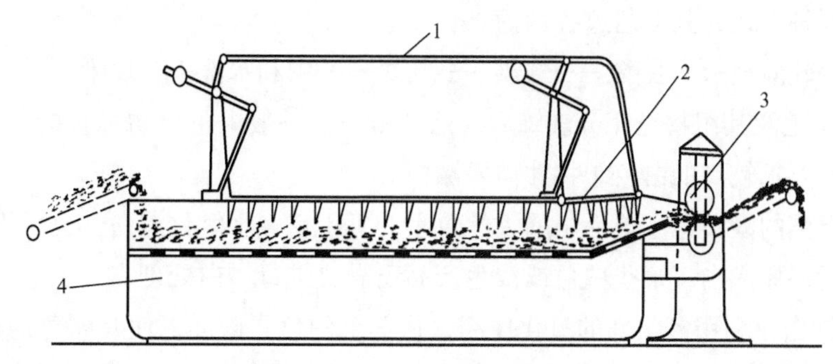

图1－7 耙式洗毛机

1—耙架 2—耙齿 3—轧轴 4—洗毛槽

该机是由若干个洗毛槽组成，一般多采用3～5槽。若原毛中含脂量较低，就可采用3槽。第1槽为浸渍槽，以清水润湿羊毛并洗除部分杂质；第2、第3槽为洗涤槽，利用洗涤剂洗除羊毛杂质；第4、第5槽为漂洗槽，以清水洗除羊毛残留的洗涤剂。羊毛在槽中借钉耙的往复运动向前推移，按羊毛的前进方向在各槽中分别经纯碱、皂—碱及清水洗涤。

羊脂可回收利用，颇有经济价值。

2. 炭化 羊在放牧的过程中，常常黏附一些草屑、草籽等植物性杂质，这些杂质有的与羊毛缠结在一起，经过选毛、开毛、洗毛工序，可以去掉一部分，但有的甚至经过梳毛也不能完全去掉。这些杂质的存在，不但影响纺纱加工，而且影响毛纱的质量，在染色中还易形成染色疵病，因此，必须经过炭化工序加以去除。

炭化就是利用羊毛纤维和植物性杂质对无机酸有不同的稳定性，使植物性杂质受到破坏，达到除草的目的。植物性杂质的主要成分是纤维素，在高温时纤维素遇酸脱水炭化，炭化后的杂质焦脆易碎，在机械的作用下可从羊毛纤维中分离去除。酸对羊毛纤维的损伤很小，但在高温及强酸的作用下，羊毛纤维也会受到一定程度的损伤，从而影响其手感、强力及弹性。炭化时酸的浓度并不高，羊毛纤维本身不致受到明显的损伤，但如果在生产中羊毛吸酸或含水不均匀，在烘干或者焙烘过程中，就会造成局部酸液浓度剧增，也会引起羊毛损伤。

根据羊毛纤维制品的形态，羊毛的炭化可分为散毛炭化、毛条炭化和匹炭化三种。

散毛炭化多用于粗纺产品，散毛炭化对羊毛的损伤较其他炭化方式大，且成本较高，但散毛炭化去杂效果好。炭化时可加入羊毛保护剂，以减少对羊毛的损伤。

毛条炭化相对来说具有较多的优点，由于较大的植物性杂质在梳毛过程中已被除去，所以剩余的只是细小杂质，很容易被炭化去除，对羊毛的损伤性较小。毛条炭化可在毛条复洗机上进行，占地面积小，比较经济。但毛条经过炭化加工后，其纺纱能力下降。

匹炭化多在洗呢机上进行，可节省设备投资。匹炭化一般用于含植物性杂质较少的原料，羊毛纤维是在未经处理的条件下进行纺织加工的，所以织物的机械性能较好。但匹炭化具有一定的局限性，如含杂较多的产品、混纺织物及需经过缩呢的粗纺织物不适用。呢端编号和边字为纤维素纤维，烘呢时还要涂上碱液加以保护，以免被酸烧掉。

无论采用哪种方式，其工艺过程均为：

浸水──→浸轧酸液──→脱酸──→焙烘──→轧炭──→中和水洗──→烘干

3. 漂白 羊毛及其织物经充分洗练后，已较洁白，一般染色织物可直接染色，不必再经漂白。对于白度要求较高的白色织物才需要漂白。

羊毛具有天然的淡黄色，羊毛中的天然色素，可用双氧水氧化漂白，也可用还原剂漂白，还可以先氧化后还原漂白。某些白色或浅色产品还需要进行增白处理。

（1）氧化漂白：利用氧化剂的氧化作用，将羊毛的色素破坏，使其颜色消失。这种漂白方法的特点是白度持久，不易泛黄，但对羊毛容易造成损伤。因此必须严格控制工艺条件，防止过度氧化，造成手感粗硬，强力下降。氧化漂白不能使用次氯酸钠，它会使羊毛纤维变黄、脆损。常用的氧化漂白剂为双氧水。参考工艺配方如下：

H_2O_2（35%）	2.3kg
硅酸钠（相对密度1.4）	0.7kg
润湿剂	0.1kg
水	加至100L

（2）还原漂白：利用还原剂的还原作用将羊毛中的色素还原，从而使颜色消失。这种漂白方法的特点是对羊毛损伤小，但白度不稳定，长时间和空气接触，易受空气氧化而泛黄。毛纺工业常用的还原漂白剂为漂毛粉，它是由60%低亚硫酸钠和40%焦磷酸钠混合组成。

（3）先氧化后还原漂白：这种漂白方法又称双漂。双漂工艺同时具有氧化漂白和还原漂白的优点，光泽洁白，漂白效果持久，织物手感好，强度损失小。

（4）增白：毛纺产品经过氧化或还原漂白后，常常带有黄光，因此可在漂白过程中同时进行增白。增白后漂白织物更为洁白润目。毛织物常用的增白剂为荧光增白剂VBL、增白剂WG等。

（二）蚕丝织物的前处理

蚕丝是天然蛋白质纤维的一种，按蚕的品种分，蚕丝有桑蚕丝、柞蚕丝、蓖麻蚕丝和木薯蚕丝等。生丝及其织物（称为坯绸）中含有大量的丝胶杂质，其中大部分是纤维材料本身固有的丝胶（约20%～30%）及油蜡、灰分、色素等。另外还有在织绸时加上的浆料，为识别捻向施加的着色染料以及操作、运输过程中沾上的各种油污等。这些天然和人为杂质的存在，不仅有损于丝织物固有的优良品质，影响服用性能，而且使织物很难被染化料溶液润湿和渗透，妨碍染整加工。因而除特殊品种外，生丝及其织物都必须经过一定加工以除去杂质，为后加工提供合格的半制品或直接得到练白产品，这一加工过程称为精练。由于丝织物精练的目的主要是去除丝胶，随着丝胶的去除，附着在丝胶上的杂质也一并除去。因此，丝织物的精练又称脱胶。

1. 脱胶的原理　蚕丝主要是由丝素和丝胶组成，它们都是蛋白质，基本组成单位都是α-氨基酸，具有亲水性和两性性质。但是，由于组成氨基酸的种类、含量不等，使丝胶和丝素分子构型和形态结构有着很大的差别。丝胶蛋白质中所含羟基氨基酸（丝氨酸、苏氨酸）、酸性氨基酸（天门冬氨酸、谷氨酸）及碱性氨基酸（赖氨酸、精氨酸）的数量远比丝素中多，这些氨基酸都带有极性较强的亲水性基团，使丝胶分子排列紊乱松散，呈球状粒子。而丝素蛋白质则明显的纤维化，分子链间相互接近，形成结晶性的整列区域。

丝胶和丝素在组成和结构上的差异，导致了两者在性质方面的不同：丝胶能在水中，尤其是在近沸点温度的水中膨化、溶解，丝素在水中不能溶解。当有适当的助剂如酸、碱、酶等存在的情况下，丝胶就更容易被分解，而丝素则显示出相当的稳定性。蚕丝及其织物的精练，实质上就是利用丝素和丝胶这种结构上的差异以及对化学药剂稳定性不同的特性，通过助剂的作用除去丝胶及其他杂质，以获得具有较好的光泽，手感柔软，白度纯正，渗透性好的产品。利用酸、碱、酶等进行处理，均能达到脱胶目的。

2. 常用脱胶设备及方法 目前采用的桑蚕丝织物脱胶设备有精练槽、平幅连续精练机、星形架精练桶等。由于精练槽工艺成熟，仍为绝大多数厂家加工的主要设备。

（1）精练槽的结构和精练工艺：精练槽是用不锈钢板制成的长方形桶，槽口有较宽的沿口便于搁置挂杆，槽宽一般在120cm左右，槽深视织物的幅宽而定，长度根据所需容积和允许占地面积而定，一般约为220cm。

目前常用精练槽容量有3200L、4000L、4600L等几种。在精练槽底部布有直接加热蒸汽管和多孔不锈钢板，如图1－8所示。

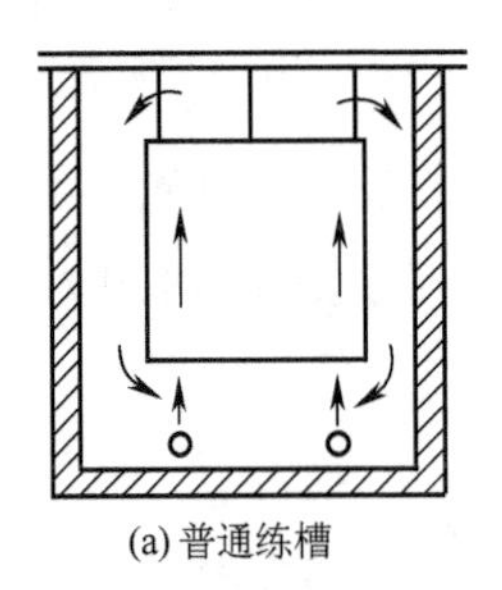
(a) 普通练槽

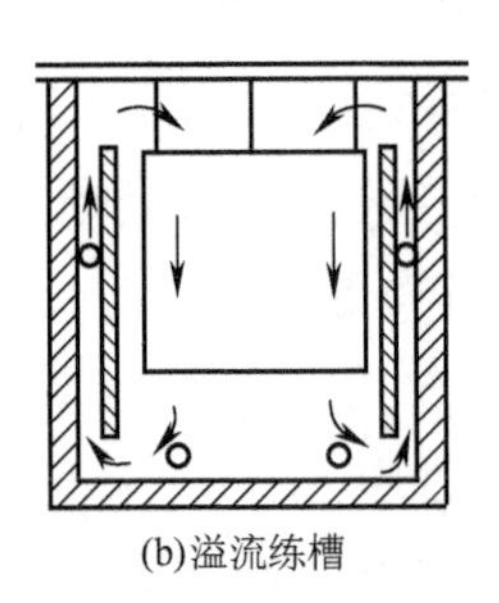
(b) 溢流练槽

图1－8 精练槽液流方向示意图

按照工艺操作要求，精练槽排列一般为7～9只直排，在精练槽上方还装有电动吊车，用以升降织物和移动织物到下一槽处理。精练槽结构简单，操作亦较方便，目前仍为各厂家所使用。

以精练槽为主要设备加工桑蚕丝织物的脱胶方法常见的有皂—碱法、合成洗涤剂—碱法及酶脱胶法。

① 皂—碱法：皂—碱法以肥皂作为主精练剂，并添加适量纯碱、磷酸三钠、硅酸钠等碱剂作为助练剂。为了去除色素，提高织物白度，还可使用少量保险粉或过氧化氢等作为漂白剂。采用皂—碱法精练后的丝织物，手感良好且具有柔和的光泽。皂—碱法工艺流程为：

精练前准备──→预处理──→初练──→复练──→练后处理

预处理一般用0.5～1.5g/L的碱液，按1∶（40～50）的浴比浸渍坯绸，溶液温度80～85℃，浸渍时间45～60min。预先使丝胶溶胀，有助于均匀脱胶和缩短精练时间。

初练是精练的主要过程，需要较多精练剂和较长时间。初练溶液为：肥皂7～9g/L，硅酸钠1～2g/L，纯碱0.3～0.6g/L，保险粉0.3～0.4g/L，浴比1∶（40～50），温度98～100℃，时间80～100min。

复练的作用在于去除初练后仍残留在织物上的丝胶和其他污物。复练时所用的精练剂与初练基本相同，肥皂用量为初练用量的一半，助练剂的用量与初练相同。织物经复练后，变得洁白、柔软，并富有光泽。

练后处理包括水洗、脱水和烘干。

② 合成洗涤剂—碱法：合成洗涤剂—碱法脱胶是以合成洗涤剂为主练剂，代替了皂—碱法中初、复练所用的肥皂。工艺流程、工艺条件和操作方法均与皂—碱法基本相同。

脱胶用表面活性剂，要求具有良好的润湿、渗透性能和较强的乳化、分散、去污能力，以提高脱胶效率，使绸面洁净，同时应耐碱和耐高温，以防在加工过程中表面活性剂受到破坏而失去效力。一般采用阴离子型和非离子型两类。常用于精练的洗涤剂有雷米邦 A、洗涤剂 209、净洗剂 LS、分散剂 WA、渗透剂 JFC 等。

③ 酶—合成洗涤剂法：酶是一类由生物体产生，并可脱离生物体而独立存在的具有特殊催化作用的蛋白质，又称生物催化剂。由于酶的催化作用具有高度专一性，对纤维上其他杂质的去除率很小。因此，常和肥皂或合成洗涤剂合用，以进一步提高精练效果。酶—合成洗涤剂法是目前常用的方法。

酶精练的工艺流程为：

前准备──→预处理──→酶脱胶──→精练──→练后处理

酶精练的预处理比皂—碱法的预处理更为重要。这是因为酶精练的温度远比皂—碱法精练的温度低，不利于丝胶的溶胀，所以必须预先使丝胶充分溶胀，才能在酶脱胶时使蛋白酶与丝胶均匀而迅速地作用。

预处理一般使用 1 ~ 2g/L 的纯碱溶液，在 95 ~ 98℃ 温度下处理坯绸 30min。预处理练液的 pH 由碱剂（硅酸钠、碳酸钠）来调节，要求渗入丝胶层中的碱剂量不能超出酶作用的最适 pH 范围。

酶脱胶是以蛋白酶的溶液进行脱胶。蛋白酶有碱性、中性、酸性三类，脱胶液应根据所选用蛋白酶的种类和性质，控制适当的用量和最佳的 pH。

精练是为了去除酶精练时尚未脱除的丝胶及脂蜡、色素等其他吸附在织物上的杂质以达到彻底精练的目的。因此按照合成洗涤剂法精练的工艺条件处理即可，但精练剂的用量可适当减少，处理时间可适当缩短。酶—合成洗涤剂法可改善织物泛黄程度，手感柔软、渗透性好，但光泽较差。

（2）平幅连续精练：意大利 MEZZERA 公司生产的 VBM—LT 型长环悬挂式平幅连续精练机如图 1 - 9 所示。全机由进布装置、成环装置、VBM 精练槽、LT 型平洗槽、落布装置等组成。织物经进布架由吸边器扩幅并定位中心，然后导入预浸槽，织物在高温练液的作用下收缩，起到预缩的效果，再借超喂辊和进绸成环装置使织物平幅进入精练槽。精练后的织物经过中心定位装置，纠正织物可能在练槽中出现偏离中心的现象，然后通过二辊轧车去除织物上所带的练液，再由张力调节装置控制好织物的经向张力，直接进入水洗槽进行水洗，最后经出布装置平幅落绸或卷装落绸。

平幅连续精练机可用于各类真丝织物的精练，练白成品比挂练成品脱胶均匀，没有灰伤、吊襻印等疵病。该机自动化程度较高，节省人力，降低劳动强度。但浴比过大，耗水、耗电、耗汽，精练成本较高。若操作不当，薄织物易飘浮，成环时会折叠或偏离中心，产生无法修

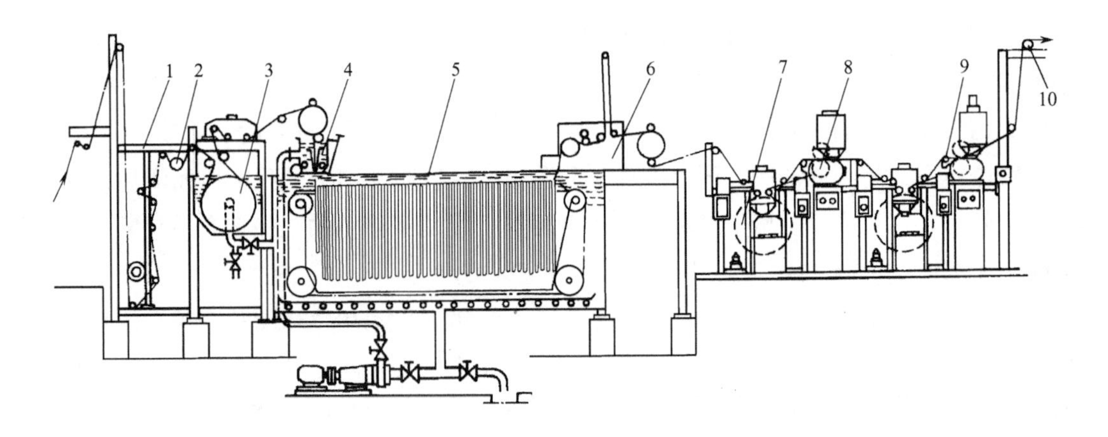

图1－9　VBM—LT型平幅连续精练机

1—进布装置　2—超喂装置　3—预浸槽　4—成环装置　5—VBM精练槽　6—出布装置
7—LT型吸鼓式平洗槽　8—小轧车　9—真空吸水　10—落布装置

复的皱印等。

（3）星形架精练桶：星形架精练桶主要由星形挂绸架和圆形练桶两部分组成。精练时，需人工将坯绸单层地挂在可以旋转的星形架的挂钩上，然后用吊车吊入圆形练桶中精练。星形架精练用精练剂主要是肥皂、纯碱、泡花碱、保险粉、表面活性剂等，用量与精练槽挂练相同。

星形架精练工艺流程为：

生坯退卷──→缝头──→手工挂绸──→预处理──→初练──→热水洗──→复练──→热水洗──→温水洗──→冷水出桶──→整体脱钩──→轧水打卷

五、其他织物前处理

1. 中长化纤织物的前处理　中长化纤织物以涤黏混纺织物为主，尚有涤腈混纺中长纤维织物及涤腈黏混纺中长纤维织物。中长化纤织物都属仿毛织物，厚织物要求手感丰满、蓬松、弹性好，有厚实的毛型风格。这些风格的优劣取决于染整加工的质量。

中长化纤织物不含天然杂质，练漂工艺较简单，只需烧毛、退浆及热定形即可。中长化纤织物前处理必须采取松式加工工艺，才能提高仿毛效果。

（1）烧毛。采用少火口、强火焰、快车速的烧毛工艺。烧毛工序的安排顺序可以根据工厂条件及品种要求而定，对于高温高压染色的品种，烧毛宜在染色后进行，以免影响染色的均匀度。

（2）退浆。退浆是在松式、湿热加工中进行，使织物可以在退浆的同时充分收缩，从而获得蓬松丰满的仿毛风格。中长化纤织物上浆料以PVA为主要浆料，可以采用碱退浆或氧化剂退浆。碱退浆后织物手感稍粗硬，在同样热熔条件下染色得色稍深。也可以用洗涤剂退浆，退浆后的织物手感柔软，弹性较好，拉幅容易。退浆水洗后在松式水洗机上再水洗，然后在松式烘干机上烘干。

（3）热定形。定形温度以190℃为宜。染前定形可以保证在染色过程中的尺寸稳定性，减少折皱，提高染色质量。

2. 针织物的前处理　针织物具有柔软的手感，良好的透气性，富有伸缩性，穿着舒适。常用来制成汗衫、棉毛衫、运动衫、手套和袜子等。针织物都是由线圈组成的，因此结构疏松，外力作用下容易变形，不能经受较大的张力，故加工时必须使织物保持松弛状态，并采用低张力加工设备，同时应尽量缩短加工过程。

（1）棉针织物的前处理。棉针织物的主要产品有汗布、棉毛布等。针织用纱在织造前不上浆，故织物上不含浆料。在前处理过程中，一般不进行烧毛，也不需要退浆，通常只进行煮练、漂白和柔软处理。有的品种（如汗布）还需要进行碱缩，以增加织物的密度和弹性。棉针织物前处理工艺流程主要有以下几种形式：

漂白汗布工艺流程：

坯布——→碱缩——→煮练——→次氯酸钠漂白——→双氧水漂白——→增白——→柔软处理——→脱水——→烘干

染色（印花）汗布工艺流程：

坯布——→碱缩——→煮练——→次氯酸钠漂白——→染色（印花）——→整理

染色（印花）棉毛布工艺流程：

坯布——→煮练——→次氯酸钠漂白——→染色（印花）——→整理

① 碱缩：碱缩是棉针织物在松弛状态下，用浓碱溶液处理的工艺。碱缩的目的主要是为了增加织物的密度和弹性，并能提高织物的强度及改善光泽，降低织物的缩水率。完成碱缩过程要经过浸轧碱液、堆置收缩和洗涤去碱三个步骤。圆筒针织物碱缩机是由进布板及浸碱槽、轧车、洗碱槽、储布箱、落布装置等组成的联合机，如图1－10所示。

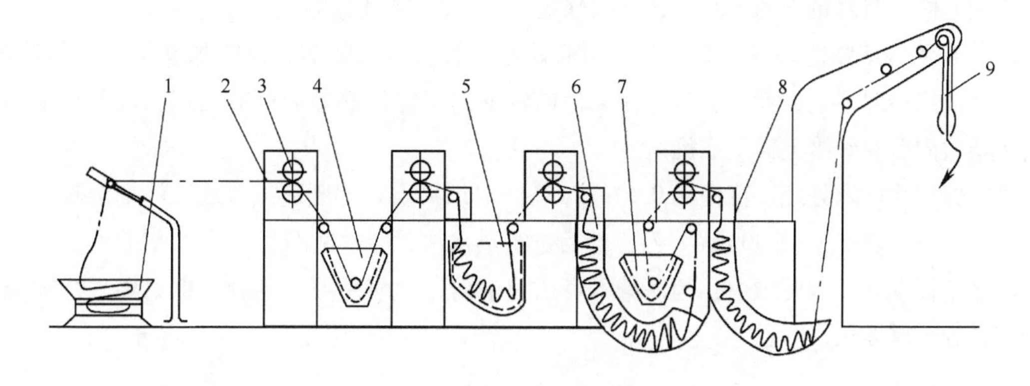

图1－10　针织物碱缩联合机

1—调缠盘　2—撑板　3—轧车　4—浸碱槽　5—浸碱堆布箱

6—堆置箱　7—洗碱槽　8—储布箱　9—落布装置

碱缩的工艺条件：烧碱140～200g/L，常温，时间10～20min。

碱缩的工艺流程：

缝头——→扩幅——→浸轧浓碱液——→堆置（或在浓碱液中浸渍）——→去碱——→热水洗——→冷水洗

针织汗布的碱缩有干布碱缩（干缩）和湿布碱缩（湿缩）两种方法。干缩是针织坯布先碱缩后煮练，湿缩是针织坯布先煮练后碱缩。前者工艺简单，但织物吸碱不均匀；后者吸碱均匀，弹性及光泽较好，但工艺流程较长，实际生产中多采用干布碱缩。

② 煮练：针织物煮练的目的是去除坯布上的棉籽壳、纤维素共生物和织造时沾上的油污杂质。针织物煮练可采用煮布锅煮练和绳状汽蒸煮练等方法。无论采用哪种方法，均应比一般棉布煮练的条件缓和些，目的是使布上保留较多的蜡状物质，以免影响织物手感和造成缝纫破洞。

针织物连续汽蒸煮练的工艺流程如下：

经碱缩后的针织物——→浸轧煮练液——→汽蒸——→60～70℃热水洗——→冷水洗——→酸洗——→冷水洗——→中和——→冷水洗

③ 漂白：针织物漂白可采用次氯酸钠、双氧水和亚氯酸钠作漂白剂。次氯酸钠漂白效果一般，且易损伤纤维，对环境有较大的影响，但其成本低，设备简单，因此，仍被广泛应用在棉针织物漂白上，目前已逐渐被双氧水所代替。双氧水漂白效果好，对纤维损伤小，具有一定去杂能力，它不仅适用于棉，而且也能使其他纤维获得良好的漂白效果，因此特别适用于棉和合纤混纺织物的漂白。亚氯酸钠不仅漂白效果好，而且对纤维损伤小，去杂能力强，对纤维适应性广，是一种理想的漂白剂。但其成本高，对设备腐蚀性强，漂白时放出有毒气体，对环境有较大影响，因此使用上受到很大限制。针织物漂白的工艺流程和条件与一般棉布相似。对白度要求高的产品，还需要进行复漂及荧光增白处理。

④ 柔软处理：为了使针织物在成衣时不致产生缝纫破洞，除在煮练时采取适当的措施外，还需进行柔软处理。针织物常使用的柔软剂多为自制的石蜡乳液，故柔软处理又称上蜡。为了使用方便，有时也采用柔软剂，如柔软剂101、柔软剂HC等。

（2）涤纶针织物前处理。涤纶针织物前处理的目的是去除纺丝时施加在纤维上的油剂、抗静电剂及织造时沾上的油污。凡是在染色前定形的织物，都要进行前处理，以免热定形时因油污杂质固着在纤维上而造成疵病。

涤纶针织物的前处理，可使用0.5%～1%（对织物重）的肥皂或合成洗涤剂溶液加入少量纯碱，于80～90℃处理30min左右，然后进行热水洗、冷水洗即可。

纯涤纶针织物不需要漂白，因涤纶本身已很洁白，即使是特白品种，也只要进行荧光增白即可达到白度要求。

六、纱线前处理

色织物与针织制品常用染色纱线织制。纱线染色前也必须除去纤维上的天然及人为杂质，因此，纱线染色前也经过前处理过程。由于纱线未经上浆，因此纱线前处理主要包括煮练、漂白、丝光三个工序。

1. 纱线煮练　纱线煮练的目的、要求及煮练用剂都与织物煮练相同。

（1）纱线煮练设备：一般采用常压煮纱锅，链状绞纱堆置在煮纱锅内，常压煮练，依靠锅底部的倒喇叭管使练液受热煮沸后产生对流，由下向上从喇叭管口溢出，产生练液循环。

高压煮纱锅可分为立式与卧式两种。立式高压煮纱锅的结构与立式煮布锅类似，应用较广。依纱线容量有1t、2t、2.5t、3t几种规格。卧式高压煮纱锅的锅身呈横卧圆筒状，圆筒的一端设有可开启密闭的门，锅内可容两辆堆纱车，堆纱车由铁轨进出煮纱锅。其他装置如循环、加热装置及附件都与立式相同。卧式煮纱锅可在锅外装纱出纱，进出煮纱锅方便，但占地大，应用不广。

（2）煮练工艺：棉纱线煮练的主要用剂是烧碱，烧碱用量根据原纱含杂量、纱的结构以及煮练后的不同工序要求而定。如含各类杂质较多的纱、股线与粗支纱，常压煮纱锅中煮练的纱，煮练后需丝光漂白及冰染料和还原染料染色的纱，煮练时烧碱量应适当增加，对煮练纱的匀透、渗透性有利。

① 煮练温度与时间：煮练温度以高温为好，可以缩短煮练时间。常压煮纱锅因温度低，煮练5～7h，煮后闷纱2h；高压煮练从达到147～196kPa压力后，保持该温度4h。涤棉混纺纱、维棉混纺纱只宜常压煮练，煮练时也可用纯碱。

② 煮练浴比：高压煮纱锅浴比为1∶5，浴比过小，纱线会露出煮练液，使煮练不均匀，还易造成氧化脆损，因此用常压煮纱锅煮练时浴比要适当放宽，并保持液量。但浴比过大，易使棉纱浮动，导致纱绞紊乱。

煮练后的纱先在锅内用热水和冷水循环洗涤，出锅后再用冷流水充分洗净，然后堆放在纱池内，用湿布盖好，以防止局部风干。

煮练纱的质量也以毛效作为检查标准，一般要求毛效平均在10cm/30min以上。对于低温染色用的经纱，毛效应在13.5～15cm/30min以上。煮练洗净后的纱线pH应为7～8，断裂强度不低于原纱。煮练纱应洁白，无钙斑、生斑、碱斑、锈斑，无皱纱乱纱。

（3）纱线煮练实例：

① 清水煮纱：元贡呢色纱采用硫化元（青）染色，劳动布用硫化蓝染纱，为减少色斑、红筋，两者都不经过碱煮，染色后色光好，但牢度稍差。清水煮纱不用任何化学药品，在100℃清水中浸放1.5～2h即可。

② 碱液煮纱：纯棉纱用烧碱（100%）12～14g/L，于130℃煮练3～4h，然后排液冲洗，出锅的纱线pH应为7～8。65/35涤棉混纺纱用烧碱3～4g/L，100℃煮3h，排液冲水1h出锅。50/50维棉混纺纱用烧碱6～7g/L，于80℃煮练3～4h，排液冲洗。也可用纯碱煮练，煮练液除纯碱外，还加入工业皂粉及洗涤剂，80℃煮3～4h。

2. 纱线漂白　棉纱线以氯漂为主。氯漂可用淋漂法、连续链条法、履带法等漂白。淋漂是将纱堆放在淋漂箱内，用泵将漂液抽出从纱上方淋下，反复循环，属间歇式生产。链条法是将绞纱套串成链条状，链条纱连续按顺序通过漂液池——→水池——→酸洗池——→水池——→中和脱氯池——→水洗池——→拆链——→脱水——→加白，此法产量很高。履带法也称甩漂法，将纱线分成半包一组，套在不锈钢制的三角棒上，棒的一端装有小齿轮，当小齿轮进入车身上的齿纹板时就产生前后转动，棉纱因而漂白均匀，不会造成链条纱的结扣黄斑。全车由履带板传动成水平线向前运行，设备包括漂池、透风池、水池、酸池、水池、中和脱氯池、水洗加白池等，各池均能自动循环加料，机械化程度较高。

纱线漂白与棉布氯漂工艺相类似。有效氯浓度：淋漂液为0.8～1.2g/L，连续漂白为1.5～2g/L。漂白液浴比：淋漂为1∶(6～8)，连续漂白为1∶(35～40)。有些纱在漂洗后尚需经过皂煮，可获得洁白的外观、滑爽柔软的手感与光泽。

漂白纱线的质量应达到洁白、匀净、无污渍、无斑点、无残余氯，纱线表面pH为7～8，纱线断裂强度不低于漂白前的96%。

3. 纱线丝光 纱线丝光的目的及效果与棉布相同，丝光的工艺条件也基本相同。丝光均匀与否直接影响到染色的质量。

纱线丝光设备有双臂式绞纱丝光机和回转式绞纱丝光机，前者占地少，后者产量大。图1－11为双臂式绞纱丝光机。

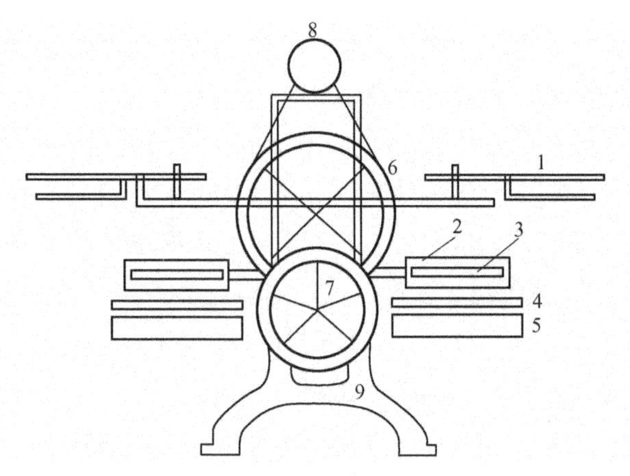

图1－11 双臂式绞纱丝光机结构示意图

1—理纱架 2—套纱辊筒 3—轧辊 4—水盘 5—碱盘 6—皮带轮 7—张力调节轮 8—电动机 9—铁架

自动双臂式绞纱丝光机丝光操作时，先将预先配制并冷却至一定温度的丝光液盛于碱盘中，将预先准备好的绞纱套于辊筒上，开动丝光机，辊筒即撑开至要求的距离，当碱盘升起时，纱线即浸于丝光液中，在辊筒上转动，转向交替更换。在此过程中，辊筒张力先略放松，以后恢复原来张力。轧辊则以要求的压力施压于辊筒上。经过顺转1min，倒转1min后，轧辊停止施压，同时碱盘即下降。当水盘移动到辊筒下方时，喷水管即开始喷洒温水，同时轧辊又恢复施压。经过一定时间的喷水冲洗后，喷水管停止喷水，轧辊停止施压，辊筒也停止转动，同时水盘移开，辊筒即相互靠近。将绞纱自辊筒上取下，进行酸洗。

回转式绞纱丝光机中心回转装置上设有8对套纱辊，套纱辊回转、辊间距离、转向交替、碱盘轧辊升降、喷水管启闭等都能自动控制，此机适用于较大规模的纱线丝光生产。

绞纱丝光多采用湿纱丝光，因为浸轧压力小，干纱丝光不易浸透。湿纱含湿量要求均匀，一般掌握在60%左右，脱水后的待丝光纱如贮放时间较久，丝光前应重新水洗、脱水。

酸洗可以在喷射式绞纱洗纱机上进行，如图1－12所示。

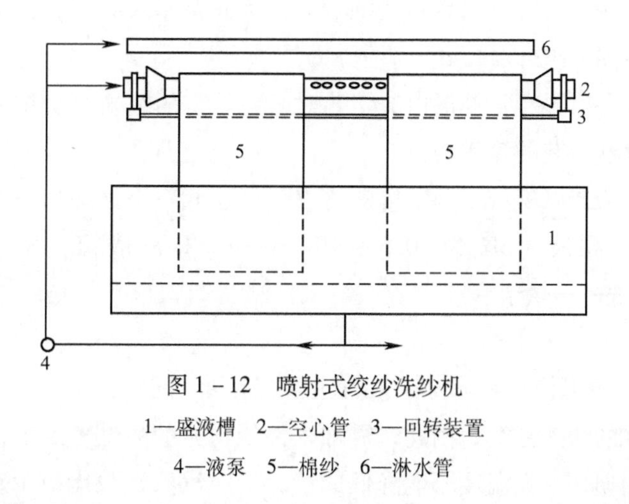

图1－12　喷射式绞纱洗纱机

1—盛液槽　2—空心管　3—回转装置

4—液泵　5—棉纱　6—淋水管

七、新型前处理工艺

常规的前处理需要经过退浆、煮练、漂白和丝光等工序，工序长，耗水、耗能多，加工时间长，污水含杂量高。所以在前处理过程中采用高效短流程工艺，可缩短处理时间，并能减少助剂和水的用量；低温、低碱前处理既可节能，又可减少废水的含碱量，利于废水的处理。目前生物酶在染整加工前处理工艺中已开始展现广阔而诱人的应用前景，其主要用于天然纤维织物的前处理。为了解决前处理过程的水污染问题，无水或非水前处理工艺一直受到人们的关注，近年来，采用等离子技术或其他离子溅射技术、激光技术、超声波技术和紫外线辐射技术去除织物表面的杂质有了很大进展。

1. 高效短流程前处理　高效短流程前处理工艺，按工序合并方式的不同，可分为一步法和两步法。

（1）二步法。

① 织物先经退浆，再经碱氧一浴煮漂的二步工艺：由于碱氧一浴中碱浓度较高，易使双氧水分解，故需选择优异的双氧水稳定剂。此工艺的关键是退浆及随后的洗涤必须彻底，要最大限度地除去浆料和部分杂质，以减轻碱氧一浴煮漂工序的压力，并使双氧水稳定地分解。如按采用设备的不同，又可分为液下履带箱、履带式汽蒸箱两种类型。织物先经退浆，水洗后浸轧碱氧液，随即进入液下履带箱或履带汽蒸箱汽蒸。此工艺适用于含浆较重的纯棉厚重紧密织物。工艺流程如下：

烧毛──→浸轧退浆液（烧碱）──→042退浆机（95～100℃汽蒸60min）──→充分水洗（90℃以上）──→浸轧碱氧液──→L汽蒸箱（100～102℃汽蒸45～60min）──→高效水洗──→烘干

② 织物先经退浆、煮练一浴处理，再经常规双氧水漂白的二步工艺：此工艺中漂白为常

规传统工艺，因而对双氧水稳定剂要求不高，一般稳定剂都可以使用。此工艺碱浓度较低，双氧水分解速度相对较慢，对纤维损伤较小，工艺安全系数较高，但退浆、煮练合一后，浆料在强碱浴中不易洗净，会影响退浆和煮练效果，为此退煮后必须充分水洗。根据采用的设备不同，可有多种不同的组合。

织物先经退煮合一，再经常规漂白的工艺对浆料不重的纯棉薄织物及涤棉混纺织物较为适用。如平幅轧卷汽蒸工艺的流程为：

烧毛——→浸轧碱液或碱氧液——→平幅轧卷汽蒸（退煮一浴处理）——→充分水洗（90℃以上）——→浸轧双氧水漂液（pH 为 10.5 ~ 10.8）——→L 汽蒸箱（常规漂白，100℃汽蒸 60min）——→高效水洗——→烘干

（2）一步法。

① 汽蒸一步法：退煮漂一浴汽蒸工艺需注意以下两个问题：第一，在高浓度碱和高温情况下很易引起双氧水的快速分解，因此，需加入性能优异的耐碱稳定剂；第二，高浓度碱和高温作用会加重织物损伤，在温度不能降低的情况下（汽蒸）只能减少碱的用量，而降低烧碱用量，又必然会降低退煮效果，尤其对上浆率高的和含杂量大的纯棉厚重织物有一定难度。因此，此工艺较适用于涤棉混纺轻薄织物。

汽蒸一步法可在 R 汽蒸箱或 L 履带蒸箱上进行，也可采用高温高压溢流染色机或高温高压巨型卷染机。如果对设备进行适当改造，增加坯布的润湿渗透，提高织物的水洗效果，则也可用于纯棉织物的汽蒸一步法工艺。但在 R 汽蒸箱上进行一步法工艺不如 L 履带蒸箱效果好。这是由于箱体中直接蒸汽管喷出的高温蒸汽使双氧水较快分解；冷凝水的不断增加，使双氧水及其他助剂（稳定剂）被稀释，导致箱体中漂液很不稳定。高温高压溢流染色机一步法工艺流程为：

烧毛——→高温高压溢流染色机（130℃处理 5min）——→高效水洗——→开轧烘干

② 冷堆一步法：冷堆法就是在室温条件下的碱氧一浴法工艺。由于温度低，双氧水的反应速率很慢，因此需要高浓度的化学品和长时间的堆置，才能使反应充分，达到加工所要求的去杂程度。和汽蒸法一样，冷堆法同样也需要工作液的充分浸渍和渗透。由于冷堆工艺作用温和，因而对纤维的损伤相对较小，此工艺可广泛适用于各种棉织物。

冷堆工艺中碱和双氧水的用量要比汽蒸工艺高出 50% ~ 100%，水洗也是冷堆工艺取得好效果的关键，其作用要比汽蒸法还重要。堆置后如加强碱处理，则效果更为明显，毛效明显上升。这是由于浆料、果胶质经氧化裂解后，在碱溶液中溶解度显著提高，且热碱又可促进杂质的碱水解及皂化反应的进一步进行，高温易使棉蜡热熔成液体，在机械作用下，易分散进入表面活性剂的胶束内，这个作用同样需要碱、表面活性剂以及反应时间，如果冷堆后立即用大量热水冲洗，将使降解反应和皂化反应不充分，从而不利于浆料、果胶质及棉蜡的去除。

采用高速高效练漂机热碱处理的工艺流程如下：

烧毛——→干落布——→浸渍工作液（高效给液，轧液率 95%）——→大卷装转动（转速 4 ~

6r/min，堆置16～24h）──→热碱处理──→短蒸2～4min（102℃）──→强力冲洗──→高效水洗──→烘干

2. 少碱（或无碱）前处理

（1）少碱（或无碱）冷轧堆前处理工艺。该工艺对纯棉、涤/棉和棉/黏织物前处理，都可满足半制品质量要求，以29.2tex×36.4tex棉纱卡为例，其工艺流程为：

浸轧工作液，打卷（室温，二浸二轧，轧液率80%～90%）──→堆置──→95℃热水洗──→碱洗（烧碱10g/L，净洗剂5g/L，95℃）──→热水洗──→冷水洗──→烘干

工艺配方：

NaOH	2.0g/L
H_2O_2（100%）	20g/L
精练剂	10g/L
稳定剂	3～4g/L
促进剂	4～5g/L

（2）少碱（或无碱）短蒸热浴前处理工艺。该工艺适合纯棉、涤/棉、涤/黏等织物，更适合黏胶纤维及其混纺织物的前处理。以29.2tex/36.4tex棉纱卡为例，其工艺流程为：

二浸二轧工作液（室温，轧液率90%～95%）──→饱和蒸汽汽蒸（90～95℃，10min）──→50%浓度的工作液处理（50～80℃，10min）──→热水洗──→碱洗──→热水洗──→水洗──→烘干

工艺配方：

NaOH	6g/L
H_2O_2（100%）	10～20g/L
精练剂	8～10g/L
稳定剂	4～5g/L
酰胺类氧漂活化剂	8～10g/L

（3）少碱（或无碱）汽蒸前处理工艺。该工艺对纯棉府绸、纯棉纱卡、涤/棉线卡、棉/黏纱卡进行前处理，都可满足半制品质量要求。此工艺很适合现有的退煮漂设备。如涤/棉线卡的工艺流程为：

R型一单元室温浸轧工作液──→汽蒸堆置（90℃以上，60min）──→热水洗2～3格──→水洗──→R汽蒸箱两单元常规氧漂（或一单元50%的工作液）──→汽蒸（100℃，40min）──→热水洗──→烘干

工艺配方：

NaOH	2g/L
H_2O_2（100%）	8～10g/L
精练剂	10g/L

稳定剂	4g/L
酰胺类氧漂活化剂	5g/L

3. 生物酶前处理 目前生物酶在染整加工前处理工艺中已经展现出广阔而诱人的应用前景，其主要用于天然纤维织物的前处理，用生物酶去除纤维或织物上的杂质，为后续染整加工创造条件。生物酶退浆、精练等生物酶前处理技术，不但可避免使用碱剂，而且生物酶作为一种生物催化剂，无毒无害，用量少，处理的条件较温和，生产中产生的废水可生物降解，减少污染，节约能量。

（1）生物酶退浆。对纯棉、纯麻、麻棉混纺、涤棉麻混纺等织物采用生物酶退浆，已获得成熟的经验，取得了良好的效果。酶退浆是利用淀粉酶（α－淀粉酶、β－淀粉酶）将淀粉分解为水溶性的1，4－糖苷，从而退除织物上的淀粉浆料或以淀粉为主的混合浆料。低温型α－淀粉酶，最适用于堆置的不连续工艺，一般要求水温50～70℃，pH在6～7。高温退浆的生物酶是经过基因改性的耐热型α－淀粉酶，使用温度可达到90～115℃，可在汽蒸条件下于1～3min内快速退除淀粉浆料，适用于连续式工艺，大大提高退浆效率，而且可以同时去除混合浆料中的PVA等化学物质（PVA也可用PVA分解酶退浆）。生物酶具有专一性，淀粉酶只对淀粉有分解作用，对纤维无损伤；处理后织物手感比用氢氧化钠处理的有显著改善；能简化工艺流程，减少污水排放，酶液在排放后对环境无影响，能满足环保的要求。

生物酶退浆应用广泛，可用于色织布、棉布、灯芯绒、帆布、麻布、人造棉、富春纺等的退浆，也可用于牛仔服、休闲装、棉/麻衬衣、毛巾、针织纯棉内衣及上浆印花后的去浆等的处理上。

生物酶退浆的优点为：退浆率可达90%以上，退浆后织物柔软度高，手感好；退浆时间短，工效高；毛细管效应增加40%以上，染色渗透性、匀染性明显提高；酸碱性适中，不损坏织物；黏性物质易清洗，对环境无污染。

卷染机、绳状染色机酶退浆工艺流程为：

预处理（渗透剂1g/L，70～80℃，10min）⟶生物退浆处理（60～70℃，20～30min）⟶热水洗（85℃）⟶冷水洗净

工艺配方：

退浆水TO1	0.3%～1%
渗透剂	0.1～0.5g/L
食盐	5g/L
pH	6～7
浴比	1∶（10～20）

高效快速生物退浆水TK适用于棉、麻、各类混纺、化纤等织物退浆处理。几分钟内就能完成退浆，退浆速度快，退浆率在90%以上，pH在5～8之间，缩短了流程，可节约成本30%。涤棉混纺织物在LMH 061练漂机上进行TK轧蒸退浆工艺流程如下：

进布──→轧热水（70～80℃）──→浸轧高效快速生物退浆水（60～70℃）──→汽蒸（95～105℃）──→水洗

工艺配方：

退浆水 TK	1.3g/L
渗透剂	1.3g/L
NaCl	0.1g/L
pH	6～7

（2）生物酶精练。生物酶精练主要用在棉、麻和棉麻混纺织物上，精练的目的主要是去除纤维中的天然杂质，为染色、印花和整理加工创造条件。

棉、麻类织物精练加工主要是用果胶酶、脂肪酶和纤维素酶等。果胶酶是由胶裂解酶、聚半乳糖醛酸酶、果胶酸盐裂解酶和果胶酯酶组成。果胶物质是高度酯化的聚半乳糖醛酸酯，果胶酶作用于纤维中果胶物质时，使聚半乳糖醛酸酯水解，脂肪酶将脂肪水解成甘油和脂肪酸。

在果胶酶精练液中加入适量的非离子表面活性剂有利于酶生物活性的发挥，可提高生物精练效果；将相容性和协同效应好的生物酶混合使用，如果胶酶、脂肪酶和纤维素酶同时使用，精练后的织物吸水性增强，手感更好。用纤维素酶与果胶酶处理棉或麻纤维，利用它们的协调效应，即果胶酶使棉、麻纤维中的果胶分解，纤维素酶使初生胞壁中的纤维素大分子分解，将纤维表面杂质及部分初生胞壁去除，达到精练的目的。

纤维素酶的用量要严格控制，只要加入纤维素酶，织物强力都要受到不同程度的损伤。据资料报道，加入纤维素酶，棉织物强力下降13%～18%、麻织物强力下降14%～17%、纯棉针织物强力下降18%～20%、纯棉毛巾织物强力下降20%以上。

碱性细菌果胶酶与阿糖胶酶结合用于棉织物精练，适用温度在55℃左右。在碱性（pH为9.5左右）条件下进行生物精练加工，具有不损伤或很少损伤纤维、节水和节能的优点。

总之，应用生物酶精练与碱精练相比，织物的吸水性、染色深度、染色均匀性都相似，但可减少精练污水的毒性和污水量。对棉织物精练，在吸水性基本相同的情况下，生物酶精练废水的COD_{Cr}值为760mg/L，一浴法碱精练废水的COD_{Cr}值为1800mg/L，是生物酶精练的2倍多。

（3）生物酶漂白。目前常用的无氯漂白剂为双氧水，这是一种环境友好型的漂白剂。织物在经过双氧水漂白后，通常需要用大苏打等还原剂去除残留在织物上的过氧化氢，避免后续染色出现染斑和染花。将过氧化氢酶用于棉、麻织物的漂白，不仅可以去除织物上残留的过氧化氢，还可直接染色，与传统的还原剂法相比，效率高，能增强织物的染色深度，节约用水，可省去2～4次水洗，节省时间至少0.5h左右。酶对环境和人体无害，既能节能，又无环境污染，是纺织品清洁生产的重要工艺之一。

过氧化氢酶每分钟可以分解五百万个双氧水分子，并且分解温度低，有利于节省能源。用过氧化氢酶去除过氧化氢，要掌握好处理浴的温度、pH、酶用量和处理时间。过氧化氢酶去除残留过氧化氢的最佳工艺条件为：温度20℃，pH为6～8，用酶量4mL，时间15min。

现在开发的混合性酶，已在棉、麻、针织等印染企业前处理中采用。例如，用淀粉酶（或聚乙烯醇分解酶）、果胶酶、纤维素酶和过氧化氢酶组合的退浆、煮练和漂白一浴一步法工艺，更缩短了前处理流程，简化了工艺，节水、节能，减少了对环境的污染。

（4）生物酶丝光与水洗。生物酶丝光是用纤维素酶对棉织物在无张力状态下进行处理的一种技术，与传统的碱丝光相比，其设备投资、能源消耗、生产成本大大下降，而且不用其他丝光助剂，没有环境污染。织物经过生物酶丝光处理后，表面竖起的纤维尖、绒毛都完全被去除，光洁度大大改善，可由处理前的5级提高到1级。生物酶丝光在溢流或气流染色机上即可进行，无需另置丝光设备，不用渗透剂及浓碱，减轻了环境污染。在酶的使用中只要掌握好pH及使用量，织物的强力损伤可控制在最低限度，处理后的织物可获得永久性的柔软度。

生物酶水洗是指使用各种纤维素酶替代浮石进行牛仔布的水洗加工。这类纤维素酶有酸性纤维素酶、基因改性纤维素酶、冷水酶和中性酶等。生物酶水洗的牛仔织物和服装，不会产生返沾污，不会磨损设备；使用中性酶可有效防止染料返沾污，不需使用防沾污的化学品，减轻了环境污染；经生物酶水洗的服装面料均匀，仿旧感强；生物酶及其分解产物对环境无影响。

4. 电化学煮漂一浴法 采用电化学对纯棉织物进行煮漂一浴加工，能在低温、短时间内让织物的白度高于常规加工的程度，为提供短流程的前处理加工开拓了新的前景。

电化学煮漂工艺的前提是在常规煮漂一浴的基础上，应用电化学技术对织物进行前处理。其流程为：

浸渍碱氧一浴工作液──→水洗──→烘干

电化学煮漂一浴装置如图1-13所示。

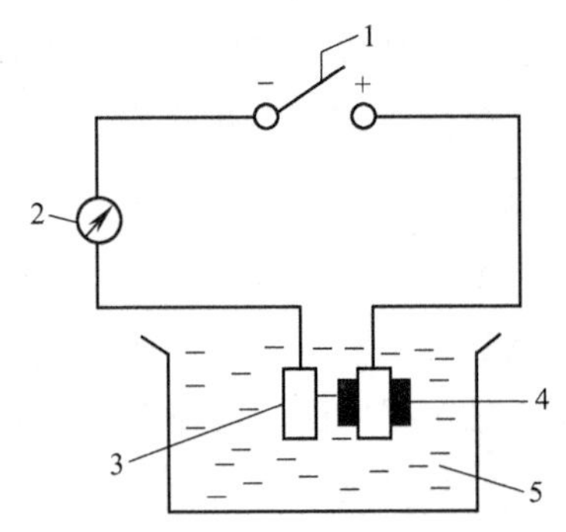

图1-13 电化学煮漂一浴装置示意图

1—开关 2—电流表 3—电极（-）

4—电极（+） 5—染浴

在电化学煮漂一浴中影响织物白度的因素依次为温度、电压、氢氧化钠的用量、过氧化氢的用量及时间等。

由此，电化学煮漂的最佳工艺条件为：

温度	80℃
电压	1.2V
时间	80min
NaOH	0.3g/L
H_2O_2	3g/L

采用电化学进行煮漂一浴加工，能将纯棉织物的吸湿渗透性提高23.5%左右，染料的

上染率比常规处理提高5.5%左右，能量节约13.9%左右，化学品用量比常规处理也有所降低。这种工艺流程短，温度低，时间短，能提高半制品质量，有利于后续染整加工，可节能、节水，降低环境污染。

5. 利用低温等离子体的灰化作用进行干法退浆　前处理过程中使用大量的水作为加工介质，这是纺织品前处理产生大量污水的最根本原因。为了解决前处理工艺水污染问题，无水或少水前处理工艺一直引起人们的关注。

利用低温等离子体的灰化作用，可以进行干法退浆处理，不产生废水和环境污染。若采用氧或空气（因其含有一定的氧）等离子体对PVA上浆的涤纶织物进行干法退浆，可退除95%的PVA，最后的产物为H_2O和CO_2，对环境基本无害。欧洲发达国家曾推荐采用非水介质的有机溶剂煮练，主要着眼于全氯乙烯的比热容和蒸发热都小，不仅耗能少，而且可以回收利用，属于一种封闭循环、无排放的先进工艺。

少水前处理是指一些含杂质少的纺织品采用小浴比或泡沫浴，在用水极少的条件下进行处理的工艺。

6. 清洁前处理技术

（1）超声波前处理。近年来，采用等离子体技术或其他离子溅射技术、激光技术、超声波技术和紫外线辐射等去除织物表面的杂质有了很大的进展。有关超声波在纺织品退浆、煮练、漂白、净洗等加工中的应用均有不少报道。由于每种应用要求不同，去除杂质的成分和性质不同，所以应用效果各不相同。超声波前处理实质是加速退浆、煮练、漂白、净洗等加工，缩短了加工时间，达到节约能源和水量，减少了废水排放，减轻了污水处理负担；同时，减少了电解质和化学助剂的添加量，减轻了废水因此类物质污染的程度，有利于环境保护。

① 退浆。在纺织品上浆时，可采用超声波制浆和上浆。同理，在退浆时，应用超声波也可以加速织物上浆膜的膨化和脱离，因此，可以提高退浆效率，这对于一些难膨化的浆膜，例如对淀粉浆膜特别有意义，可带来节水和节能效果。

② 煮练和漂白。应用超声波来加速羊毛的精练，其纤维损伤比常规方法要少。因为应用超声波后，精练液的碱性可以更弱。也有使用20kHz的超声波对棉织物进行过氧化氢漂白，发现可以加快漂白速度，节省漂白时间。而织物的白度反而比常规漂白法好。对亚麻纤维加工应用超声波后，白度也比常规方法的好。

（2）低温前处理。传统前处理工艺需在高温和强碱条件下进行，处理中不仅产生大量废水，而且能耗大，还会对含氨纶等新型纤维的面料以及新型混纺面料造成损伤，影响面料品质。近年来，随着节能减排和环保要求的提高，低温前处理技术得到了较大的发展。

低温前处理是指在常规前处理工艺中采用特殊的低温前处理助剂，在降低工艺温度，提高纺织品加工质量，节能、节水、减排等方面有显著特点的工艺。低温前处理助剂主要有低温练漂剂、双氧水低温漂白用活化剂、一浴低温精练和染色用精练剂、低温去油剂等。如上海祺瑞纺织化工有限公司开发的QR系列低温练漂剂，以不同比例进行棉煮练和双氧水漂白同浴练漂时，可使练漂温度降低到80℃以下。

低温前处理技术的推广和应用，可解决当前印染工业节能减排工作中的瓶颈，实现纺织品的低碳印染加工，显著提升企业的国际市场竞争力。双氧水低温催化剂、耐双氧水碱性果胶酶、角质酶和棉织物低温漂白技术都已产业化。

现以全棉针织物18tex（32ˢ）罗纹汗布低温漂白前处理增白一浴工艺为例加以说明。该工艺与传统工艺相比，产品质量相当，而能耗可以降低30%左右，加工时间节省20%～30%，是符合当前染整行业低碳染整和节能减排思路的工艺。

① 工艺流程和主要工艺条件：

毛坯布入缸（10min）⟶加料（5min）⟶升温至55℃（15min）⟶加料运转（55℃，15min）⟶升温至70℃氧漂（10min）⟶保温（50min）⟶降温排水（5min）⟶进水水洗（15min）⟶排水（5min）⟶柔软（10min）

② 工艺配方：

低温预处理剂C335	1.5g/L
低温漂白活化剂G	1.5g/L
氢氧化钠	2g/L
双氧水（35%）	7g/L
增白剂4BK	0.8g/L

（3）臭氧前处理技术。传统的纺织品前处理漂白工艺常使用高锰酸钾、次氯酸钠、双氧水等强氧化性化学品，其工艺复杂，耗水、耗电量大，且产生的废气、废水量较多，给生态环境带来巨大的压力。目前，利用臭氧代替传统的氧漂、氯漂工艺对纺织品进行漂洗加工，具有常温下漂洗、漂洗速度快、节能减排、工艺重现性高等特点，是前处理漂洗技术应用和发展的趋势。

臭氧是一种淡蓝色、有特殊腥味的气体，化学式为O_3，密度比空气大，具有良好的弥散性。臭氧广泛存在于自然界中，主要存在于距地球表面20km的同温层下部的臭氧层中，它吸收对人体有害的短波紫外线，防止其到达地球，因此，臭氧是地球生命的保护伞。

臭氧可溶于水，在常温、常态和常压下，臭氧在水中的溶解度比氧高约13倍。臭氧氧化反应的生成物是氧气，不会产生其他副产物，因此，臭氧是高效的无二次污染的氧化剂。利用臭氧的强氧化性和无二次污染的特点，工业上臭氧主要用于灭菌、消毒、除臭、纸浆漂白、工业废水处理等。臭氧的强氧化性质，可破坏染料的发色和助色基团，从而达到脱色漂白的效果。目前，纺织印染行业针对臭氧的应用主要有织物改性、印染废水处理和成衣漂洗等，在前处理的应用中越来越受到重视。

① 臭氧气相漂白技术。其工艺过程是将经煮练潮湿的待漂物放在一密闭容器中，微压臭氧通过管道进入密闭容器中进行漂白，然后再经空气吹气吹洗，臭氧尾气经过电加热被分解为氧气后排入大气（或回收处理再利用）。该技术采用封闭系统完成作业，不用蒸汽，不产

生有害废水，不造成污染，漂白效果好，节约能源，易于管理和控制。

臭氧气相漂白技术可对纱线或坯布进行处理，其漂白的工艺条件为：

臭氧浓度	0.5% ~1%（质量分数），即 1 ~12g/m^3
漂白时间	10 ~30min
温度	室温
臭氧和冲洗空气压力	20.625 ~40.53kPa（0.2 ~0.4atm，表压）
尾气分解温度	300℃
吹洗时间	5min

② 臭氧的褪色技术。臭氧对染料的氧化分解速度较快，但对各种结构类型的染料的褪色机理和褪色速率都有所不同。对酸性、直接、活性、还原等染料的氧化降解半衰期一般在 40 ~90s 之间。其中，对碱性染料脱色 90% 需反应 5min，而对直接染料则需 5 ~10min。相比之下，偶氮染料更容易被氧化。过去，纺织品的褪色多使用高锰酸钾、次氯酸钠、保险粉等作为助剂进行洗涤加工处理，导致废水中含有大量的难降解化学制剂，污染环境。采用臭氧与水形成一定浓度的气水混合物，再与纺织品接触后，会产生较好的褪色与均色效果，而且可取代原有复杂落后的生产工艺，减少了污染，节约能源和提高工作效率。目前，利用臭氧的强氧化作用对纺织品进行褪色、剥色处理的工艺已开始在成衣染整行业中流行，包括在纺织品前处理中的漂白、染色工序中的后处理以及牛仔成衣加工中的褪色处理等工序中进行的推广应用。

四川省高校生态纺织品染整重点实验室的研究人员根据臭氧对染料的分解与褪色效果和超声波技术对染料溶解与扩散的促进作用，将两者结合开发出“一种臭氧—超声波协同的纺织品练漂和染色方法及装置”的专利技术，该装置利用臭氧—超声波协同效应，可对织物进行退浆、煮练、漂白一浴法加工，可用于染色纺织物的回修漂白工序，还可利用超声波系统进行辅助染色、水洗等，既提高了染色效率，又可降低染色残液的色度，减轻印染废水的处理负担。

综上所述，臭氧是氧的同素异形体，具有很强的氧化作用，可以在短时间内使细菌、病毒迅速地被消灭，但是高浓度的臭氧容易刺激人的呼吸道，造成咽喉肿痛、胸闷咳嗽、引发支气管炎和肺气肿等病症。因此，在使用臭氧时必须在密闭条件下进行。臭氧在室温下可自然衰变为氧气，衰变期为 15 ~25min，臭氧在水中可迅速转化为“生态氧”，因此，在生产过程中，可利用自来水对设备内残存的臭氧进行稀释，当其臭氧浓度小于 0.1mg/m^3 时才可开启加工设备的舱门（注：标准检测臭氧浓度应为距出风口 5cm 处且浓度小于 0.1mg/m^3）。

复习指导

1. 纺织品前处理的目的是在使坯布受损很小的条件下，除去织物上的各类杂质，使织物成为洁白、柔软并有良好润湿性能的染印半制品。

2. 棉织物前处理一般有烧毛、退浆、煮练、漂白、丝光等工序。烧毛有燃气烧毛和赤热金属表面烧毛两种。退浆主要有酶退浆、碱及碱酸退浆、氧化剂退浆等工艺。棉布的煮练效果常用毛细管效应来衡量。

棉织物的漂白常用过氧化氢、次氯酸盐等氧化性漂白剂。影响过氧化氢漂白的主要因素有浓度、温度、pH、金属离子及稳定剂等。

棉织物经过丝光处理后，纤维光泽得到改善，增加了化学活泼性，对染料的吸收能力增加，织物尺寸也较稳定，强力、延伸性等都有所增加。

3. 涤棉混纺织物漂白主要是为了去除棉纤维中的天然色素。丝光时需考虑涤纶不耐高温强碱的作用，冲洗碱液及去碱箱温度不能高于80℃，不仅要控制碱液浓度，还要注意氢氧化钠的纯度。

热定形是合成纤维及其混纺织物的特殊工序。定形的目的是消除织物中积存的应力和应变，使织物的纤维能够处于适当的自然排列状态，以减少织物的变形因素。

4. 涤纶前处理包括退浆精练、松弛、预定形、减量、定形等加工工艺。松弛加工是将纤维纺丝、加捻织造时所产生的扭力和内应力消除，并对加捻织物产生解捻作用而形成绉效应，提高手感及织物的丰满度。

5. 羊毛前处理加工的任务，就是利用一系列物理机械的和化学的方法，除去原毛中的各种杂质，使其能够满足毛纺生产的要求。洗毛的作用是除去羊毛纤维中的羊脂、羊汗及沙土等杂质；炭化的作用是去除原毛中的植物性杂质。

6. 蚕丝主要是由丝素和丝胶组成，它们都是蛋白质，基本组成单位都是α－氨基酸，具有亲水性和两性性质。蚕丝及其织物的精练目的是除去丝胶及其他杂质，以获得具有较好光泽，手感柔软，白度纯正，渗透性好的产品。

7. 加工针织物时必须使织物保持松弛状态，并采用低张力加工设备，同时应尽量缩短加工过程。

碱缩是棉针织物在松弛状态下，用浓碱溶液处理的工艺。碱缩的目的主要是为了增加织物的密度和弹性，并能提高织物的强度及改善光泽，降低织物的缩水率。

8. 纱线前处理主要包括煮练、漂白、丝光三工序。

9. 新型前处理工艺主要有：高效短流程前处理、少碱（或无碱）前处理、生物酶前处理、电化学煮漂一浴法、利用低温等离子体的灰化作用进行干法退浆、超声波前处理。

思考题

1. 印染用水对水质有何要求？为什么？

2. 印染加工所用的水是否都应用软水？

3. 表面张力和界面张力有无区别？为什么不同的物质一般具有不同的表面张力？

4. 在净洗的过程中，肥皂有去污作用，肥皂用量越大其去污效果是否越好？

5. 为什么皂粉、JFC、平平加、拉开粉等表面活性剂能在硬水或酸性液中使用，而肥皂、太古油等表面活性剂则不宜在硬水或酸性液中使用？

6. 原布缝头时常用的缝纫方式有哪几种？对缝头质量有何要求？

7. 影响烧毛效果的主要因素有哪些？烧毛质量是如何评定的？

8. 棉织物上的浆料为什么要退除？

9. 何谓毛细管效应？为什么通过测定煮练织物的毛细管效应可判断其煮练效果的好坏？

10. 试比较酶退浆、碱退浆、氧化剂退浆的主要优缺点。

11. 煮练液中有哪些化学试剂，它们在煮练过程中各起什么作用？

12. 退浆后的棉织物上尚残留哪些杂质，它们对织物的性能及染整加工有何影响？

13. $NaClO_2$ 漂白具有许多 NaClO 及 H_2O_2 漂白所不具备的优点，但为什么国内尚未广泛应用？

14. 何谓稳定剂？在双氧水漂白液中为何要加入稳定剂？最常见的稳定剂是什么？

15. 试比较 H_2O_2、NaClO 和 $NaClO_2$ 三种漂白剂漂白时的特点。

16. 何谓丝光与碱缩？试比较其对光泽和得色率的影响。

17. 涤棉混纺织物为什么一般均采用平幅加工，而不采用绳状加工？

18. 涤棉混纺织物碱退浆时为何要严格控制烧碱浓度和温度？

19. 维棉混纺织物染色布的烧毛为什么大多安排在染后进行？

20. 何谓热定形？织物为什么要进行热定形？

21. 羊毛炭化的方式有哪几种？各有何特点？

22. 影响蚕丝织物脱胶效果的主要因素有哪些？并简要加以分析。

23. 棉针织物为什么不宜采用紧式加工？

24. 棉针织物除了可以进行碱缩加工外，可否采用丝光处理？

25. 绒布织物练漂加工时是否要进行烧毛？

26. 纱线前处理主要包括哪三个工序？

27. 高效短流程是前处理的发展方向，按工序合并方式的不同，可分为几步法？

28. 生物酶在纺织品前处理中主要应用在哪些方面？

29. 某服装厂在加工一批外销纯棉成衣水洗服装时，发现洗后大批服装呈现散布性不规则的细小破洞，经检查水洗工艺与设备一切正常，所以服装厂认为导致破洞的原因是印染厂。但印染厂认为洗前织物无损伤，是经服装厂洗后才产生的，所以是水洗厂的工艺与操作有问题。试分析产生破洞的原因，并为两家企业作仲裁。

30. 超声波在染整加工中有何作用？

31. 何为低温前处理？

32. 何为臭氧技术？臭氧技术在印染加工中有何用途？

33. 如何防止和避免残余臭氧的强氧化作用对人体安全的影响？

第二章　染色

染色是把纤维材料染上颜色的加工过程。它是借助染料与纤维发生物理化学或化学的结合，或者用化学方法在纤维上生成染料而使整个纺织品成为有色物体。染色产品不但要求色泽均匀，而且必须具有良好的染色牢度。

根据染色加工的对象不同，染色方法可分为织物染色、纱线染色、散纤维染色及成衣染色。其中织物染色应用最广，纱线染色多用于色织物和针织物，散纤维染色则主要用于混纺或厚密织物的生产，以毛纺织物为主，成衣染色为加工成服装后再进行染色的加工方法。

研究染色的目的在于能够合理地选择和使用染料，正确制定染色工艺和进行染色加工，获得高质量的染色成品。

第一节　染色基础知识

一、染色理论概述

把纤维浸入一定温度下的染料水溶液中，染料就从水相向纤维中移动，此时水中的染料量逐渐减少，经过一段时间以后，达到平衡状态。水中减少的染料，就是向纤维上转移的染料。在任意时间取出纤维，即使绞拧，染料也仍留在纤维中，并不能简单地使染料完全脱离纤维，这种染料结合在纤维中的现象，就称为染色。若把海绵浸入染液中，染料溶液也能进入海绵内部，可是即使时间长，染料溶液的浓度也不变化，将海绵取出绞拧时，染料和水同时又从海绵内挤出来，所以说海绵并未被染色。

1. 染色基本过程　按照现代的染色理论的观点，染料之所以能够上染纤维，并在纤维织物上具有一定牢度，是因为染料分子与纤维分子之间存在着各种引力的缘故，各类染料的染色原理和染色工艺，因染料和纤维各自的特性而有很大差别，不能一概而论，但就其染色过程而言，大致都可以分为三个基本阶段。

（1）吸附。当纤维投入染浴以后，染料先扩散到纤维表面，然后渐渐地由溶液转移到纤维表面，这个过程称为吸附。随着时间的推移，纤维上的染料浓度逐渐增加，而溶液中的染料浓度却逐渐减少，经过一段时间后，达到平衡状态。吸附的逆过程为解吸，在上染过程中吸附和解吸是同时存在的。

（2）扩散。吸附在纤维表面的染料向纤维内部扩散，直到纤维各部分的染料浓度趋向一致。由于吸附在纤维表面的染料浓度大于纤维内部的染料浓度，促使染料由纤维表面向纤维内部扩散。此时，染料的扩散破坏了最初建立的吸附平衡，溶液中的染料又会不断地吸附到纤维表面，吸附和解吸再次达到平衡。

（3）固着。固着是染料与纤维结合的过程，随着染料和纤维不同，其结合方式也各不相同。

上述三个阶段在染色过程中往往是同时存在的，不能截然分开。只是在染色的某一段时间某个过程占优势而已。

2. 染料在纤维内的固着方式 染料在纤维内固着，可认为是染料保持在纤维上的过程。不同的染料与不同的纤维，它们之间固着的原理也不同，一般来说，染料被固着在纤维上存在着两种类型。

（1）纯粹化学性固着。指染料与纤维发生化学反应，而使染料固着在纤维上。

例如：活性染料染纤维素纤维，彼此形成醚键结合。通式如下：

$$DRX + Cell—OH \longrightarrow DR—O—Cell + HX$$

式中：DRX——活性染料分子；

X——活性基团；

Cell—OH——纤维素。

（2）物理化学性固着。由于染料与纤维之间的相互吸引及氢键的形成，而使染料固着在纤维上。许多染棉的染料，如直接染料、硫化染料、还原染料等都是依赖这种引力而固着在纤维上的。

二、染料基础

1. 染料分类 按染料性质及应用方法，可将染料进行下列分类。

（1）直接染料。这类染料因不需依赖其他药剂而可以直接染着于棉、麻、丝、毛等各种纤维上而得名。它的染色方法简单，色谱齐全，成本低廉。但其耐洗和耐晒牢度较差，如采用适当的后处理方法，可提高染色成品的牢度。

（2）不溶性偶氮染料。这类染料实质上是染料的两个中间体，在织物上经偶合而生成不溶性颜料。因为在印染过程中要加冰，所以又称冰染料。由于它的耐洗、耐晒牢度一般都比较好，色谱较齐，色泽浓艳，价格低廉，所以曾广泛用于纤维素纤维织物的染色和印花。后来发现，该类染料的某些品种所含偶氮结构在使用过程中受条件影响可能会产生对人体有害的游离芳香胺化合物，故此类染料已列入禁用范畴。

（3）活性染料。活性染料又称反应性染料。这类染料是20世纪50年代才发展起来的新型染料。它的分子结构中含有一个或一个以上的活性基团，在适当条件下，能够与纤维发生化学反应，形成共价键结合。它可以用于棉、麻、丝、毛、黏胶纤维、锦纶、维纶等多种纺织品的染色。

（4）还原染料。这类染料不溶于水，在强碱溶液中借助还原剂还原溶解进行染色，染后氧化重新转变成不溶性的染料而牢固地固着在纤维上。由于染液的碱性较强，一般不适宜于羊毛、蚕丝等蛋白质纤维的染色。这类染料色谱齐全，色泽鲜艳，色牢度好，但价格较高，且不易均匀染色。

（5）可溶性还原染料。它由还原染料的隐色体制成硫酸酯钠盐后，变成能够直接溶解于水的染料，所以叫可溶性还原染料，可用于多种纤维染色。这类染料色谱齐全，色泽鲜艳，染色方便，色牢度好。但它的价格比还原染料还要高，同时亲和力低于还原染料，所以一般只适用于染浅、中色产品。

（6）硫化染料。这类染料大部分不溶于水和有机溶剂，用硫化碱溶液还原溶解，染液中的染料隐色体被纤维吸着，然后再经过氧化处理而固着于纤维上。但也因染液碱性太强，不适宜于染蛋白质纤维。这类染料色谱较齐，价格低廉，色牢度较好，但色光不鲜艳。

（7）硫化还原染料。硫化还原染料的化学结构和制造方法与一般硫化染料相同，而它的染色牢度和染色性能介于硫化染料和还原染料之间，所以称为硫化还原染料。染色时可用烧碱—保险粉或硫化碱—保险粉溶解染料。

（8）酞菁染料。酞菁染料往往作为一个染料中间体，在织物上产生缩合和金属原子络合而成色淀。目前这类染料的色谱只有蓝色和绿色，但由于色牢度极高，色光鲜明纯正。

（9）氧化染料。某些芳香胺类的化合物在纤维上进行复杂的氧化和缩合反应，就成为不溶性的染料，叫做氧化染料。实质上这类染料只能说是坚牢地附着在纤维上的颜料。

（10）缩聚染料。用不同种类的染料母体，在其结构中引入带有硫代硫酸基的中间体而成的暂溶性染料。在染色时，染料可缩合成大分子聚集沉积于纤维中，从而获得优良的染色牢度。

（11）分散染料。这类染料在水中溶解度很低，颗粒很细，在染液中呈分散体，属于非离子型染料，主要用于涤纶的染色，其染色牢度较高。

（12）酸性染料。这类染料具有水溶性，大都含有磺酸基、羧基等水溶性基团。可在酸性、弱酸性或中性介质中直接上染蛋白质纤维，但湿处理牢度较差。

（13）酸性媒介及酸性含媒染料。这类染料包括两种：一种染料本身不含有用于媒染的金属离子，染色前或染色后将织物经媒染剂处理获得金属离子；另一种是在染料制造时，预先将染料与金属离子络合，形成含媒金属络合染料，这种染料在染色前或染色后不需进行媒染处理。这类染料的耐晒、耐洗牢度较酸性染料好，但色泽较为深暗，曾主要用于羊毛染色。

（14）碱性及阳离子染料。碱性染料早期称盐基染料，是最早合成的一类染料，因其在水中溶解后带阳电荷，故又称阳离子染料。这类染料色泽鲜艳，色谱齐全，染色牢度较高，但不易匀染，主要用于腈纶的染色。

目前，世界各国生产的各类染料已有七千多种，常用的也有两千多种。由于染料的结构、类型、性质不同，必须根据染色产品的要求对染料进行选择，以确定相应的染色工艺条件。

2. 染料应用与选择

（1）根据纤维性质选择染料。各种纤维由于本身性质不同，在进行染色时就需要选用相适应的染料。例如棉纤维染色时，由于它的分子结构上含有许多亲水性的羟基，易吸湿膨化，能与反应性基团起化学反应，并较耐碱，故可选择直接、还原、硫化、冰染料及活性等染料染色；涤纶疏水性强，高温下不耐碱，一般情况下不宜选用以上染料，而应选择分散染料进行染色。

（2）根据被染物用途选择染料。由于被染物用途不同，故对染色成品的牢度要求也不同。例如用作窗帘的布是不常洗的，但要经常受日光照射，因此染色时，应选择耐晒牢度较高的染料。作为内衣和夏天穿的浅色织物染色，由于要经常水洗、日晒，所以应选择耐洗、耐晒、耐汗牢度较高的染料。

（3）根据染料成本选用染料。在选择染料时，不仅要从色光和牢度上着想，同时要考虑染料和所用助剂的成本、货源等。如价格较高的染料，应尽量考虑用能够染得同样效果的其他染料来代用，以降低生产成本。

（4）拼色时染料的选择。在需要拼色时，选用染料应注意它们的成分、溶解度、色牢度、上染率等性能。由于各类染料的染色性能有所不同，在染色时往往会因温度、溶解度、上染率等的不同而影响染色效果。因此进行拼色时，必须选择性能相近的染料，并且越相近越好，这样可有利于工艺条件的控制和染色质量的稳定。

（5）根据染色机械性能选择染料。由于染色机械不同，对染料的性质和要求也不相同。如用于卷染，应选用直接性较高的染料；用于轧染，则应选择直接性较低的染料，否则就会产生前深后浅、色泽不匀等不符合要求的产品。

3. 染料命名　上面所介绍的各类染料，不但数量多，而且每类染料的性质和使用方法又各不相同。为了便于区别和掌握，对染料进行统一的命名方法已经正式采用。只要看到染料的名称，就可以大概知道该染料是属于哪一种类染料，以及其颜色、光泽等。我国对染料的命名统一使用三段命名法，染料名称分为三个部分，即冠称、色称和尾注。

（1）冠称。表示染料根据其应用方法或性质分类的名称，如分散、还原、活性、直接等。

（2）色称。表示用这种染料按标准方法将织物染色后所能得的颜色的名称，一般有下面四种方法表示。

① 采用物理上的通用名称，如红、绿、蓝等。

② 用植物名称，如橘黄、桃红、草绿、玫瑰红等。

③ 用自然界现象表示，如天蓝、金黄等。

④ 用动物名称表示，如鼠灰、鹅黄等。

（3）尾注。表示染料的色光、性能、状态、浓度以及适用什么织物等，一般用字母和数字代表。

染料的三段命名法，使用比较方便。例如还原紫RR，就可知道这是带红光的紫色还原染料，冠称是还原，色称是紫色，R表示带红光，两个R表示红光较重。

目前，有关染料的命名尚未在世界各国得到统一，各染料厂都为自己生产的每种染料取一个名称，因此出现了同一种染料可能有几个名称的情况。

三、染色牢度

染色牢度是指染色织物在使用过程中或在以后的加工过程中，染料或颜料在各种外界因素影响下，能保持原来颜色状态的能力。

染色牢度是衡量染色成品的重要质量指标之一，容易褪色的染色牢度低，不易褪色的染色牢度高。染色牢度在很大程度上取决于染料的化学结构。此外，染料在纤维上的物理状态、分散程度、染料与纤维的结合情况、染色方法和工艺条件等对染色牢度也有很大影响。

染色牢度是多方面的，对消费者来说，主要包括：耐日晒、耐皂洗、耐摩擦、耐汗渍、耐刷洗、耐熨烫、耐烟气等牢度。另外，纺织品的用途不同或加工过程不同，它们的牢度要求也不一样。为了对产品进行质量检验，纺织部门和商业部门参照纺织品的使用情况，制订了一套染色牢度的测试方法和标准，下面分别予以简单介绍。

1. 耐日晒牢度　染色织物的日晒褪色是个比较复杂的过程。在日光作用下，染料吸收光能，分子处于激化态而变得极不稳定，容易产生某些化学反应，使染料分解褪色，导致染色织物经日晒后产生较大的褪色现象。耐日晒牢度随染色浓度而变化，浓度低的比浓度高的耐日晒牢度要差。同一染料在不同纤维上的耐日晒牢度也有较大差异，如靛蓝在纤维素纤维上的耐日晒牢度仅为3级，但在羊毛上则为7－8级。耐日晒牢度还与染料在纤维上的聚集状态、染色工艺等因素有关。

耐日晒牢度共分8级，1级最差，8级最好。

2. 耐皂洗牢度　指染色织物在规定条件下于肥皂液中皂洗后褪色的程度，包括原样褪色及白布沾色两项。原样褪色是印染织物皂洗前后褪色的情况。白布沾色是将白布与已染物缝叠在一起，经皂洗后，因已染物褪色而使白布沾色的情况。

耐皂洗牢度与染料的化学结构和染料与纤维的结合状态有关。除此之外，耐皂洗牢度还与染料浓度、染色工艺、皂洗条件等有关。

耐皂洗牢度的试验条件随构成织物的纤维品种不同而不同，皂洗温度可分为40℃、60℃和95℃3种。测试样品经试验、淋洗、晾干后即用“灰色褪色样卡”按国家规定标准评级。耐皂洗牢度分为5级9档，其中1级最差，5级最好，沾色也分为5级9档，1级沾色最严重，5级为不沾色。

3. 耐摩擦牢度　染色织物的耐摩擦牢度分为干摩擦及湿摩擦两种。前者是用干白布摩擦染色织物，看白布的沾色情况，后者用含水100%的白布摩擦染色织物，看白布沾色情况。湿摩擦是由外力摩擦和水的作用而引起，染色织物的耐湿摩擦牢度一般低于耐干摩擦牢度。

织物的耐摩擦牢度主要取决于浮色的多少、染料与纤维的结合情况和染料渗透的均匀度。如果染料与纤维发生共价键结合，则它的耐摩擦牢度就较高。染色时所用染料浓度常常影响耐摩擦牢度，染色浓度高，容易造成浮色，则耐摩擦牢度低。耐摩擦牢度由“沾色灰色样卡”依5级9档制比较评级，1级最差，5级最好。

耐汗渍牢度和耐氯漂牢度按5级9档制评级。

评定染料的染色牢度，应将纺织物染成规定色泽浓度才能进行比较，这是由于染色浓度不同，会使测得的牢度亦不同之故。有关染后织物的各项染色牢度的试验方法，应根据国家规定的方法进行，各项牢度的标准也应以国家标准为准。

四、禁用染料与环保染料

1. 禁用染料　近年来，国际上对环境质量的恶化与生态平衡的失调十分关切，人类正面临有史以来最严重的环境危机，在环境污染中，大部分直接与工业和工业产品的污染有关。作为染料中间体的芳香胺，已被列为可疑致癌物，其中联苯胺的乙萘胺被确认为是对人类最具烈性的致癌物。为此，在世界各国，关注染料生产、强调环境保护已成为当务之急，美国、欧共体成员国、日本已建立了研究染料生态安全和毒理的机构，专门了解和研究染料对人类健康与环境的影响，并制定了染料中重金属含量指标。美国染料制造商协会生态委员会独立地研究染料与助剂对于环境的影响，确定了各种类商品染料中金属杂质的浓度范围。

1992年4月德国在关于日用品法律的第一条款中写上了有关禁用染料的内容，但不明确，于是在1994年7月、1994年12月、1995年7月、1996年7月分别发布了第二次至第五次修正案，并于1997年7月就有关条款进行更详细的补充公布。按德国Bayer公司1994年的分析，在德国市场上涉及的禁用染料有118只，依其应用类别包括直接染料77只、酸性染料26只、分散染料6只、不溶性偶氮染料色基5只、碱性染料3只和氧化色基1只。1999年德国VCI（德国化学工业协会）收集的可还原裂解出22种致癌芳香胺的偶氮染料有141只，它们与德国Bayer公司1994年提出的118只禁用染料相比，有113只染料结构是相同的。若将VCI与Bayer公司提出的禁用染料合并，则共有禁用染料146只，其中直接染料84只、酸性染料29只、分散染料9只、碱性染料7只、不溶性偶氮染料色基5只、氧化色基1只、媒染染料2只和溶剂染料9只。

由国际环保纺织协会发布的Oeko－Tex Standard 100标准中，涉及的禁用染料还包括过敏性染料、直接致癌染料和急性毒性染料，另外还包括含铅、锑、铬、钴、铜、镍、汞等重金属超过限量指标，甲醛含量超过限量指标，有机农药超过限量指标的染料，以及含有环境激素、含有产生环境污染的化学物质、含有变异性化学物质、含有持久性有机污染物的染料等。该标准在不断地更新、细化，2006年出台最新版本。

从染料分子结构分析和染色织物实测说明，以致癌芳香胺作为中间体合成的染料，包括偶氮染料和其他染料，如未经充分提纯，即使有微量存在，该染料也属禁用之列。目前市场上70%左右的合成染料是以偶氮结构为基础的，广泛应用的直接染料、酸性染料、活性染料、金属络合染料、分散染料、阳离子染料及缩聚染料等都含有偶氮结构。偶氮染料不仅用于纺织品的印染，还用来染皮革、纸张、食品等。应该指出，一般情况下偶氮染料本身不会对人体产生有害影响，但部分用致癌性的芳香胺类中间体合成的偶氮染料，当其与人体皮肤长期接触之后，会与人体正常新陈代谢过程中释放的物质结合，并发生还原反应使偶氮基断裂，重新生成致癌的芳香类化合物，这些化合物被人体再次吸收，经过活化作用，使人体细胞发生结构与功能的改变，从而转变成人体病变诱发因素，增加了致癌的可能性。同时禁用染料也不局限于偶氮染料，在其他结构的染料中，如硫化染料、还原染料及一些助剂中也可能因隐含有这些有害的芳香胺而被禁用。

2. 环保染料 按照生态纺织品的要求以及禁用118只染料以来，环保染料已成为染料行业和印染行业发展的重点，使用环保染料是保证纺织品生态性极其重要的条件。环保染料除了要具备必要的染色性能以及使用工艺的适用性、应用性能和牢度性能外，还需要满足环保质量的要求。

环保型染料应包括以下十方面的内容：

（1）不含德国政府和欧盟其他成员国及 Oeko－Tex Standard 100 明文规定的在特定条件下会裂解释放出22种致癌芳香胺的偶氮染料，无论这些致癌芳香胺游离于染料中或由染料裂解所产生。

（2）不是过敏性染料。

（3）不是致癌性染料。

（4）不是急性毒性染料。

（5）可萃取重金属的含量在限制值以下。

（6）不含环境激素。

（7）不含会产生环境污染的化学物质。

（8）不含变异性化合物和持久性有机污染物。

（9）甲醛含量在规定的限值以下。

（10）不含被限制农药的品种且总量在规定的限值以下。

从严格意义上讲，能满足以上要求的染料应该称为环保型的染料。此外，真正的环保染料还应该在生产过程中对环境友好，不要产生“三废”，即使产生少量的“三废”，也可以通过常规的方法处理而达到国家和地方的环保和生态要求。

第二节 常用染色设备

在染色过程中，要提高劳动生产率，获得匀透坚牢的色泽而不损伤纤维的纺织品，首先应有先进的加工方法。要根据不同的产品、不同的染料，合理选择和制订染色工艺过程，所用染色设备必须符合工艺要求。染色机械的种类很多，按照机械运转性质可分为间歇式染色机和连续式染色机；按照染色方法可分为浸染机、卷染机、轧染机等；按被染物状态可分为散纤维染色机、纱线染色机、织物染色机、成衣染色机。合理选用染色机械设备对改善产品质量、降低生产成本、提高生产效率有着重要作用。

一、连续轧染机

连续轧染机适用于大规模连续化的印染加工，劳动效率高，生产成本低，是棉、化纤及其混纺织物最主要的染色设备。根据所使用的染料不同，连续轧染机的类型也不同，例如有还原染料悬浮体轧染机、纳夫妥染料打底和显色机、硫化染料轧染机、热熔染色机等。尽管类型不同，但它们的组成大致可分为以下几个部分。

1. 轧车　轧车是织物浸轧染料的主要装置，由轧辊、轧槽及加压装置组成。轧辊有软硬之分，硬轧辊为不锈钢或胶木，软轧辊为橡胶。轧辊加压方式有杠杆加压、油动和气动加压。轧辊有两辊、三辊之分，浸轧方式有一浸一轧、二浸二轧或多浸二轧等，视织物品种和染料种类而定。

2. 烘干装置　烘干装置包括红外线、热风和烘筒烘燥三种型式。前两者为无接触烘干，织物所受张力较小。

（1）红外线烘燥：红外线烘燥是利用红外线辐射穿透织物内部，使水分蒸发，受热均匀，不易产生染料的泳移。烘燥效率高，设备占地面积小。

（2）热风烘燥：热风烘燥是利用热空气使织物烘干。被加热的空气由喷口喷向织物，使织物上的水分蒸发逸散到空气中。这种烘燥机效率低，占地面积大。

（3）烘筒烘燥：烘筒烘燥是利用织物通过用蒸汽加热的金属圆筒表面而被烘干，效率较高，但易造成染料泳移。

在实际生产中为了提高生产效率，保证染色质量，往往是几种方式相互结合使用。

3. 蒸箱　有些染料染后需要汽蒸，在蒸箱内通入饱和蒸汽，织物经过蒸箱，使纤维膨化，染料及其他化学药品扩散进入纤维内部。有的蒸箱为了防止空气进入，在蒸箱的进出口设置水封口或汽封口，这种蒸箱称为还原蒸箱。

4. 平洗装置　它包括多格平洗槽，可用于冷水、热水、皂煮以及根据不同染料进行的后处理。

5. 染后烘干装置　染后的烘干都采用烘筒烘干。

目前，连续轧染机都由上述单元机台组合而成，还可根据需要增减一些单元机，以适应不同染料的染色。图 2 - 1 为连续轧染机示意图。

二、卷染机

卷染机是一种间歇式的染色机械，根据其工作性质可分为普通卷染机、高温高压卷染机。

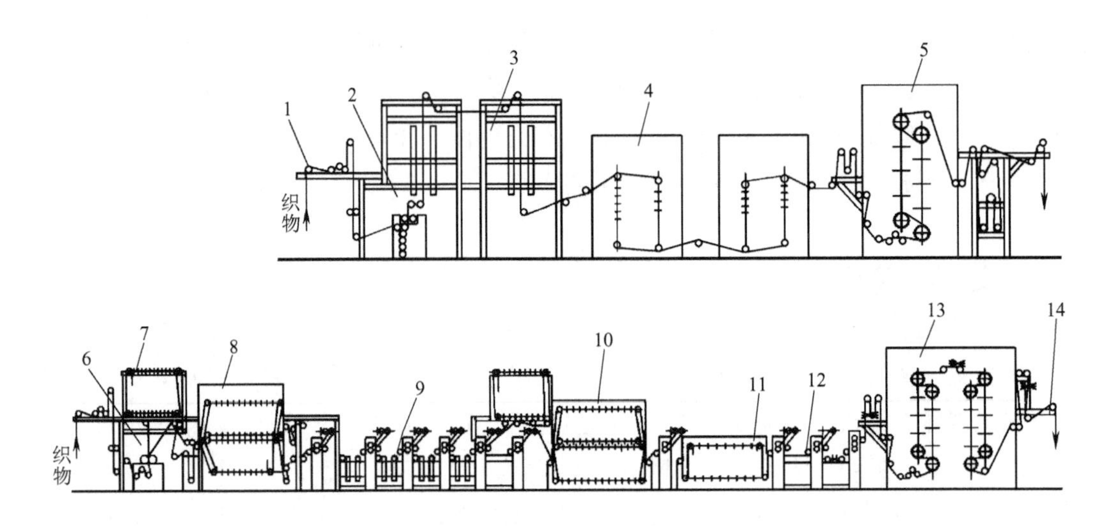

图2－1　连续轧染机

1—进布装置　2，6—均匀轧车　3—红外线烘燥机　4—横导辊热风烘燥机　5—烘筒烘燥机　7—透风辊　8—还原蒸箱　9—平洗槽　10—皂洗箱　11—长蒸箱　12—平洗槽　13—烘筒烘燥机　14—落布装置

普通卷染机的染槽为铸铁或不锈钢制，槽上装有一对卷布轴，通过齿轮啮合装置可以改变两个轴的主、被动，同时给织物一定张力。织物通过小导布轴浸没在染液中并交替卷在卷布轴上。在染槽底部装有直接蒸汽管加热染液，间接蒸汽管起保温作用。槽底有排液管。

染色时，织物由被动卷布辊退卷入槽，再绕到主动卷布轴上，这样运转一次，称为一道。织物卷一道后又换向卷到另一轴上，主动轴也随之变换。染毕织物打卷出缸。

普通卷染机的缺点是织物运行的线速度不一致，张力较大，劳动强度较大。

等速卷染机及自动卷染机可以克服上述缺点，自动卷染机还能调向、记道数和停车自动化。图2－2为普通卷染机示意图。

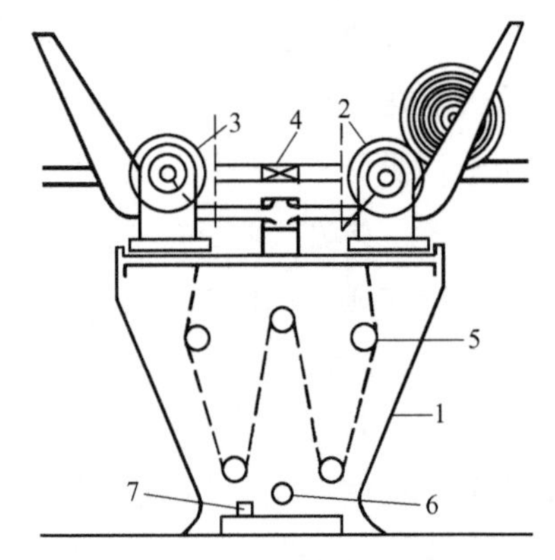

图2－2　普通卷染机

1—染槽　2—卷布辊　3—布轴　4—换向齿轴　5—导布辊　6—间接加热管　7—排液口

三、溢流、喷射染色机

1. 溢流染色机　溢流染色机是特殊形式的绳状染色机。由于染色时织物处于松弛状态，受张力小，染后织物手感柔软，得色均匀，故都用于高压条件下合成纤维织物、经编织物、弹力织物等的染色。近年来也制造了一些常压溢流染色机，可供天然纤维织物常压染色之用。

采用溢流染色机染色时，染液从染槽前端多孔板底下由离心泵抽出，送到热交换器加热，再从顶端进入溢流槽。溢流槽内平行地装有两个溢流管进口，当染液充满溢流槽后，由于和染槽之间的上下液位差，染液溢入溢流管时带动织物一同进入染槽，如此往复循环，达到染色目的。该机由于采用了溢流原理，使织物在整个染色过程中呈松弛状态，有效地消除了织物因折皱而造成的疵病。该机容易操作，使用简便，但染色时浴比大，染料和水用量大。图2－3为溢流染色机示意图。

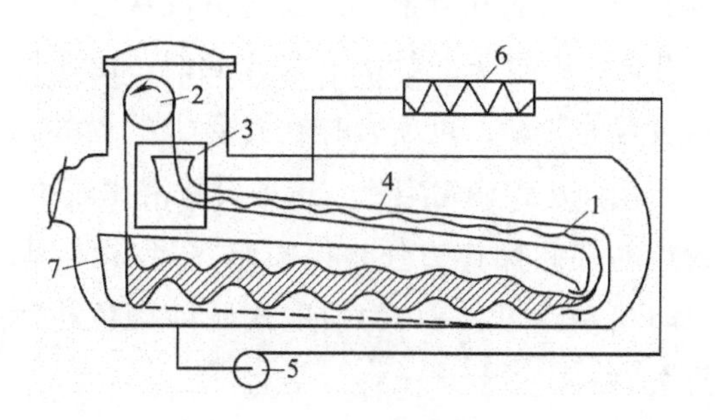

图2－3　溢流染色机

1—织物　2—导辊　3—溢流口　4—输布管道　5—循环泵　6—热交换器　7—浸渍槽

2. 喷射染色机　喷射染色机占地面积小，产量高，可节约材料、动力和劳动力。它不仅有高温高压式，而且有常压式；不仅能用于合成纤维，也能用于天然纤维；不仅能用于染色，也能用于前后处理。因其具有通用性，因而更受生产厂家欢迎。

采用该机染色时，先将U形管内注入染液，通过循环泵将染液由U形管中部抽出，经热交换器加热，再由顶部喷嘴喷出，在喷头液体喷射力的推动下，织物在管内循环运动，完成染色。由于染液的喷射作用有助于染液向绳状织物内部渗透，染色浴比也小，织物所受张力更小，因而获得了优于溢流染色机的染色效果。图2－4为喷射染色机示意图。

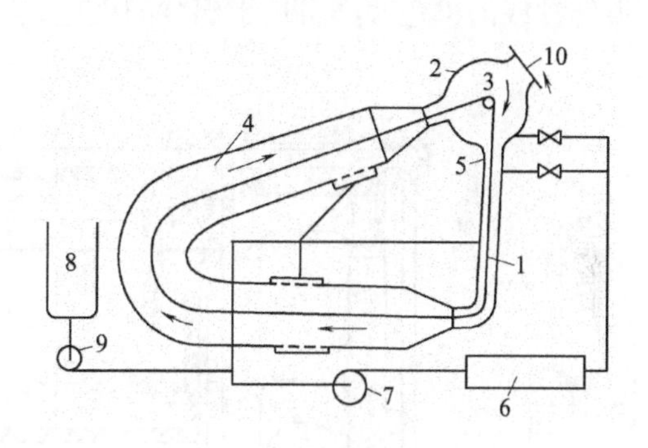

图2－4　喷射染色机

1—织物　2—主缸　3—导辊　4—U形染缸　5—喷嘴　6—热交换器　7—循环泵　8—配料缸　9—加料泵　10—装卸口

目前，溢流染色和喷射染色结合的喷射溢流染色机以及低浴比型快速染色机的应用越来越广泛。

四、纱线染色设备

纱线染色所采用的机械设备种类很多，从最早的一缸两棒的手工染纱发展到半机械化、半自动化染纱机，目前全自动化的染纱机已逐渐被应用。纱线染色广泛用于毛线、绞丝线或棉纱线和涤纶丝、锦纶丝等。纱线染色机可分为绞纱、筒子纱及经轴纱染色机等类型。

1. 往复式染纱机　这种设备为半机械化操作，设备比较简单。绞纱挂在固定板的三角棒上，通过板的移动可使三角棒做相应的左、右移动，使绞纱在染槽内进行染色。图2－5为往复式染纱机示意图。

2. 喷射式绞纱染色机　它由染槽、孔管、回转装置和泵等组成。染色时将绞纱分别套于平列的孔管上，用泵将染液从液槽送入孔内，喷淋于绞纱上。与此同时，由于回转装置的转动，可使套挂在孔管上的绞纱渐渐转动而达到均匀染色。这种设备浴比较小，绞纱的装卸操作方便，但喷眼需经常清理，以防堵塞。图2－6为喷射式绞纱染色机示意图。

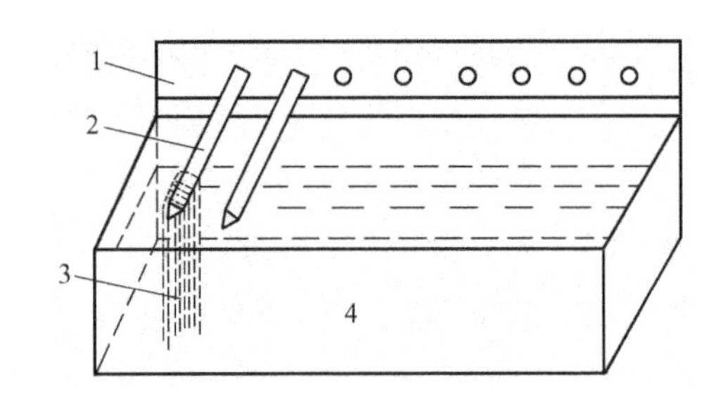

图2－5　往复式染纱机

1—板　2—三角棒　3—绞纱　4—染槽

3. 高温高压染纱机　高温高压染纱机见图2－7。该机染色时，先将绞纱堆放在纱笼中，然后上盖拧紧。将纱笼架吊入染缸内进行染色。染色时依靠泵的作用使染液由纱笼中间的喷管喷出，从四周回流，经一定时间由电动机换向循环。

这种设备通常为密封的，具有耐高压性能，故称为高温高压染色机，能用于合成纤维及其混纺纱线的染色，亦可用于棉纱的染色，因而适应性较广。

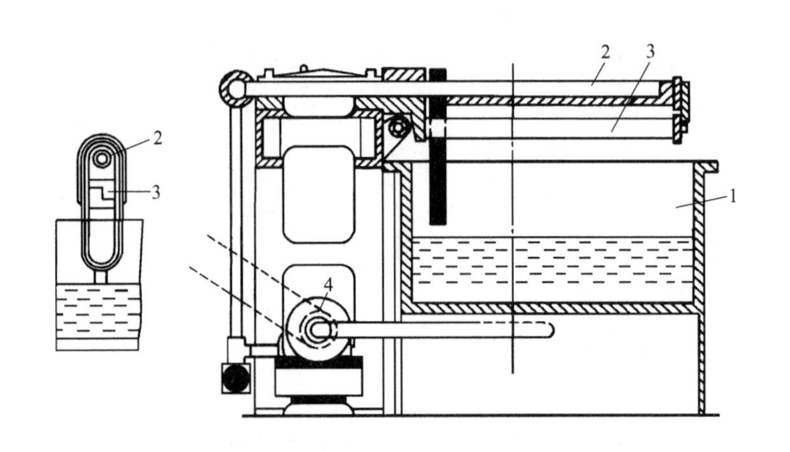

图2－6　喷射式绞纱染色机

1—染槽　2—孔管　3—回转装置　4—泵

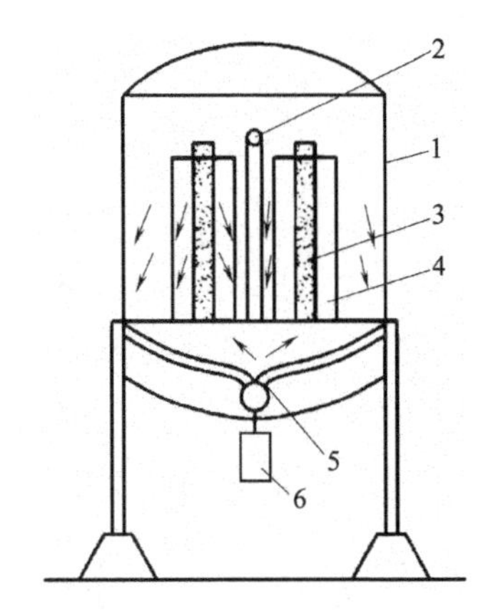

图2－7　高温高压染纱机

1—染槽　2—纱笼架　3—喷管　4—纱笼　5—循环泵　6—电动机

4. 筒子纱染色机　筒子纱染色机为一加压密闭设备，由染槽、贮液槽、筒子架、循环泵等组成。染色时纱筒装在筒子架上，染液自筒子架内孔中喷出，经纱层、染色槽后由泵压向贮液槽。每隔一定时间染液做反向循环。进行筒子纱染色时，纱线在筒管上卷绕必须适当和良好，不能过紧和过松。图2－8为筒子纱染色机示意图。

五、其他染色设备

1. 丝绸溢流染色机　真丝织物比较娇嫩，宜采用低张力、少摩擦的松式染色设备。挂练

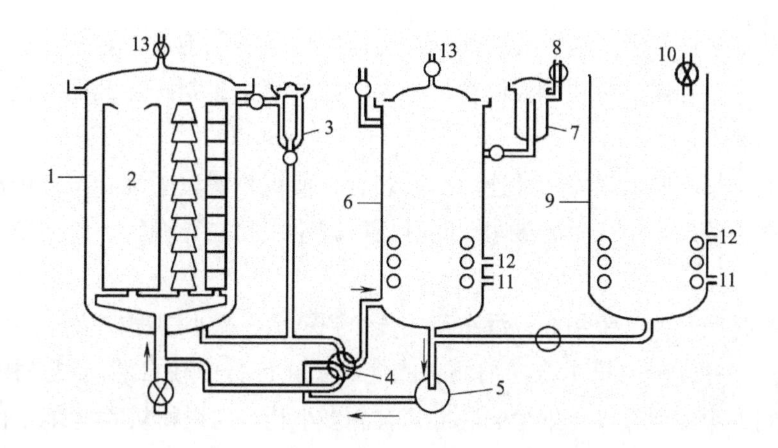

图 2－8　筒子纱染色机

1—高压染缸　2—纤维支架　3—小样机　4—四通阀　5—循环泵　6—膨胀缸　7—加料槽
8—压缩空气　9—辅助缸　10—入水管　11—冷凝水　12—蒸汽　13—放气口

槽、星形架、卷染机、绳状染色机、转笼式染色机、溢流染色机和喷射染色机均可作为真丝织物浸染设备，但这些设备并非对每一种丝织物或每种染料都适用。染色设备应根据织物的原料、织物组织结构和所用的染料选用。

丝绸溢流染色机结构如图 2－9 所示。

该机由染槽、导绸辊、加料桶、热交换器、过滤器、进出绸架和各种管路等组成。织物进入染槽后，由水流带动织物平滑移动，织物在染槽的任何部位均能与染液接触或浸于染液中，每条染色管配有两条独立导绸管道分隔绸匹，保证织物在最佳状态下移动。由于染槽是相通的，故染色均匀。

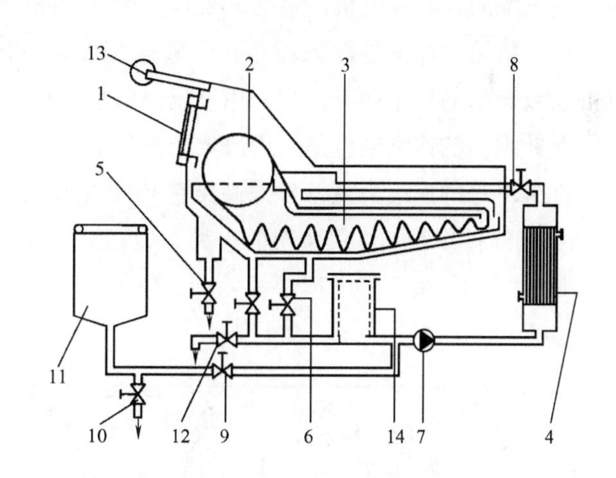

图 2－9　丝绸溢流染色机

1—进绸窗　2—导绸辊　3—导绸管道　4—热交换器　5—溢流阀
6—抽水调节阀　7—主循环泵　8—流量控制阀　9—进料调节阀
10—排料阀　11—加料桶　12—排水阀　13—出绸辊　14—过滤器

该机提升辊采用一个位置可调的大直径导绸辊，大直径导绸辊可避免织物在导绸辊上打滑，从而减少织物在导绸辊表面被擦伤的可能，另外将该导绸辊制成鼓形，即中间直径大，两端直径小，有利于织物的开幅，同时可避免其跑偏，使织物顺利进入溢流管。导绸辊离液面很近，最小距离为 15mm。使导绸辊提取织物的重量（织物本身的重量和织物吸收染液的重量之和）大大减小，同时织物所受的张力也大为减小，有利于真丝绸的染色。

溢流管的截面呈椭圆形，这可帮助织物在溢流管内尽可能地展开运行，避免紊流。与普通的圆形截面溢流管相比，椭圆形溢流管可减少织物的缠结，与矩形截面溢流管相比，可避免管内死角处容易沾色的缺点。

在染槽液面与导绸辊之间安装了逆向给液装置，使织物能以平幅状态从染液中到达导绸辊，减少织物在染色过程中产生的皱印。同时还能减小织物在导绸辊上时与染液之间的温度差，确保匀染。

溢流管尾部是断开的，织物能以瀑布形式传送到染槽，减小织物被拉伤、擦伤的可能性。溢流管尾部较高，并逐渐向机头方向前倾，能使织物在运行中较自然地向染槽的前部移动，使织物和染槽间的摩擦力较小。染槽的底部开有许多小孔，使织物从溢流管出来进入染槽后，能尽可能以平幅状态展开。

该机技术参数：最大容绸量为25kg/管，加工织物平方米质量为40～200g/m^2，最大容绸长度为300m/管，染色温度为98℃，浴比为1∶16。

2. 针织物染色机 针织物是由线圈依次相互串套编织而成的，容易拉伸变形、擦伤或脱散，所以必须选用张力较小的染色机械，除广泛采用通用性较强的绳状浸染机和液流染色机等间歇式绳状染色设备外，也少量采用平幅的经轴染色机，目前又发展了针织坯布专用的连续轧染机。对于纯棉、腈纶、锦纶等针织坯布，一般采用常温常压染色机，对涤纶及其混纺或交织的针织坯布，则采用高温高压染色机。

圆筒针织物的连续染色是采用浸轧染液后直接汽蒸的方法，适用于纯棉针织物用还原染料或活性染料等的连续染色，可提高染色均匀性和染色牢度，改善手感，重现性好。图2－10所示为圆筒针织物连续染色机的一种类型。

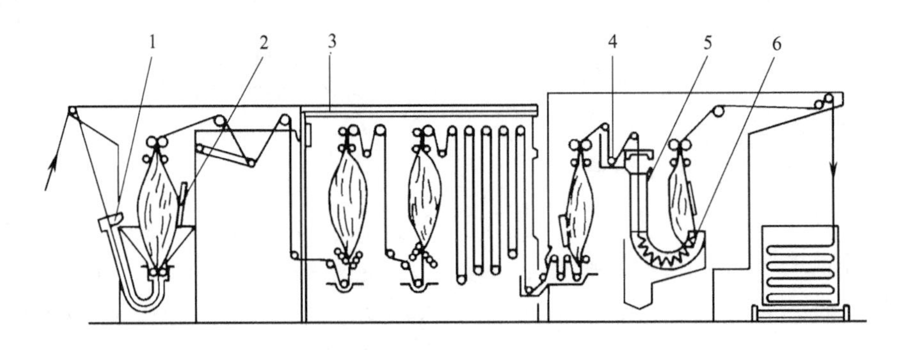

图2－10 圆筒针织物连续染色机

1—染槽 2—充气装置 3—汽蒸箱 4—氧化剂槽 5—高速冲洗 6—氧化J形箱

3. 成衣染色设备 成衣染色一般在成衣染色机或工业洗衣机内进行。

成衣染色机主要由染槽、叶轮、减速器电动机结合件、配用电动机、直接蒸汽接管、进水管、排污装置、加料斗组成。其工作原理为染缸内叶轮通过减速电动机的运动，在染缸中以18～20 r/min的转速做单向循环运动。成衣投入染缸后，即随染液（漂液）以单向循环旋涡式运动，同时叶轮不断把浮在液面的成衣毫无损伤地压向染液内，以避免色花，达到染色或漂白的目的。此机染色方法简单，机械性能好，工作效率高，操作简便，如图2－11所示。

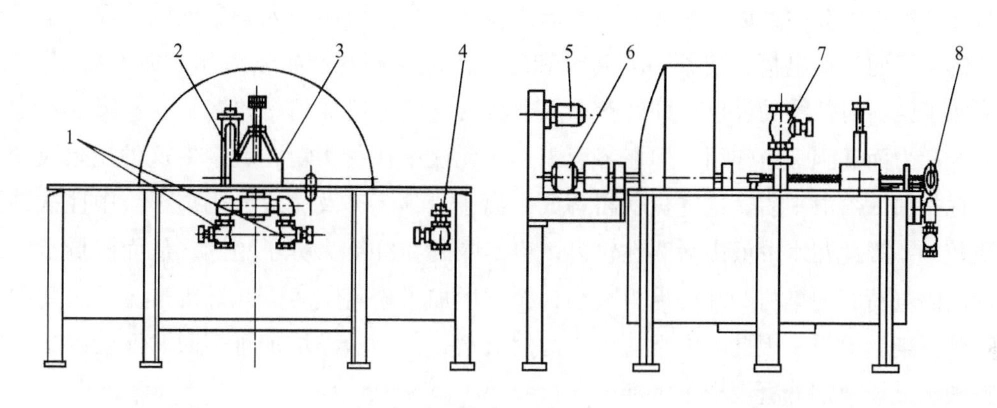

图2－11　成衣染色机简图

1—进水阀　2—温度计　3—加料斗　4—溢流阀　5—电动机　6—减速器　7—进汽阀　8—排液拉杆

第三节　常用染料染色

一、直接染料染色

直接染料一般能溶解于水，也有少数染料要加一些纯碱帮助溶解，它可不依赖其他助剂而直接上染棉、麻、丝、毛和黏胶等纤维，所以叫直接染料。

直接染料色谱齐全，色泽鲜艳，价格低廉，染色方法简便，但最大的缺点是这类染料的染色牢度大部分都不够好。针对染色牢度较差的缺陷，人们做了许多改革，例如采用化学药品，把已经染上颜色的布进行后处理，提高色布的耐洗和耐晒牢度；也有采用新型的交联固色剂来提高染色织物的后处理牢度。除此之外，也发现和研制了一些新染料品种，如直接耐晒染料和直接铜盐染料等。目前，对如何提高直接染料的湿处理牢度，还在进一步的探索之中。

1. 直接染料主要性能　直接染料大多数是芳香族化合物的磺酸钠盐，也有一部分是羧酸的钠盐，染料结构以双偶氮或三偶氮为主。这类染料具有直线、长链、同平面和贯通的共轭体系，因而能跟具有直线、长链型的纤维素大分子相互靠近，依靠分子间引力而产生较强的结合。此外，由于染料结构中还含有羟基、氨基或羧基，能与纤维素大分子上的羟基形成氢键，所以直接染料能与纤维结合而完成对纤维素纤维的染色。

直接染料在水中的溶解度大小主要取决于染料分子内水溶性基团的种类和数量，所含的水溶性基团多，在水中的溶解度就大。提高温度，也会使染料的溶解度增大。直接染料在水中溶解后，在溶液中形成染料阴离子。但由于一般的水中含有较多的钙、镁离子，这些钙盐或镁盐能与染料阴离子结合而形成不溶性沉淀，不利于染色的进行，因此，在实际生产中，对印染用水必须进行软化处理。在染色中较为方便的是在水中加入纯碱或六偏磷酸钠。纯碱的加入能增大染料的溶解度，但过多就会使染料上染缓慢。

直接染料在溶液中是以染料阴离子的形式存在，当溶液中加入少量纯碱，促进了纤维素阴离子的离解而呈负电荷，使染料阴离子和纤维阴离子相互产生较大斥力而不易相互靠近，从而影响了染料对纤维的染色，即纯碱加入染液后起到了增加染料的溶解性及降低了染料对纤维的亲和力而起到缓染作用。但在溶液中加入无机中性盐类后，就会使这种现象改变。将无机中性盐加入溶液中后，这些盐就离解成阳离子（Na^+）及相应的阴离子。中性盐的阳离子体质较小，因此在水溶液中活泼性较大，容易吸附在纤维大分子周围，从而降低了纤维分子表面的阴电荷，使染料和纤维斥力减小，相对增加了染料阴离子与纤维素分子之间的吸附量，达到促染的效果。因此，中性盐可作为促染剂，但当盐类增加过多时，又会因染料胶体状态遭破坏，导致部分凝聚产生沉淀。

由于直接染料是属于阴离子型染料，它能与阳离子的表面活性剂树脂类相结合，而生成不溶性的化合物。因此，为了提高直接染料的耐洗、耐晒牢度，往往利用这个原理，采用阳离子型固色剂来进行固色。

2. 直接染料应用性能 根据染色温度、食盐用量及上染率对直接染料上染性能的影响，可将直接染料按应用性能分为三类。

（1）甲类：这类染料分子结构比较简单，上染速率快，匀染性能很好，约在70～80℃就可染色。

（2）乙类：这类染料分子结构复杂，具有较多的水溶性基团，上染速率慢，匀染性能差，食盐对这类染料的促染效果很显著，要很好控制食盐的加入量，以控制其上染速率和匀染性。若食盐加入过早，就会使染料上染太快而导致染色不匀。

（3）丙类：这类染料分子结构大而复杂，对纤维有较大的结合能力，食盐对它的促染效果很小，但温度对它的影响较大。这类染料在始染时温度不能太高，否则，会因上染太快而影响匀染。

在拼色时，要注意选用性能接近的同类染料为宜。

3. 直接染料染色方法 直接染料染色方法简单，以卷染为主，由于受染料溶解度及上染速率的限制，轧染仅限于浅、中色。

染色一般在中性或弱碱性介质中进行，在酸性溶液中不适用于染棉，在弱酸性介质中可以上染丝绸。

（1）工艺流程：

卷轴──→卷染──→水洗（固色处理）──→冷水上卷

（2）配方及工艺：染色配方及工艺见表2－1。

表2-1　直接染料卷染配方及工艺

项　　目		浅　色	中　色	深　色
染液配方	染料（对织物重,%）	0.2以下	0.2～1	1以上
	纯碱（g/L）	0.5～1	1～1.5	1.5～2
	食盐（g/L）	—	3～7	7～15
固色液配方	固色剂（对织物重,%）	0.8～1.2		
	30%醋酸（对织物重,%）	0.6～1		
项　　目		道　数	液量（L）	温度（℃）
工艺条件	卷轴	—	150	60～70
	染色	6～12	100～150	近沸
	水洗	2	200	室温
	固色	4	150	室温～60
	水洗	2	200	室温
	上轴	2	—	—

注　每轴布重根据不同织物规格而定。

（3）卷染操作注意事项。

①染料先用热软水调匀后溶解，有些染料宜加些润湿剂先调成浆状，然后再加热水溶解，用时将已溶解的染料过滤加入染缸内。

②染前将织物在染缸上先用80℃左右的热水（不含染料）走2道，称为保温。

③染色时先加入染料总用量的3/5，在规定的染色温度下染1道后，再加入其余2/5的染料，在第3、第4道末加入食盐。食盐中应不含钙、镁盐类，以免影响鲜艳度。

④染后水洗，水的流量要适中。染后织物要及时烘干，烘筒的温度应采用先低后高，这对经固色后的织物影响较小。

二、活性染料染色

1. 活性染料分类　活性染料根据其活性基团不同，一般可以分为两类。

（1）普通型（或称冷染性）活性染料。国产X型活性染料属此类。这类染料的活性基团为含有两个活泼氯原子的三聚氯氰。它的化学性质非常活泼，反应能力较强，但染液的稳定性较差，能在低温（20～30℃）下与纤维发生化学反应而染色，同时也只需在低温和较弱碱剂（pH =10.5左右）的条件下完成固色。

（2）热固型活性染料。国产K型活性染料属此类。它的活性基团也是由三聚氯氰组成，只是活性基团上仅有一个活泼氯原子。它的化学活性较低，反应能力也差，染液相对稳定。因此在与纤维进行反应时要求条件较为剧烈，固色温度要达90℃左右，同时还需较强的碱剂，固色时间也要比X型活性染料长。

属于热固型活性染料的种类较多，它们具有不同的活性基团。由于所含活性基团的反应活性不同，反应条件也各不相同。比如国产KN型活性染料，它的活性基团为β－羟基乙烯砜硫酸酯基，故又称乙烯砜型活性染料，它的反应活性介于X型与K型活性染料之间，固色温度为60～65℃。除此之外，还有含双活性基团的M型活性染料和含其他活性基团的活性染料。

2. 活性染料染色性能 活性染料染色时，能将染料直接染到布上，同时由于它有较好的扩散能力，容易使染料扩散进入纤维内部，但由于此时尚未与纤维起化学反应，很容易用水把大部分染料洗掉，因此必须用碱剂促使染料与纤维产生化学反应，把染料固着在纤维上。前者称为染色，后者称为固色。活性染料与纤维素纤维的键合反应可用下述通式表示：

$$\text{D—T—X} + \text{HO—Cell} \longrightarrow \text{D—T—O—Cell} + \text{X}^- \quad (2-1)$$

$$\text{D—SO}_2\text{—CH}=\text{CH}_2 + \text{HO—Cell} \longrightarrow \text{D—SO}_2\text{—CH}_2\text{—CH}_2\text{—O—Cell} \quad (2-2)$$

式（2－1）是三聚氯氰型活性染料与纤维素纤维在碱剂存在下所发生的键合反应。在碱剂作用下，纤维上羟基离解而使纤维素纤维带负电，成为亲核试剂进攻活性基团中带正电的反应活性中心，发生亲核取代反应，使染料和纤维合为一体。

式（2－2）是乙烯砜型活性染料与纤维素纤维产生键合反应，使染料固着在纤维上。由于不产生原子间的取代，而产生了饱和化合物，故称为加成反应。

活性染料在溶液中以阴离子形式存在，与直接染料相似，食盐对它也有促染作用。

3. 活性染料染色工艺 活性染料染色可根据不同的染色要求，分别采用卷染与轧染两种方法。

（1）卷染。卷染工艺适宜小批量、多品种的生产。它染色方便，周转灵活，能染浅、中、深色。由于染料类型不同，对纤维的直接性大小亦不相同，因此染色条件、固色温度、碱剂用量和电解质用量等也各不相同。现将一般的染色配方及工艺列于表2－2中。

表2－2 活性染料卷染配方及工艺

<table>
<tr><td colspan="2" rowspan="2">项目</td><td colspan="3">X型</td><td colspan="3">K型</td><td colspan="3">KN型</td><td colspan="3">M型</td></tr>
<tr><td>浅</td><td>中</td><td>深</td><td>浅</td><td>中</td><td>深</td><td>浅</td><td>中</td><td>深</td><td>浅</td><td>中</td><td>深</td></tr>
<tr><td rowspan="2">染液</td><td>染料（对织物重，%）</td><td>0.3以下</td><td>0.3～2</td><td>2以上</td><td>0.3以下</td><td>0.3～2</td><td>2以上</td><td>0.3以下</td><td>0.3～2</td><td>2以上</td><td>0.3以下</td><td>0.3～2</td><td>2以上</td></tr>
<tr><td>食盐（g/L）</td><td>3～10</td><td>10～20</td><td>20～30</td><td>5～12</td><td>12～20</td><td>20～30</td><td>15～20</td><td>20～25</td><td>25～30</td><td>3～15</td><td>10～20</td><td>20～30</td></tr>
<tr><td>固色液</td><td>碱剂（g/L）</td><td>5～10</td><td>10～15</td><td>15～20</td><td>10</td><td>10～15</td><td>15～20</td><td>10</td><td>10～15</td><td>15～20</td><td>10</td><td>10～15</td><td>15～20</td></tr>
<tr><td>皂洗液</td><td>肥皂（或皂粉、净洗剂，G）</td><td colspan="12">500</td></tr>
<tr><td rowspan="4">工艺条件</td><td>项目</td><td>道数</td><td colspan="2">温度（℃）</td><td>道数</td><td colspan="2">温度（℃）</td><td>道数</td><td colspan="2">温度（℃）</td><td>道数</td><td colspan="2">温度（℃）</td></tr>
<tr><td>染色</td><td>4～6</td><td colspan="2">室温</td><td>6～8</td><td colspan="2">40～50</td><td>6～8</td><td colspan="2">60</td><td>6～8</td><td colspan="2">60～95</td></tr>
<tr><td>固色</td><td>4～6</td><td colspan="2">室温</td><td>6～8</td><td colspan="2">75～95</td><td>6～8</td><td colspan="2">60</td><td>6～8</td><td colspan="2">60～95</td></tr>
<tr><td>水洗</td><td></td><td colspan="2"></td><td></td><td colspan="2"></td><td></td><td colspan="2"></td><td></td><td colspan="2"></td></tr>
</table>

活性染料卷染操作是将煮练后的织物以80～90℃热水来回洗涤3道，然后以冷水走几道至接近染色温度，加入溶解好的染料染2～3道，将电解质放入后再染3～4道，加固色剂染5～6道。固色完毕经冷水洗、热水洗、皂洗、热水洗、冷水洗、烘干等。

染色时染色物的pH宜控制在中性左右，过高则染色不匀，并且易造成染料的水解。活性染料水解以后，便失去了上染纤维的能力。所以，在染色以前要水洗2次。部分K型活性染料则需高温沸染，为保持染色和固色温度，染缸上应加罩，防止由于蒸汽逸散和布卷温度不匀而影响质量。固色用碱剂为纯碱，也可用磷酸三钠。

（2）轧染。活性染料的轧染分一浴和二浴法。一浴法是将染料和碱剂放在一起，采用的碱剂是小苏打，轧后经汽蒸或焙烘，小苏打分解出Na_2CO_3，使pH升高，有利于染料固色，X型活性染料多用一浴法。二浴法是经浸轧染料溶液后浸轧含碱剂的固色液，再汽蒸固色，采用的碱剂可以是纯碱或磷酸三钠，也可在第一浴中加入小苏打，第二浴固色时加纯碱。下面以二浴法工艺为例进行介绍。

① 二浴法工艺流程：

浸轧染液⟶预烘⟶烘干⟶浸轧固色液⟶汽蒸⟶水洗⟶皂洗⟶水洗⟶烘干

② 配方及工艺条件：染色配方及工艺条件见表2－3。

表2－3　活性染料轧染二浴法配方及工艺　　单位：g/L

用料			处方			工艺条件
			浅	中	深	
轧染液	染料		4以下	4～24	24以上	浸轧方式：一浸一轧 温度：X型20～30℃ K型70～80℃ 轧液率：70%～80%
	润湿剂		2～5	2～5	2～5	
	5%海藻酸钠		3～40	30～40	30～40	
	尿素		0～50	0～50	0～50	
固色液	X型	食盐	20～30	20～30	20～30	浸轧方式：一浸一轧 温度：20～30℃ 汽蒸温度：100～103℃ 汽蒸时间：X型15～60s K型3～6min
		纯碱	5～10	10～15	12～18	
	K型	食盐	20～30	20～30	20～30	
		纯碱	8～12	12～18	15～20	

在固色液中加入食盐是为了抑制染料的脱落。因染料对纤维有一定的直接性，轧槽内染液的平衡浓度一般低于补充液浓度。为了避免初开车时得色过深，应向轧槽内加水冲淡，一般加水量为染液的5%～20%。

三、还原染料染色

还原染料不溶于水，染色时要在碱性的强还原液中还原溶解成为隐色体钠盐才能上染纤维，经氧化后，恢复成不溶性的染料色淀而固着在纤维上。

还原染料是染料中各项性能都比较优良的染料。按其主要化学结构可分为靛类和蒽醌两大类。它的色谱较全，色泽鲜艳，耐皂洗、耐日晒牢度都比较高，但因价格较贵，某些黄、橙等色有光敏脆损现象，使其应用受到一定的限制。

1. 还原染料染色过程 还原染料染色时，可采用浸染、卷染或轧染。一般纱线及针织物大都用浸染，机织物大都用卷染和轧染，一般都包括下述四个基本过程。

（1）染料还原。染料的还原过程，也就是还原染料隐色体的生成过程，一般都是在碱性介质中进行的。在还原染料的分子结构中都至少含有两个羰基（$>C=O$），它们在强的还原剂连二亚硫酸钠（俗称保险粉）的作用下，羰基被还原成羟基（—OH）。保险粉化学性质非常活泼，在碱性条件下即使温度很低，也可产生较强的还原作用，从而使还原染料被还原为隐色酸。

$$Na_2S_2O_4 + 2H_2O \longrightarrow 2NaHSO_3 + 2[H]$$

$$2 >C=O + 2[H] \longrightarrow 2 \gg C-OH$$

反应中生成的羟基化合物就是染料的隐色酸，它也和染料一样不溶于水，但可溶于碱性介质中，成为隐色体钠盐溶液。由于隐色体钠盐不常呈现染料原有的颜色，故被称为隐色体。

$$\gg C-OH + NaOH \longrightarrow \gg C-ONa + H_2O$$

在用保险粉—烧碱法进行染料还原溶解时，应掌握好烧碱、保险粉的用量和还原温度，才能使染料正常还原，否则会使染料产生过度还原或水解以及分子重排等不正常的反应，致使染液破坏，色泽萎暗，染色牢度降低。

（2）隐色体上染。还原染料经保险粉、烧碱还原溶解成隐色体钠盐后，即对纤维素纤维产生直接性，先吸附于纤维表面，然后再向纤维内部扩散而完成对纤维的上染。由于染液中含有大量电解质，对纤维的直接性较大，故上染纤维的速率较快，染料的移染性能较差，往往不易染匀。因此，在上染过程中可加入少量缓染剂，如平平加O、牛皮胶等。

（3）隐色体氧化。上染纤维的隐色体需经空气或氧化剂氧化，转变为原来的不溶性还原染料并恢复原来的色泽，其氧化反应如下：

$$\gg C-ONa \longrightarrow >C=O$$

由于不同类型的还原染料有不同的氧化性能，故应对氧化条件进行适当选择，如用空气氧化，或使用双氧水、过硼酸钠氧化等。

（4）皂煮后处理。皂煮能将吸附在纤维表面已氧化的浮色去除，使染色织物具有鲜艳的色泽和较好的耐摩擦牢度。同时，在皂煮过程中，染料分子会在纤维表面发生聚集，进而形成微晶体，可进一步改善染色织物的各项牢度。

2. 还原染料染色方法　还原染料可用于棉及涤棉和维棉混纺织物的染色。按染料上染的形式不同，可分为隐色体染色法及悬浮体轧染法。另外还有隐色酸染色法，因不常用，故在此不做讨论。

（1）隐色体染色法。隐色体染色是把染料预先还原成隐色体，在染浴中被纤维吸附，然后再进行氧化、皂洗的一种染色方法。它可分为浸染、卷染和轧染等，目前多用浸染和卷染。隐色体浸染适用于纱线染色，卷染法染色透芯程度差，有白芯现象。根据染料性质不同，可采取不同的还原方式。

① 干缸法：在浸染染色时，有的染料还原速度较慢，必须采用较为剧烈的条件来提高染料的还原速率，这种还原方法称为干缸法。

干缸法还原是先将染料用少量水和太古油或拉开粉调成稀浆，然后加入适量温水和规定量的烧碱、保险粉，在规定温度下还原10～15min，待染料充分还原后再经过滤加入含有烧碱、保险粉溶液的染缸中，并冲稀至所需浓度进行染色。由于还原时用水量极少，相当于提高了烧碱、保险粉浓度，加快了染料的还原速率，使还原反应正常完成。

② 全浴法：这种还原方式适用于还原速率较快的还原染料。其方法是直接将染料放入染槽内，加入规定量的烧碱及保险粉，使染料还原，还原10～15min后即可进行染色。若对这类染料采用较为剧烈的还原条件，则易造成染料的水解或过度还原，影响染色成品质量。

由于还原染料种类较多，结构差异较大，使得每种染料在隐色体染色时被还原的难易就各有不同，所采用的还原方式和烧碱、保险粉用量也各不相同。生产上为了便于应用，一般把隐色体染色的工艺条件分为四类，见表2－4。

表2－4　常用还原染料隐色体染色工艺条件

染色方法	甲　法	乙　法	丙　法	特别法
染色温度（℃）	60～62	50～52	25～30	65～70
染色时间（min）	45～60	45～60	45～60	60
染料（对织物重，%）	淡色0.3以下	中色0.3～1.5	深色1.5以上	深色1.5以上
30%烧碱（mL/L）	20～30	7～16	7～16	30～45
85%保险粉（g/L）	3～12	3～10	3～10	3～12
元明粉（g/L）	—	0～8	0～24	—

上述几种染色分类中，甲法的染色温度比较高，保险粉易于分解，所以用量较多，由保险粉分解产生的酸性物质也多，用以中和它的碱剂用量也随着增多，所以，烧碱的总用量也较多。上述染色方法的分类是为了应用上的方便，但并不是绝对的，对有些染料来说，两种

染色方法甚至三种方法都可使用，工艺条件和烧碱、保险粉用量也可能由于机械设备等各种条件的不同而相差较大。

在目前的生产中，隐色体浸轧和卷染仍有一定的使用价值，主要优点是设备简单，可染中、深色，最适宜小批量、多品种的生产，但生产效率低，匀染性较差，操作要求较高。

（2）悬浮体轧染法。把未经还原的染料颗粒与扩散剂通过研磨混合，制成高度分散的悬浮液。织物在该液中浸轧后均匀附着在纤维上，然后再用还原液使染料直接在织物上还原成隐色体而被纤维吸收，最后经氧化而固着在纤维上，这种染色方法称为悬浮体染色法。此法可以解决白芯问题。

悬浮体染色系连续生产，生产效率高。由于染料以悬浮体形式依靠机械压力进入纤维，从而避免了隐色体浸染中由于上染速率过快而造成的染色不匀的现象。

悬浮体染色的工艺流程：

浸轧悬浮体染液──→预烘──→烘干──→轧还原液──→汽蒸──→水洗──→氧化──→皂煮──→水洗──→烘干

在悬浮体染色工艺中，对染料颗粒的细度要求较高，通常要求在1～2μm之间。在染液配制时，为了增加轧染液的稳定性和染料对织物的渗透作用，可加入适量扩散剂和渗透剂，为了防止染料发生泳移，还可加入少量的动物或植物胶。还原液中烧碱和保险粉的比例为1:（1.2～1.5），具体染色时按染色深度同时调整烧碱和保险粉用量。

在浸轧染液时，可采用一浸一轧或二浸二轧。浸轧后织物烘干，然后浸轧还原液并立即进入还原蒸箱，使染料直接在布上还原。为防止附着在纤维上的染料微粒剥落进入还原液，可在还原液中加入一些染料的悬浮体。经还原汽蒸后，织物再经水洗、氧化、皂煮、水洗、烘干，完成整个染色过程。

（3）液体还原染料的染色。还原染料大多不溶于水，需经还原处理生成可溶性的隐色体，并与烧碱作用形成隐色体钠盐后才能染色。传统染色方法都是采用化学还原剂对还原染料进行还原，在工业上会产生大量含高浓度亚硫酸盐和硫酸盐的废水，不符合绿色染整工艺的要求。

液体还原染料是直接将合成的染料滤饼经过精细研磨后添加少量环保型天然分散剂，再将染料直接经还原后配制成具有还原稳定性的液态染料，从而获得无粉尘污染、无电解质添加、具有超细微粒和稳定均匀状态的还原态液体染料。

液体还原染料是一种颗粒微小的悬浮体染料，能让配制的染液形成均匀的悬浮体，让染料颗粒与织物更加充分紧密地结合，印染后的残余染料相对于传统粉料减少了60%，与传统粉体还原染料相比，染料所产生的废水浓度只有传统粉体染料的25%，同时废水具有良好的可降解性，可大大减少企业的环保费用，具有明显的环保优势。使用液体还原染料还可减少员工接触粉尘的机会，有利于保证企业职工的健康，改善企业的生产环境。

液体还原染料经过研磨和过滤，可达到97%颗粒粒径 $<1\mu m$ 和100%颗粒粒径 $<3\mu m$ 的

标准。这些很小的颗粒，使染色和印花中的颜色深度大大高于传统还原粉料的印染深度，并提高了色牢度，使织物表面得色更加鲜艳、饱满。

由于染料是以液体状态形式存在，不但避免了传统粉体染料在生产与应用过程中对环境的污染和影响，而且有利于配色和管道输送，极大地提高了生产效率，解决了在化料方面存在的弊端，为染色过程的自动化提供了有利条件。

液体还原染料的分散性、匀染性均较好。染料不但能够快速有效地在织物表面吸附、扩散和渗透，保证织物内外染色的一致性，同时由于97%的染料粒径大小可控制在1μm以内，使染料能够均匀分散，从而有效地避免了斑点的出现，特别适用于高支、高密纯棉织物的染色和印花。

水溶性液体还原染料的应用是一种环境友好的新技术，与传统的染色技术相比，具有节约还原剂及其他化学试剂，减轻污水处理负担，可提高生产力水平和产品质量的特点，还可提高染色加工过程的控制水平和产品质量重现性，染色条件更加稳定；在染料的生产方面，省略了染料滤饼的喷雾干燥过程和商品化加工过程，可直接制备成液体商品染料。目前，对于液体还原染料商品的还原稳定性，尤其是对于含固量超过40%的液体染料和低温地区液体染料的储存稳定性还有待于进行深入的研究。

3. 靛蓝浆染技术　靛蓝染料是一种还原染料，分子结构小，平面性差，与棉纤维的亲和力较小，染色牢度也较低，一般湿摩擦牢度只能达到一级，所以染色深度特别低。它较其他还原染料容易还原，隐色体较稳定，如果还原条件强烈，则会产生过度还原和结晶析出现象。

（1）靛蓝染料的还原方法。靛蓝染料的还原方法除用保险粉法外，还有二氧化硫脲法、锌粉石灰法、硫酸亚铁法和发酵法等。其中发酵法应用最早，但其还原作用十分缓慢；锌粉石灰法和硫酸亚铁法已被淘汰；保险粉法是目前工厂大产生使用的主要方法。

在染色生产中，靛蓝染料染色必须预还原，将靛蓝染料在一定浓度的保险粉、烧碱溶液中充分还原，再稀释后才能进入染槽使用。

靛蓝染料的干缸还原电位一般应掌握在－1000～－900mV，温度50～55℃，并保持半小时，即可达到完全还原的程度。靛蓝染料的还原必须充分，否则在进入染槽后，即使再加入保险粉和烧碱也不能使其充分还原。

（2）牛仔布经纱靛蓝染色。靛蓝染料是靛系染料中使用最早的染料，它用于纤维和织物染色，具有价格低廉、色泽坚牢等优点，是牛仔布经纱染色时常用的染料。

牛仔成衣染整工艺生产视频

靛蓝隐色体对棉纤维的亲和力低，上染困难，如果采用提高染液浓度和温度的方法来促使上染，不仅会使纱线色光泛红、色泽鲜艳度变差、出现色光色泽不稳定的现象，同时还会造成大量浮色，降低耐摩擦牢度等弊病。所以工厂实际生产中，牛仔布的经纱染色一般都采用低浓、常温（或低温）、多次浸轧氧化的连续染色方法，即每浸轧染液一次，需经氧化后再作第二次浸轧染色，依次类推，经过6~8次方能达到所需的染色深度。

靛蓝隐色体的扩散性能较差，在染色中染液对纱线的渗透能力弱，因此，需在染液中加入适量的渗透剂，帮助增进其渗透性能。即使如此，靛蓝纱线染色仍大多呈现环染状，不会透芯，而环染程度较深入的，耐磨耐洗牢度好，反之则效果相反。

当纱线离开染液后，因碱性减弱，隐色体钠盐即水解成隐色酸，当与空气中的氧气接触时，即可氧化成不溶性的靛蓝，恢复其原有的蓝色而固着在纤维上。靛蓝隐色酸的氧化作用较容易，因此，一般都采用空气氧化方法。

为了简化工艺，牛仔布经纱靛蓝染色通常都不用皂煮，因为靛蓝染色后染料在纱线上已呈结晶状态，且皂煮前后色光变化不大，因此，只要有充分的水洗条件，即可达到后处理的要求。

（3）靛蓝染料的发展方向。在靛蓝染料的发展中，液体靛蓝染料的应用发展非常迅速，德国德司达（DyStar）公司采用还原加氢的生产工艺，推出了以环保为导向的DyStar液体靛蓝染料，以代替传统粉体靛蓝染料，由于该染料在合成过程中采用加氢预还原工艺直接生产出可溶性的靛蓝染料溶液，同时借助氮气保护能够保持靛蓝溶液的还原状态而直接应用于牛仔纱线的染色，从而能够极大的降低保险粉的使用，减少含盐废水的排放和对设备的损害，同时有利于提升牛仔布的水洗风格。与此同时，德司达公司还联合瑞士和另外一家德国公司推出了靛蓝染料染色在线监测系统。该系统集合了染色科技、监控仪器和自动化技术以及数据分析领域的精锐力量，采用了全新技术，可以在线监测、调整和记录靛蓝染料染色时的关键工艺参数，如染料及还原剂浓度以及pH等，有助于提高牛仔纱线染色的产品质量和染色的一次成功率，从而降低成本，提升产品竞争力。目前，DyStar 40%预还原靛蓝溶液已被全球有机纺织品标准（GOTS）认证，成为靛蓝牛仔纱线染色工艺中最可靠的工艺之一。

除此之外，也有研究人员在超细靛蓝的基础上，通过机械碾磨或利用超声波等技术，选择合适的分散剂，制成稳定的液体超细靛蓝分散体系，形成性能稳定、色泽均匀的液体分散靛蓝，解决了粉体靛蓝粉尘大、还原时间长、染色不匀、上染率低、耐摩擦牢度差的问题。

4. 硫化染料染色 硫化染料由芳香胺类或酚类化合物与多硫化钠或硫黄熔融而成，在染色时需用硫化碱还原溶解，故称为硫化染料。硫化染料价格低廉，染色工艺简单，拼色方便，染色牢度较好，能使用卷染和轧染法生产，但因色谱不齐，色泽不艳，部分染料染色牢度较差而使其应用受到一定的限制。

（1）硫化染料染色原理。硫化染料不溶于水，但能被硫化碱还原，生成隐色体钠盐而溶解在水溶液中。这种隐色体在碱性溶液中，对纤维具有较强的直接性，因而被纤维吸收，经氧化后，染料重新转变为不溶状态，并沉积在纤维上。在染色过程中，硫化碱既是还原剂又是碱剂。为了促进硫化碱的分解，除提高温度外，还可加入小苏打，但若用量过多，会因上染过快而造成染色不匀和白芯等。另外，在染浴中可加入2%的纯碱来调节pH，既可帮助染料溶解，还可软化水质，加入适量小苏打，可使硫化碱更好地分解，促进其还原作用。硫化碱的用量随染料不同而不同，一般为染料的50%～200%。染色温度可采用高温甚至沸染，以获得较高的透染效果。

（2）硫化染料卷染工艺。硫化染料的染色一般都采用卷染，这不仅有利于小批量、多品种生产，同时可使成品得到深浓、丰满的色泽。但卷染容易产生深头、深边等染色疵病。因此，有条件时部分色泽可采用轧染，以提高生产效率，并改善产品质量。为了提高硫化染料的染色牢度，染后处理也应重视。尤其对咖啡、墨绿等色，除了进行必要的水洗外，对氧化剂的选用也很重要，如果用双氧水或过硼酸钠，将会影响染后皂洗牢度，而用红矾、硫酸铜、醋酸处理，不仅可提高产品的水洗牢度，而且耐日晒牢度也可得到改善。另外，由于硫化染料分子内含有多硫键，含硫量高，并且分子结构松弛，在湿热和空气中氧的作用下，游离硫释出会逐渐被氧化成硫酸而使织物脆损。因此对经硫化染料染色的织物均需防脆处理。常用的防脆剂中以尿素和海藻酸钠结合使用效果较好，表2－5为硫化黑丝光平布（75kg/卷）卷染工艺实例。

表2－5　硫化黑卷染工艺实例

染料处方		防脆处方	
硫化黑B（100%）	7.5kg	①太古油800g	②尿素
硫化碱（50%）	7kg	醋酸钠800g	0.3%～0.4%（owf）
纯碱	250g	总液量150L	③磷酸三钠
总液量	200L	空气氧化	0.5%～0.6%（owf）

注　防脆配方可任选一种。

工艺条件：

卷染10道（90～95℃）⟶冷洗3道⟶热水4道（约80℃）⟶冷洗3道⟶透风2道⟶冷洗1道⟶防脆后处理3道⟶上卷

硫化蓝容易氧化，而且会产生红边疵病，这是过早氧化的原因，如有发生，可用硫化碱、小苏打进行剥色处理。

（3）液体硫化染料染色工艺。液体硫化染料是一种经预还原的硫化染料隐色体溶液，是在染料母体中加入烧碱和还原剂如硫氢化钠、二氧化硫脲或葡萄糖与保险粉等制备而成的。这类染料在加工时经过多道过滤，除去了不溶性杂质，染料比较纯净，有色光纯正，给色量高、价格低廉、染色均匀等优点，可部分代替纳夫妥、士林和活性染料用于棉型织物中深暗色品种的染色，也能缩短工艺流程，节约能源，降低成本，提高企业的经济效益。所以，液体硫化染料近年来在国内的应用越来越多，常应用于轧蒸法中，以代替不溶性偶氮染料、活性染料的染色。

现以28tex×28tex，23.6根/cm×22.8根/cm纯棉平布为例，对液体硫化染料的染色工艺加以说明。

① 染液配方：

	轧槽浓度	液封口浓度
液体硫化草绿	98g/L	24.5g/L
液体硫化红棕 B3R	20g/L	5g/L
液体硫化金黄 SGC	24g/L	6g/L
抗氧化剂 KO	20g/L	40g/L

② 氧化液配方：

双氧水	2～2.5g/L
醋酸	8mL/L
pH	3.5～4

③ 工艺流程及主要工艺条件：

半制品──→浸轧染液（一浸一轧，轧余率75%～80%，室温）──→汽蒸（102℃±1℃，1min）──→水洗（3格，温度依次为40℃、50℃、60℃）──→氧化（50～60℃，1格）──→透风（25～30s）──→热水洗（80℃）──→皂洗（80～85℃，2格）──→冷水洗──→烘干

四、酸性类染料染色

酸性类染料包括酸性染料、酸性媒染染料和酸性含媒染料三种类型，一般都是芳香族的磺酸钠盐，少数为羧酸钠盐，能在酸性或中性介质中直接上染丝、毛等蛋白质纤维和锦纶。某些具有1∶2型络合结构的金属含媒染料除能用于羊毛外，也可上染锦纶和维纶，但色泽较暗，下面主要讨论酸性染料和1∶2型酸性含媒染料的染色。

1. 酸性染料染色 酸性染料色谱齐全，色泽鲜艳，耐日晒牢度和耐湿处理牢度随染料品种不同而差异较大。和直接染料相比，酸性染料结构简单，缺乏较长的共轭双键和同平面性结构，所以对纤维素纤维缺乏直接性，不能用于纤维素纤维的染色。不同类型的酸性染料，由于分子结构不同，因而它们的染色性能不同，所采用的染色方法也不同。按染色性能和染色方法的不同，酸性染料可分为下述三类。

（1）酸浴染色的酸性染料。这类染料分子结构比较简单，磺酸基在整个染料分子结构中占有较大比例，所以染料的溶解度较大，它在染浴中是以阴离子形式存在。染色时，必须在强酸性染浴中才能很好地上染纤维，故称为强酸性酸性染料。这类染料是以离子键的形式与纤维结合，匀染性能良好，色泽鲜艳，故又称为匀染性酸性染料，但耐湿处理牢度及耐汗渍牢度均较低。电解质的加入可起缓染作用。

（2）弱酸浴染色的酸性染料。这类染料结构比较复杂，染料分子结构中磺酸基所占比例较小，所以染料的溶解度较低，它们在溶液中有较大的聚集倾向。这类染料染色时，除能和纤维发生离子键结合外，分子间力和氢键起着重要作用。染色时，在弱酸性染浴中就能上染，故称为弱酸性酸性染料。这类染料的耐湿处理牢度高于强酸性染料，但匀染性不及强酸性染

料。这类染料都用于羊毛、蚕丝和锦纶的染色。

（3）中性浴染色的酸性染料。这类染料分子结构中磺酸基所占比例更小，它们在中性染浴中就能上染纤维，故称为中性酸性染料。这类染料染色时，染料和纤维之间的结合主要是分子间力和氢键产生作用。食盐、元明粉等中性盐对这类染料所起的作用不是缓染，而是促染。这类染料的匀染性较差，但耐湿处理牢度很好，也都用于蚕丝和羊毛的染色。

各类酸性染料的染色性能见表 2 - 6。

表 2 - 6　各类酸性染料的染色性能

项　　目	强酸性酸性染料	弱酸性酸性染料	中性酸性染料
染色方法	用硫酸	用醋酸	用醋酸铵
染液 pH	2 ~ 4	4 ~ 6	6 ~ 7
染料溶解度	高	中	低
匀染性	好	一般	差
耐湿处理牢度	差	好	很好
对纤维的直接性	低	中等	高
与纤维的结合方式	离子键	离子键，分子间力和氢键	分子间力和氢键

2. 1∶2 型酸性含媒染料染色　酸性含媒染料的染色牢度较好，染色操作简便，方法与酸性染料相似，但匀染性不如酸性染料。这类染料是由邻，邻′ - 二羟基偶氮化合物与有机酸的三价铬盐通过络合作用形成的。根据染料和金属的络合比例及络合工艺不同，酸性含媒染料可分为 1∶1 型和 1∶2 型，其中 1∶1 型酸性含媒染料必须在强酸浴中染色，对羊毛有损伤，1∶2 型酸性含媒染料在弱酸或中性介质中染色，所以又称为中性染料，这里主要介绍 1∶2 型酸性含媒染料。

1∶2 型酸性含媒染料是由两个染料分子和一个金属原子络合而成。这类染料的染色与中性浴染色的酸性染料相同，能在微酸及中性介质中上染羊毛、蚕丝、锦纶、维纶。由于染料结构中不含电离的亲水基团，故染料的亲水性较小，溶解度较差；染料的分子量大，匀染性差。染色时当 pH 较低时，染料与蛋白质纤维的结合以离子键为主，当 pH 较高时，与纤维的结合则以氢键和分子间引力为主。

这类染料染色不需在强酸介质中进行，常用醋酸铵和硫酸铵作助染剂，染色时间短，染色产品光泽较好，手感柔软，但价格较高，色泽不及酸性染料和 1∶1 型酸性含媒染料鲜艳，色光偏暗。这类染料的主要染色性能列于表 2 - 7。

目前，1∶2 型酸性含媒染料在维纶及其混纺织物的染色上应用较多。这类染料对维纶的上染直接性较高，但上染速率较快，不易匀染。为了使它获得匀染，在染维纶时，染浴 pH 可掌握在 4 ~ 5，如染维/棉可控制染浴 pH 为 6 ~ 7.5，同时，升温不宜过快。用 1∶2 型酸性含媒染料染维纶，染色成品得色与羊毛相似，染色牢度较高，耐日晒牢度更为突出，耐皂洗、耐汗渍、耐摩擦、耐熨烫等牢度基本与染羊毛的结果相似。

表2-7　1:2型酸性含媒染料主要染色性能及应用

染色性能		染色参考配方	染色工艺及注意事项
染浴pH 匀染性 耐湿处理牢度 色　泽 染色品	6~7 较差 很好 较暗 羊毛、锦纶、维纶	染料　x 醋酸铵　2%~5% 或硫酸铵　1%~3% 匀染剂　0.3%~0.5%	室温入染，30~45min内升温至沸，并沸染30min。然后水洗、烘干。这类染料的上染率随温度变化较大，要仔细控制温度，以获得较高上染率和匀染效果

五、分散染料染色

分散染料是一类水溶性较低的非离子型染料。最早用于醋酯纤维的染色，称为醋纤染料。随着合成纤维的发展，锦纶、涤纶相继出现，尤其是涤纶，由于具有整列度高，纤维空隙少，疏水性强等特性，要在有载体或高温、热熔下使纤维膨化，染料才能进入纤维并上染。因此，对染料提出了新的要求，即要求具有更好疏水性和一定分散性及耐升华等的染料，目前印染加工中用于涤纶织物染色的分散染料基本上具备这些性能，但由于品种较多，使用时还必须根据加工要求进行选择。

1. 分散染料的一般性质　分散染料结构简单，在水中呈溶解度极低的非离子状态，为了使染料在溶液中能较好地分散，除必须将染料颗粒研磨至2μm以下外，还需加入大量的分散剂，使染料成悬浮体稳定地分散在溶液中。分散染料按应用时的耐热性能不同，可分为低温型、中温型和高温型。其中低温型染料的耐升华牢度低，匀染性能好，常称为E型染料；高温型染料的耐升华牢度较高，但匀染性差，称为S型染料；中温型染料的耐升华牢度介于上述两者之间，又称为SE型染料。用分散染料对涤纶进行染色时，需按不同染色方法对染料进行选择。

2. 分散染料染色方法　由于聚酯纤维具有疏水性强、结晶和整列度高、纤维微隙小和不易润湿膨化等特性，要使染料以单分子形式顺利进入纤维内部完成对涤纶的染色，按常规方法是难以进行的，因此，需采用比较特殊的染色方法。目前采用的方法有载体法、高温高压法和高温热熔法。这些方法利用了不同的条件使纤维膨化，纤维分子间的空隙增大，同时加入助剂以提高染料分子的扩散速率，使染料分子不断扩散进入被膨化和增大的纤维空隙，而与纤维由分子间引力和氢键固着，完成对涤纶的染色。由于分散染料在水中的溶解度极低，故要依靠加入染料和溶液中的分散剂组成染液。为防止分散染料及涤纶在高温及碱作用下产生水解，分散染料的染色常需在弱酸性条件下进行。下面分别介绍三种染色方法。

（1）载体染色法。载体染色法是在常压下加热进行。它是利用一些对染料和纤维都有直接性的化学品，在染色时当这类化学品进入涤纶内部时，把染料分子也同时携入，这种化学药品称为载体或携染剂。

利用载体对涤纶染色的原理是涤纶中的苯环与染料分子中的芳核间有较大分子间引力，涤纶能吸附简单的烃类、酚类等，这些化学品就成为载体。由于载体与涤纶之间的相互作用，使涤纶分子结构松弛，纤维空隙增大，分子易进入纤维内部。同时由于载体本身能与纤维及染料分子产生直接性，不但能帮助染料溶解，把染料单分子带到纤维表面，增加染料在纤维表面的浓度，而且能减少纤维的表面张力，使运动着的染料分子迅速进入纤维空隙区域，提高了染料分子的扩散率，促使染料与纤维结合，从而完成染色步骤。染色结束后，利用碱洗，使载体完全去除。常用载体有邻苯基苯酚、联苯、水杨酸甲酯等，由于大都具有毒性，对人体有害，目前已很少应用，故这里只做一般介绍。

（2）高温高压染色法。高温高压染色法是在高温有压力的湿热状态下进行。染料在100℃以内上染速率很慢，即使在沸腾的染浴中染色，上染速率和上染百分率也不高，所以必须加压在 2.02×10^5Pa（2atm）以下，染浴温度可提高到120～130℃，由于温度提高，纤维分子的链段剧烈运动，产生的瞬时孔隙也越多和越大，此时染料分子的扩散也增快，增加了染料向纤维内部的扩散速率，使染色速率加快，直至染料被吸尽而完成染色。

分散染料的高温高压染色方法是一种重要的方法，适合耐升华牢度低和分子量较小的低温型染料品种。用这类染料染色匀染性好，色泽浓艳，手感良好，织物透芯程度高，适合于小批量、多品种生产，常用于涤棉混纺织物的染色。

分散染料的高温高压染色可在高温高压卷染机和喷射、溢流染色机上进行，适宜于染深浓色泽，染色pH一般控制在5～6，常用醋酸和磷酸二氢铵来调节pH。为使染浴保持稳定，染色时尚需加入分散剂和高温匀染剂。溢流染色机染色工艺举例如下。

染色配方：

分散染料	x
高温匀染剂	0.2～1.2g/L
扩散剂O	0.5～1g/L
醋酸（98%）	0.5～1.5g/L

还原清洗：

烧碱（30%）	6mL/L
保险粉	2.5g/L
分散剂	0.1～0.5g/L

工艺流程：

坯布缝头──→前处理──→染色──→还原清洗──→热水洗──→水洗──→脱水──→定形

一般可在50～60℃始染，大约1h后逐渐升温至130℃，染色1～2h，然后充分水洗。染深色时进行还原清洗代替皂洗，可保持染色成品色泽鲜艳。

（3）热熔染色法。分散染料染涤/棉织物采用热熔法染色与一般浸轧染色相似，先经浸轧染液后即烘干，随即再进行热熔处理。在200℃高温作用下，沉积在织物上的染料可以单分子形式扩散进入纤维内部，在极短的时间内完成对涤纶的染色。若是涤棉混纺织物，则可通过热熔处理使沾在棉上的染料以气相或接触的方式转移到涤纶上。热熔染色法是目前涤棉混纺织物染色的主要方法，以连续化轧染生产方式为主，生产效率高，尤其适用于大批量生产。热熔染色法的缺点是设备占地面积大，同时对使用的染料有一定的条件限制，染料的利用率较高温高压法低。

热熔染色工艺举例如下（13tex/13tex，浅蓝色，65/35 涤/棉细纺织物）。

① 染色配方：

分散蓝 2BLN	1.5g/L
润湿剂 JFC	1mL/L
扩散剂	1g/L
3%海藻酸钠浆	5～10g/L

使用时，用醋酸或磷酸二氢铵调节 pH 为 5～6。

② 工艺流程：

轧染（二浸二轧，轧液率65%，室温）⟶预烘（80～120℃）⟶热熔（180～210℃，1～2min）⟶套染棉

在高温热熔染色中要注意防止染料在预烘和焙烘中产生泳移，热熔焙烘阶段是棉上的分散染料向涤纶转移的重要阶段，要根据染料的耐热性能，即染料的升华牢度，选择适当的热熔温度和时间。在实际染色时，染料的转移不可能是完全的，在棉上总残留有一部分染料，造成棉的沾色，可采用还原清洗或皂洗进行染后处理。若在热熔法染色后还要进行棉部分的套染，则可在套染后进行后处理。对涤棉混纺织物进行的棉套染工艺，可参阅前述的棉织物染色工艺，这里不再介绍。

3. 液体分散染料 液体分散染料使用方便，“溶解”时不需要特殊设备，并可用水“溶解”稀释，节省能源和工时，扩散剂的用量比粉体染料少，能改善劳动条件，实现计量自动化，完全适宜于常规染色和印花，尤其是适用批量少、花样多的涤纶和涤棉混纺品的喷墨打印。

最早出现的液体分散染料为浆状，近年来，随着各种分散剂和助剂的开发，膜分离技术的推广和染料提纯技术的提高，砂磨机或高压匀质机等超细粉碎技术的应用，使液体分散染料的应用正逐渐成为一个新的趋势。

液体分散染料的组分中，着色剂为一种或几种分散染料，另有分散剂（扩散剂）和其他助剂或有机溶剂等。制备液体分散染料时，先将分散染料和分散剂以及其他助剂或有机溶剂充分搅拌后，再用球磨机、砂磨机或高压匀质机研磨到一定的细度。液体分散染料一般在0℃或室温、50℃时储存3～6个月不会凝聚、分层和沉淀，且有良好的流动性，所用助剂无毒、环保，不会对人体构成伤害。

早在1977年，上海市染料涂料研究所与上海染料化工五厂和上海第五印染厂合作，研制

成功了一套全色谱的液体分散染料，共14个品种，经上海第二印染厂等多家工厂大样试验后，均取得了令人满意的效果，其中分散染料的提升率均较高，给色量也比粉体染料增加了10%～15%。近年来，我国相关的分散染料生产企业也在研制液体分散染料。据相关中国专利介绍，将染料生产时压滤所得的滤饼溶解于有机溶剂中，同时将分散剂溶解到水中，在搅拌下把这两种溶液混合，得到混合液，加热蒸去有机溶剂后，可得到液体分散染料。滤饼通过有机溶剂溶解，可使染料分子充分分散到溶剂中，该溶液与分散剂的水溶液混合，得到了颗粒为10～100nm的液体分散染料，该产品可提高染料的吸尽性和拼混分散染料高色泽效果。目前，市场上主要有下面几种类型的液体分散染料。

（1）水基油墨型液体分散染料。水基油墨型液体分散染料是将一种或多种分散染料与分散剂（共聚物或嵌段聚合物）混合进行搅拌，再通过砂磨机磨到粒径为0.1～1.0μm的染料。必要时可加入增稠剂、表面活性剂、润湿剂、防磨剂以及水调节到所需要的浓度，在25℃时，其黏度为5～20mPa·s。为了除去其中颗粒较大的粒子，可用1μm的微筛予以过滤。使用时，可将这种染料通过喷墨打印头喷打到纺织纤维材料上。

（2）偶氮蒽醌型液体分散染料。这种液体分散染料中含有一种分散剂和分散性助剂，在“溶解”时有高的分散性和良好的稳定性，当灌装或混合时，能使在空气中的污染达到最小。而且当其“溶”于液体中后不会产生沉降现象。其中的分散剂是木质磺酸盐，分散助剂可用表面活性剂如聚乙二醇环氧化物。

（3）含有无机化合物或硅酸盐的液体分散染料。这是一种染疏水合成纤维材料或与纤维素纤维材料或羊毛混纺用的液体分散染料，其中含有0.1%～10%粉状高分散的无机氧化物或硅酸盐，在加入了其他助剂如湿润剂、防泡剂、防冻剂、杀菌剂等后，通过研磨使混合组分中90%的分散染料颗粒粒径 $<5\mu m$，尤其是更多的染料颗粒粒径 $<1\mu m$ 时，可用于染色和印花。

一般制备较低浓度的液体分散染料较容易，但要制备高浓度的液体分散染料是有相当难度的，如果在液体分散染料组分中加入粉状的高分散性无机氧化物或硅酸盐，则使制备高浓度液体分散染料成为了可能。

六、阳离子染料染色

腈纶是由丙烯腈与其他单体成分共聚而成的合成纤维。其组成以丙烯腈为主，加入第二单体如丙烯酸酯，以改善纤维的力学性能，提高它的柔韧性和手感；引入第三单体如衣康酸或丙烯磺酸，以增加纤维上吸附染料的位置，改善染色性能。引入的酸性基团越多，纤维结合染料的位置就越多，则该纤维的染色饱和值越大，得色也越深。

腈纶采用阳离子染料在较高温度下进行染色，可得到深浓鲜艳的色泽，但当染色温度过高并有碱存在时，易使纤维泛黄，染色色泽改变。因此，腈纶的染色一般在弱酸性条件下进行，同时应尽量避免过高温度染色。

1. 阳离子染料结构与性能 阳离子染料是为了适应腈纶的染色，在碱性染料的基础上经改进而发展起来的新型染料。这类染料在水溶液中能离解成带正电荷的色素阳离子，故称为阳离子染料。根据阳离子染料结构中所带阳离子基团的结构特征，可将染料分为共轭型与隔离型两大类。一般的碱性染料与阳离子染料都属于共轭型。由于染料中的共轭体系是染料的发色部分，而阳离子基团则是染料结构中反应活性较大的敏感位置，因此这类染料的耐光和热稳定性较差，但其色泽鲜艳，得色量高，匀染性较好。另一类阳离子染料结构中的阳离子基团是与染料母体之间的发色体系相互隔开的，故称之为隔离型阳离子染料。由于反应活性较高的阳离子基团不参与染料母体的共轭，使染料的发色体系能在光、热作用下保持稳定，因此这类染料比较耐热，耐日晒牢度较高，但由于电荷集中，与纤维的结合力较强，故不易获得匀染效果。

阳离子染料对染浴的pH比较敏感，在弱酸性介质中比较稳定，溶解度较好。但若溶液的pH过高，尤其是在碱性条件下，染料容易发生色光变化，甚至分解、沉淀；若pH过低，也会引起染料色光的改变或分解。因此，阳离子染料染色时，pH一般控制在4～5。此外，阳离子染料在溶液中易与阴离子型助剂和染料结合生成沉淀或产生焦状物质，故原则上应避免与阴离子型化合物同浴，但也可利用这一性质，选用适当的阴离子助剂进行缓染或制备分散型阳离子染料。加入中性电解质，也可对阳离子染料的染色产生缓染作用，获得匀染效果。

2. 阳离子染料染色原理 阳离子染料上染腈纶是阳离子染料的有色阳离子与纤维上带负电荷的基团成盐结合的过程，即：

$$\text{纤维—COOH} + \text{Cl—染料} \longrightarrow \text{纤维—COO—染料} + \text{HCl}$$

这一结合过程属于定位吸附过程，阳离子染料对腈纶的染色可包括下面三个过程。

（1）吸附。腈纶在水中由于酸性基团的离解而使纤维带负电荷，容易吸附染料阳离子，使纤维表面的负电被中和，随着染料离子向纤维内部不断扩散，纤维表面带电增加，纤维再度吸附染料。

（2）扩散。染料向纤维内的扩散是一个复杂过程。由于染料阳离子与纤维上的负电基团产生较强库仑引力，使得染料分子的扩散变得比较困难，常需借助温度的增高来进行。因此，在用阳离子染料染腈纶时，必须严格控制温度，以利于染色匀透。

（3）固着。染料固着是染料阳离子与纤维上阴离子基团成盐的过程，它基本是不可逆的。

由上述三个过程可见，要使阳离子染料顺利而匀透地上染腈纶，必须设法控制染料对纤维的吸附速率，继而设法强化染料在纤维内部的扩散速率并尽量减小染料在纤维内扩散的阻力。为此，必须注意以下几个因素：

① 温度：腈纶染色过程中，温度一方面可赋予染料扩散所需要的能量，另一方面可使纤

维膨化，减小染料在纤维内的扩散阻力。当温度低于腈纶的玻璃化温度时，染料对纤维的吸附速率较慢；当温度升至85℃以上时，染料对纤维的吸附速率加快，上染速率急剧增加，极易造成染色不匀。为此，必须严格控制升温速率，以限制染料的吸附速率，应在保证均匀吸附的基础上有控制地提高染料的扩散速率，从而有利于染色的匀透。

② pH：控制染色 pH 的高低与染色深度有关。当 pH 较低时，可抑制纤维上酸性基团和染料阳离子的离解，有利于减慢上染速率，可染浅色，同时还有利于匀染。反之，若 pH 增高，有利于染料与纤维的离解，使染料对纤维的吸附加快，易染色不匀。在实际染色中，可根据所用纤维所含酸性基团的数量和强弱来选择适当 pH，并可用缓冲剂来调节和稳定染液 pH。

③ 电解质：电解质在阳离子染料上染腈纶中可产生缓染作用，因为电解质中的金属阳离子结构较小，在染色过程中能优先于染料阳离子抢占腈纶上带负电的染色位置，然后再转让给染料阳离子，由此延缓了染料上染纤维速率而产生匀染效果。另一类常用的阳离子缓染剂，其作用机理亦是如此。若加入阴离子型的表面活性剂，由于它能与染料阳离子结合生成不稳定的复合物，使染浴中染料阳离子的有效浓度降低，从而产生匀染效果。当温度升高时，这种不稳定的复合物重新分解放出染料阳离子再上染纤维，使染色完成。这类助剂在使用时易过多地降低染料的利用率，故常与非离子型表面活性剂混合使用。实际生产中，应恰当选择各类缓染剂的用量，以获得较好的染色成品，要注意在拼混染色中，应选择配伍值（K）相近的染料拼色，才能获得均匀的染色效果。

3. 阳离子染料染色工艺及方法　腈纶根据散纤维、丝束、纱线、毛条等不同形式可在相应的设备上染色。织物可在绳状染色机、卷染机或轧染机上进行染色。

纯腈纶织物都采用浸轧或卷染方式染色。染色时始染温度宜在玻璃化温度以下，以70℃左右为宜。然后缓缓升温至沸，染色约1h。染浅色时，起染温度要低，升温时间可长些，染深色时，起染温度可高些，升温时间可短些。染浅色约30min，染中色、深色为60~90min。

染浴可由染料、醋酸、醋酸钠、缓染剂、无水硫酸钠等组成，各助剂的用量可根据染色的深浅而有所不同。染色时先将染料用使用量一半的醋酸调匀，加水调成浆状后加沸水使染料溶解，然后将其他助剂及剩余醋酸加到染浴中，再将溶解好的染料滤入染浴内，搅匀后即可染色。染色后进行降温，其降温速率要缓慢，过快会影响手感。染色后即可进行水洗，有的也可进行柔软处理，以增进手感。

染色时间对染料的扩散及是否上染充分有很大的关系，时间短，易造成环染，影响染色牢度，可根据所染色泽来确定染色时间。

除浸染和卷染外，涤腈混纺织物多采用轧染，其工艺包括汽蒸法和热熔法两种。

（1）浸染。染色配方（纯腈纶织物浸染艳红色）：

阳离子嫩黄7GL（500%）	0.12%
阳离子艳红5GN（250%）	2.40%

醋酸（98%）	2.50%
醋酸钠	1.0%
无水硫酸钠	8.0%
匀染剂 TAN	0.5%
染色浴比	1:40

75℃始染，以1℃/min升温至85℃，保温染色15min，然后以1℃/2min升温至95℃，保温染色20min，再以1℃/4min升温至100℃，沸染45～60min，最后在20～30min内缓慢降至50℃出机。上述染色方法也称为控制升温法，是浸染染色中最常用的染色方法，适用于常压不连续浸轧机、绞纱染色机、液流染色机、平幅无张力卷染机等染色设备。

浸染染色中，还有一种恒温染色法。恒温染色法是在腈纶的玻璃化温度以上、沸点以下的温度范围内选择一个适当的温度，作为固定的恒温染色温度。在此恒温下，用45～90min基本完成染料的上染，接着在沸点做短时间处理，使染料完全固着，达到最高的染色牢度。采用此法染色的关键是要选择一个合理的恒温上染温度，在这一温度下，腈纶投入染浴染色时并无突然上染的现象，但在整个恒温过程中染料是在不断地上染。当恒温阶段结束时，纤维的上染率最好能达到80%以上，这样就可快速升温到沸点以使染料固着。采用恒温染色法不易染花，得色均匀，容易操作，而且染色时间短，故在实际生产中应用较多。

（2）卷染。卷染染液的组成与浸染相似，除含有染料外，还含有醋酸、醋酸钠、元明粉、阳离子缓染剂等。染料的溶解法和染液配制与浸染亦类同。60℃开始染色，染色4道后升温至98～100℃，沸染80～90min，再热水洗、皂洗、热水洗、温水洗。所用设备应以能自动调节张力的等速卷染机为好，使织物在染色过程中所受张力尽可能小，否则会影响织物手感。

（3）轧染。轧染染色主要用于腈纶丝束、毛条及腈纶混纺织物。腈纶织物受热容易变形，所以很少采用轧染。轧染工艺有汽蒸和热熔法，本节主要介绍涤腈混纺织物的热熔染色。

热熔法轧染涤腈混纺织物一般是将分散染料和阳离子染料同浴，即一浴法轧染。由于商品分散染料中含有大量的阴离子型分散剂，能和阳离子染料结合，使染浴不稳定，因此一般是将阳离子染料先制成分散型阳离子染料，使分散型阳离子染料和分散染料同时分散在水中。

分散型阳离子染料热熔染色工艺与分散染料的热熔染色相似，工艺流程是：

浸轧──→烘干──→热熔──→后处理

热熔条件是：190～200℃，1～2min。轧染液内含有分散型阳离子染料、醋酸、促染剂、释酸剂、非离子表面活性剂及少量糊料等。加入醋酸是用来调节染液的pH至4～5。由于醋酸易挥发，为使染色过程中pH比较稳定，一般必须加入硫氰酸铵7～9g/L作为释酸剂。采用尿素和碳酸乙烯酯作为促染剂，可使纤维膨化，有利于染料向纤维内扩散。非离子表面活性剂可提高染液的稳定性和渗透性。少量糊料可防止染料泳移。若在热熔后再进行短时间汽蒸，可进一步提高阳离子染料的固色率。

第四节 涂料染色

一、涂料染色的特点

涂料染色是将涂料制成分散液，通过浸轧使织物均匀带液，然后经高温处理，借助于黏合剂的作用，在织物上形成一层透明而坚韧的树脂薄膜，从而将涂料机械地固着于纤维上，涂料本身对纤维没有亲和力。

涂料作为一种颜料，长期以来在印花上被广泛使用，近年来，由于印染助剂（如黏合剂）性能的不断提高，扩展了涂料的应用范围，使涂料染色工艺得到了迅速发展。该染色工艺具有以下特点：

（1）品种适应性较强，适用于棉、麻、黏胶纤维、丝、毛、涤纶、锦纶等各种纤维制品的染色。

（2）工艺流程短，操作简便，能耗低，有利于降低生产成本。

（3）配色直观，仿色容易。

（4）污水排放量小，能满足“绿色”生产要求。

（5）涂料色相稳定，遮盖力强，不易产生染色疵病。

（6）涂料色谱齐全，湿处理牢度较好，还能生产一般染料染色工艺无法生产的特种色泽，对提高产品附加值较为有利。

涂料染色也有不足之处，如机械固着决定了它的耐摩擦牢度，尤其是耐搓洗牢度不高，染后织物手感发硬等。尽管近年来新型黏合剂不断涌现，牢度和手感得到了一定的改善，但它还不能完全替代传统的染料染色。目前涂料染色常用于棉、涤棉混纺等织物的中、浅色产品染色。

二、染色用涂料及黏合剂

涂料为非水溶性色素，商品涂料一般以浆状形式供应。其组成有颜料、润湿剂（如甘油等）、扩散剂（如平平加 O 等）、保护胶体（如乳化剂 EL 等）及少量水。颜料包括无机颜料和有机颜料两大类，无机颜料主要提供一些特殊的色泽，如钛白粉、炭黑、铜粉（仿金）、铝粉（仿银）等。有机颜料提供一系列的色彩。涂料除了在色泽、耐化学药剂稳定性、耐热、耐光等性能方面要求与染料相似外，对颗粒细度要求尤其高，一般为 0.2 ~ 0.5μm，以保证涂料色浆的稳定性和染色制品的耐摩擦牢度。

涂料染色用黏合剂是在涂料印花用黏合剂的基础上发展起来的。涂料染色质量的优劣，关键在于黏合剂的选用。涂料染色用黏合剂与印花用黏合剂的要求相同，如良好的成膜性和稳定性、适宜的黏着力、较高的耐化学药剂稳定性、皮膜无色透明、富有弹性和韧性、不宜老化和泛黄等。对牢度和手感要求更高，并且不易粘轧辊等。根据对涂料印花产品质量的分析（包括牢度、手感、色泽鲜艳度、稳定性等），一般认为聚丙烯酸酯类黏合剂较适用于涂料染色，且大多数采用乳液聚合的方法。因为它具有皮膜透明度高、柔韧性好、耐磨性好、不易老化等优点。常用的品种有黏合剂 LPD、BPD、GH、FWT、NF－1 等。也有少量聚氨酯类黏合剂，它黏着力强，皮膜弹性好，手感柔软，耐低温和耐磨性优异，但易泛黄，如 Y 505 等。

在涂料染色时，施加交联剂对提高涂料染色的染色牢度有很大帮助，对耐洗牢度帮助更大。交联剂使用量一般为 2～8g/L，常用的交联剂有交联剂 EH 等。

三、涂料染色方法及工艺

涂料染色主要用于轧染。

1. 工艺流程

浸轧染液（一浸一轧，室温）⟶预烘（红外线或热风）⟶焙烘（120～160℃，2～5min）⟶后处理

浸轧时温度不宜过高，一般为室温，以防止黏合剂过早反应，造成严重的粘辊现象而使染色不能正常进行。预烘应采用无接触式烘干，如红外线或热风烘燥，不宜采用烘筒烘燥。如果浸轧后立即采用烘筒在 100℃下烘干，会造成涂料颗粒泳移，产生条花和不匀，并且易粘烘筒。焙烘温度应根据黏合剂性能及纤维材料的性能确定，成膜温度低或反应性强的黏合剂，焙烘温度可以低一些。反之，成膜温度高或反应性弱的黏合剂，焙烘温度必须高些，否则将影响染色牢度。纤维素纤维制品和蛋白质纤维制品涂料染色时，焙烘温度不宜太高，否则织物易泛黄，并对织物造成不同程度的损伤。

一般情况下若无特殊要求，织物经浸轧、烘干、焙烘后，便完成了染色的全部过程。但有时为了去除残留在织物上的杂质，改善手感，可用洗涤剂进行适当的皂洗后处理。

2. 工艺配方

	浅色	中色
涂料色浆	5～10g/L	10～30g/L
黏合剂	10g/L	20g/L
防泳移剂	10g/L	20g/L

3. 工艺实例 染色织物为 19.5tex/14.5tex，395 根/10cm×236 根/10cm，蓝绿色纯棉府绸。

工艺配方：

涂料藏青 8304	3.6g/L
涂料绿 8601	7.3g/L
涂料元 8501	0.95g/L
黏合剂 NF－1	20g/L
柔软剂 CGF	1g/L

工艺流程：

浸轧染液（多浸一轧，轧液率65%～70%，室温）——→红外线预烘——→热风烘燥——→焙烘（155℃，3min）——→水洗

四、以超细粒径为主体的染色浆应用技术

为了改善涂料染色手感较差和有些黏合剂可能含有微量游离甲醛或有害的游离单体等缺点，市场上已研究开发出了超细粒径涂料，用它染色的纺织品手感、透气性和牢度均较好。

超细粒径涂料染色浆是不同于传统的涂料染色和涂料印花工艺的材料，用于纺织品染色和印花时，其效果接近于染料染色和染料印花风格。超细粒径涂料染色浆主要由专用于染色浆的着色剂、黏合剂、交联剂、增稠剂和其他功能性助剂组成。

1. 染色浆　染色浆是针对原有涂料染色产品手感欠佳而专门开发的，其中含有一类具备特殊性能要求的着色剂。其生产过程借鉴了颜料生产工艺，使用一类经过筛选的特殊偶氮类中间体和各种色酚，通过改变重氮化和偶合工艺条件，再通过乳化、分散、研磨、过滤等工艺生产出的专用于染色或印花的超细粉体着色剂经复配，即成为新型涂料着色剂，即染色浆。这种染色浆所含着色剂具有稳定的纳米级粒径和合理的粒径分布，再借助特殊结构的高分子化合物使着色剂在乳化剂、分散剂和柔软剂的配合下，能够被赋予特殊的分散性、渗透性和优良的化学品配伍性能，既保留了传统染料和颜料的优点，又可以极大地提高给色量、鲜艳度、色牢度和耐日晒牢度。

2. 无甲醛环保型黏合剂　超细粒径涂料染色浆用黏合剂是一种无甲醛环保型的黏合剂，这种黏合剂是一种基于核壳乳液聚合、超微乳和有机硅嵌段改性技术的高分子聚合物。其生产过程是首先采用核壳乳液聚合技术制备部分微乳液，这种微乳液是通过混合大部分丙烯酸酯硬单体、少量软单体和其他功能性单体，在复合反应型乳化剂形成的超微乳状态下进行乳液聚合；然后在核部分微胶粒的基础上进一步包裹一层作为壳的微乳胶粒，而这种微乳胶粒是采用非甲醛型自交联单体和适宜的丙烯酸硬单体及部分软单体、有机硅单体经复合反应后乳化而成的。

这种水性乳液聚合技术生产的染色浆专用黏合剂不同于传统的涂料印花黏合剂，其具有较低的玻璃化温度和较强的内聚力以及较高的固含量和低黏度，而且复合反应型乳化剂直接参与了聚合反应，没有乳化剂残留，提高了产品应用时的耐水性能；形成的皮膜既有柔软的手感也有较强的韧性，拉伸强度和延伸度可满足不同终端品种和织物类型的染色和印花要求。

第五节　植物染料染色

植物染料是从植物的根、叶、树干或果实中取得的。据估计，至少有1000～5000种植物可提取色素，如菖草、紫草、苏木、靛蓝、红花、石榴、冬青、杨梅、柿子、黄栀子、桑、

茶等。植物染料主要用于食品和化妆品着色，我国在近几年也开发了数十种不同来源的植物色素。纺织品染色早在几千年前就已用植物色素，至今少数民族地区的蜡染、扎染也还应用天然的植物色素。

一、植物染料的分类及应用

植物染料的分类有多种方法，按化学组成一般可分为：叶绿素类、类胡萝卜素类、姜黄素类、靛蓝类、蒽醌类、萘醌类、类黄卤酮类等七大类。

天然植物染料色谱较齐全，但颜色不够鲜艳明亮，不少品种的水洗和气候牢度不够理想，其浓度与色相也不稳定。较理想的植物染料有姜黄、栀子黄、红花素、槲皮苷、茜草色素、靛蓝、栀子蓝、叶绿素、辣椒红和苏木黑等。

用于丝绸、羊毛等蛋白质纤维染色的植物染料较多，色谱较齐全。而用于纤维素纤维染色的种类不太多，色谱也不齐全，主要染料有靛蓝、栀子蓝、叶绿素、辣椒红、苏木黑、可可色、栀子黄、姜黄和茶叶等。用于合成纤维染色的植物染料种类更少，色谱不齐，着色率较差，虫胶、姜黄和洋葱染料可以对涤纶染色，在弱酸条件下用高温高压（先媒后染）法染色，得色量较好。

二、植物染料的染色

1. 染色方法及工艺流程 植物染料分子结构各不相同，染色方法也不同，对于蛋白质纤维和纤维素纤维，染色方法有无媒染染色（栀子黄、栀子蓝）、先染后媒染法染色和先媒后染法染色。对合成纤维有常压染色和高温高压染色。

一般染色工艺流程是：

染液制备（植物与水混合煮沸1h左右，提取染液）⟶染色（染液加热，浸入织物15～30min）⟶媒染（染色织物浸入媒染浴中30～40min）⟶水洗⟶干燥

如直接染料可进行多次染色，先媒染后染色的织物上染率较高，先染色后媒染的织物匀染性较好。

2. 染色实例

（1）红色类染料。大多数红色色素隐藏在植物的根、皮中，容易提取。胭脂红是最漂亮的天然红色色素；茜草能染色是非洲人首先发现的，他们发现茜草不仅好吃，它的根还会把嘴唇染成红色，因此茜草成为最早的化妆品之一。

用茜草染色时，将茜草根加入到30℃温水中，然后放入已预先媒染的毛织物，染液温度缓慢升至100℃，染色1～1.5h后，温度马上降至90℃染色0.5h，定期搅动，当得到所需的颜色后，将织物在染液中冷却，然后在温水、冷水中漂洗，最后脱水、晾干。茜草素在纤维上和媒染剂络合，形成不溶性的金属络合染料。用于棉织物染色时，可得鲜艳的红色。

用黄檗树皮的提取液也可染成粉红色，染色时，将黄檗树皮在水中煮沸60min，提取液

冲稀后进行染色，染色后水洗可得粉红色。

用红花也可以染色。将散花在水中浸泡数日，绞出黄水，将草木灰汁于30℃揉入散花中，装入麻袋，绞出提取液，反复4次，收集提取液加入米醋调至pH为7.5左右。将所得溶液冲稀后加入棉织物，于40～50℃染色40min，并慢慢不时加入米醋，染色结束时，pH在6.5左右。

红色植物染料还有许多，如红甜菜中的甜菜红素，指甲花中的指甲红花色素等。

（2）黄色类染料。天然植物中可产生黄色色素的植物数量比其他颜色的色素要多得多。姜黄是天然色素中最鲜艳的一种，它是从姜黄的新根或干根中提取的；黄木犀草是欧洲最主要的天然黄色染料；劳松黄是从一种生长在印度和埃及的植物散沫花中提取的。

用姜黄染色时，将干燥的根在水中煮45min，色素就开始析出，将提取液过滤，就可用于染色。染色时可采用先媒后染法，在50～60℃预媒染30min，媒染后织物冷却、挤干后直接放入染液，沸染45min，然后水洗、皂洗、干燥。

用栀子黄染色时，将栀子果加水沸煮60min，提取2次。提取液在40～45℃加醋酸（10%）调节pH至5左右，棉织物染10min后水洗，可得灰黄色。

用荩草染色时，将荩草加水煮沸60min，提取3次。其溶液用醋酸调节pH至6左右，棉织物于40℃染色30min，然后水洗，加明矾、硫酸钠后再将pH调节至5.6左右，处理15min后水洗，加碳酸钠中和，水洗，可染得黄棕色。如果用氯化亚锡媒染则得到红棕色；用硫酸铜媒染则得到绿棕色；用重铬酸钾媒染得黄棕色；用甲酸铁媒染则得灰棕色。

（3）蓝色类染料。从古至今，靛蓝一直是最主要和最常用的一种蓝色天然染料，它是从一种靛类植物中提取的。

从靛类植物中提取靛蓝的过程很简单，在发酵过程中使靛蓝还原，在碱性溶液中形成的靛蓝隐色体，对纤维有较好的亲和力，上染纤维后被空气氧化，重新变成不溶性的染料固着在纤维中，能在棉织物上获得坚牢的蓝色。

菘蓝是另一种属靛类结构的蓝色染料，主要从绿叶中提取，染色与靛蓝相同。

（4）黑色类染料（香云纱染色技术）。香云纱又名薯莨绸、荔枝绸、黑胶绸等，是我国广东省特有的一种传统丝绸面料。它风格古拙沉静、绸面黑亮，穿着凉爽舒适，素有丝绸产品中“黑色明珠”的美誉。香云纱染整工艺的原料是薯莨块和无污染的河泥，生产所用的主要能源是非常清洁的阳光，在整个生产过程中完全不使用合成染料和化学助剂，也没有环境污染物的排放，甚至制备莨水时产生的渣滓也可作为生产热水及工人生活所需的燃料使用，整个生产过程是“零排放”。

香云纱生产主要以野生植物薯莨的块状根茎为染料，将坯绸进行反复的浸染和曝晒，然后在绸面上涂覆特定的泥浆，待绸面变色后即完成加工。经过这种工艺处理，香云纱不仅完成了上色的加工，而且其绸面在反复的浸染和曝晒过程中，逐渐形成了一层天然涂层，正是这层涂层赋予香云纱与众不同的质感和凉爽宜人的穿着特性。此外，香云纱的得名也与涂层的存在有关，因其质感挺爽，制成的服装在穿着时容易发出“沙沙”的响声，故先得“响云纱”之名，后才谐音美称为“香云纱”。

① 薯莨块茎。薯莨又名血母、山猪薯、红孩儿、茹榔、金花果等，是多年生薯蓣科薯蓣属野生植物，属于中型常绿木质缠绕藤本植物，生长于浙江、江西、湖南、广东、广西、云南、贵州、四川等地。薯莨的适应性很强，山坡、林中、林缘、河谷都可生长，尤其适合在向阳山坡的疏林灌木丛中生长。薯莨块茎形状不规则，多为圆形或长圆形，外皮深褐色，有疣状突起，有须根或点状须根痕。新鲜的块茎内部为暗红色或红黄色，断面有网状花纹，质地紧实，木质干燥后为黑褐色。

薯莨块茎的主要成分是淀粉、纤维素和单宁，其中起关键作用的物质是单宁。单宁是植物多酚及其衍生物组成的混合物，分为水解单宁和缩合单宁两类。薯莨单宁属于缩合单宁，其含量因产地而异，大约在16% ~31%。薯莨块茎的主要应用是入药和染色，薯莨块茎味苦涩，具有止血、消炎、收敛止痛的药理作用，主要用于治疗外伤出血、胃炎、筋骨痛、痢疾等。近年来还作为提取抗氧剂的原料。

由于缩合单宁在酸、氧化作用或日晒后会变为红褐色，因此，薯莨茎经粉碎后可用水浸渍，取上清液即为染液（俗称“莨水”），然后用莨水染布料即可。薯莨染色古已有之，广东化州地区的山民用手工织机织造土绸，然后用薯莨染色，作为夏衣用料。薯莨染色的衣物防污、耐磨，凉爽宜人，而且表现出明显的拒水性，具有易洗快干的特点，因此，尤为适宜在高温高湿的环境中穿着。

② 河泥。香云纱生产所用的泥浆为河泥、塘泥，一般用河泥。河泥是形成香云纱黑色的关键因素，其选料有着严格的地域要求，必须采用珠江三角洲地区的顺德、佛山、南海等到地无污染且不近海的河流中的泥浆，否则成品就不能显现出那种独特的油润的黑色，这也是香云纱仅产于珠江三角洲地区的主要原因之一。

③ 生产工艺流程。几百年来，香云纱生产一直沿袭古老而独特的工艺。那是一个冗长繁复的过程，由于浸染和曝晒需反复数十次，故整个生产过程需要至少1周。其工艺流程可示意如下：

晒坯⟶晒莨（包括浸染和曝晒，且需反复数十次）⟶过泥⟶洗泥⟶晒干⟶整理（包括摊雾和搓软）⟶包装⟶出厂

其中，“晒莨”和“过泥”是香云纱生产工艺中最主要的两道工序。

a. 晒莨。包括浸染和曝晒两个工序，且需反复数十次，可制得表面具有棕色涂层、釉感强的半成品。因晒莨是单面曝晒，故半成品正反面的颜色不同。经受阳光曝晒的正面色泽较为鲜润、光亮，一般为棕红色系；而背面颜色较浅、暗哑，一般为棕褐色或棕黄色系。

b. 过泥。晒莨品需经过过泥（即涂覆河泥）工序才能完成染色。晒莨品正面过泥并静止大约1h后，其涂层由棕色变为黑色，而背面保持为棕色。由于过泥会使绸面涂层由棕色变为黑色，故民间又将过泥工序形象地称为“过乌”，将香云纱称为“黑胶绸”。将泥洗去并将布

晒干即得面黑背棕的香云纱成品。

c. 整理。包括摊雾和搓软两个工序，摊雾的作用是回潮，即在天色微明、太阳未升、露水未干的时候将成品平摊在草地上，使布料吸收水分，布身回软。摊雾后即可将布放在工作台上，用手揉搓，使其手感柔化，此为搓软。与现代后整理的机械增柔原理相似，搓软的原理是通过揉搓作用，使香云纱内部被涂层黏结的丝线部分松解，从而使香云纱成品的硬挺度降低，穿着舒适性增强。现代香云纱企业已经略去这两道工序，而以现代的砂洗技术代之，同样可达到手感增柔的目的，而且生产效率显著提高。

由于浸染、曝晒的反复性，使得绸面的棕红色涂层具有丰富的层次；而过泥为一次性操作，且时间较短，所以河泥中关键物质与薯莨单宁发生的变色反应是不充分的，因此，香云纱正面的黑色不是纯黑色，而是黑中隐约带有红色、棕色的复合色。这种颜色与荔枝核的颜色极为相似，所以香云纱还被称为“荔枝绸”。在香云纱生产中，也可只进行“晒莨”，而不进行“过泥”加工，这样，产品绸面的涂层保持晒莨后的棕红色，而不是黑色，产品相应为“红莨绸”或“红莨纱”。

（5）其他颜色的染料。洋葱色素可与媒染剂一起染毛和丝绸，得到从黄绿到铜红系列色泽；苏木黑是比较常见的黑色植物染料，至今仍用于蚕丝、锦纶、羊毛等纺织品的染色，也用于棉织物的印花；儿茶棕色素主要用来染棉和使丝绸增重；从苏格兰高地一种植物中提取的色素，可得漂亮的苹果绿色，用铝盐媒染可染毛织物；橙色除了胡萝卜素外，还可从大丽花属植物的花中得到。

三、植物染料染色存在的问题

天然植物染料一般无毒、无害，对皮肤无过敏性和致癌性，具有较好的生物可降解性和环境相容性，而且资源丰富，一些天然的植物染料来自药用植物，它本身也有一定的保健功效。但是用天然植物染料染色也存在不少问题，主要有以下三点：

（1）天然植物染料含量低，提取时需消耗的植物数量大，不利于环境保护，提取后的植物三废治理也是一个问题，而且成本也高。

（2）天然植物染料除少数外，大多数的染色牢度较差，即使使用媒染剂牢度仍然不理想。而且不少天然植物染料在洗涤和使用过程中会变色泛旧或色光变灰。特别是拼色时，由于不同植物染料的牢度差异较大，变色更为明显。不少植物染料具有多个羟基等配位基，可和金属离子络合，形成螯合物。虽然一些金属离子可作媒染剂，提高天然色素的耐水洗牢度，但是不少金属离子络合后牢度并不理想。

（3）植物染料染色大多数都要应用媒染剂来提高色牢度和固色率，许多媒染剂是有害的，会造成较严重的污染。

应该指出，并不是来自天然植物的染料都是无毒的，目前对它们的毒性系统研究不多，因此有必要对它们的毒性进行评定。

第六节　纱线染色

一、纱线染色特点

在纺织品的生产过程中，染色在哪个阶段进行，受若干因素的影响。从经济角度来看，染色在织造生产工序的前道进行，其成本是最低的。在织造前进行纱线染色，某些色花等疵病可以在后续织造工序中得到改善。如选用较好的染料，纱线染色一般能获得良好的牢度和匀染效果，可与本色纱线按不同设计要求织造，从而获得较高经济价值，并可缩短交货周期，产品的重现性也较高。

纱线染色视频

通常认为，色纱织制的织物比染色织物更具有蓬松和丰满的手感，这可能是因为当绞纱悬于染色机的纱杆上时，可以自由地充分松弛而不受任何限制，不仅可以让纱线完全蓬松化，而且还可以让纱线自由退捻达到捻度均衡，从而消除纺纱时的张力。

除绞纱染色外，纱线染色的另一种形式是筒子纱染色，从技术上讲，过去认为只有采用绞纱染色法进行染色才能生产出满意的产品，但这种传统看法随着筒子纱染色法的出现发生了改变。

一般说，纱线染色比织物染色成本要高。但由于它具有交货快的优点，因而更容易适应流行色的变化，同时适应小批量、多品种的需要。此外，纱线染色机械较为简单，从而在维修保养方面较为经济。

二、还原染料纱线染色

还原染料是当前色织物纯棉纱线染色的一类主要染料。染色后的纱线不仅色泽鲜艳，而且牢度十分优良，大多数耐日晒牢度均在6级以上，部分品种高达8级。因此凡需要整理如煮练、漂白、丝光和热定形的色织布，都可用还原染料染色。还原染料的品种很多，按其化学结构可分为靛类和蒽醌类，纱线染色所用的还原染料，多以蒽醌类为主。

1. 染色基本方法　蒽醌类还原染料的隐色体钠盐易被棉纱所吸附，上染速率快，因此匀染性较差，染浴所需烧碱、保险粉量也较高。在纱线染色过程中，1g蒽醌类还原染料在染浴中常需消耗烧碱和保险粉各5～6g，此外染浴中还需加入骨胶、平平加O等缓染剂，以降低染料的上染速率，有利于染液向纤维内部扩散，并提高匀染效果，用量以0.2～0.5g/L为好。在日常染色中染纱时间一般为15～20min，为改进色纱的匀染性和染色牢度，可适当延长染色时间至20～30min。对少量需在较低温度下染色的还原染料，其隐色体钠盐被纱线吸附后，在空气中不易氧化，可选择适当的氧化方法和氧化剂，促进染料隐色体的转化、发色，然后用水洗涤或稀酸液处理，以去除残余碱剂和杂质，最后进行皂洗和水洗，完成纱线染色。由于不同的还原染料具有不同的染色性能，故在纱线染色时，可根据其所需烧碱、保险粉、助剂的用量及染色温度、时间等条件的差别，选择适当的还原方式和染色方法。

2. 染色工艺和操作

（1）手工纱线染色。采用手工纱线染色时，白纱下缸后需连续提纱倒头 7～9 次（约 5min），但间隔要求均匀一致。

（2）往复式染纱机染色。采用往复式染纱机进行纱线染色，下缸时由两人依次抬纱，机器应处于只摆不转的状态，待白纱全部被染液浸透（相当于往复摆动 3 次的时间）才能使纱杆滚转。有些匀染性要求高的和丝光纱线，还需在白纱下缸时结合手工操作，将纱左右摆动，并使其连续倒顺滚转 4～5min，然后停止运转，但摆动仍需继续进行，以后每隔 1min 换向、倒头一次。染色 10min 后，每 2～3min 再换向、倒头一次，倒头时必须使露出液面约 1/3 的色纱重新被浸没于染液内，以防止早期氧化而产生深浅段头色花。

（3）高温高压染纱机染色。筒子纱染色可按正反方向由循环泵推动染液，每隔规定时间变换流向一次，先由中心向四周喷液（即正循环），时间为 0.5～1.5min，再由四周向中心喷液（即反循环），时间为 4.5～3.5min。若是绞纱染色，则可始终采用正向循环液流染色，不适宜于反向循环，染液如由周围向中心循环时，势必造成绞纱上层密度越来越小，而下层密度则越来越大，形成液流短路，从而出现纱芯染色不透，造成白芯、白斑和浅斑等疵病。表 2－8 为还原染料纱线染色工艺举例。

表 2－8　还原染料纱线染色工艺配方及条件

染色方法		乙　法
染料名称		桃红 R
染料用量（g）		25
干缸还原	润湿剂	太古油
	水量（L）	2
	30% 烧碱（L）	0.1
	保险粉（g）	50
	温度（℃）	80～90
	时间（min）	10
染色	30% 烧碱（L）	0.8
	保险粉（g）	170
	无水元明粉（kg）	1～2
	牛胶	适量
	温度（℃）	45～50
	浴比	1:40
氧化	透风时间（min）	30 以上
酸洗	98% 硫酸（L）	0.2～0.4
皂煮	纯碱（kg）	0.2
	工业皂（kg）	0.6
	浴比	1:40
	温度（℃）	95～100
	时间（min）	10～15

在进行纱线染色前，应先对白纱质量进行检验，要求白纱外观洁净无斑渍，呈中性，堆放时间不得超过 8h，并用湿布盖好。在纱线装机时，应根据不同染纱设备按要求装填，防止因纱线装填不当所产生的染色疵病。

三、硫化染料纱线染色

色织棉布深色品种如劳动布、元贡等所用的色纱，大都采用硫化染料染色。硫化染料价格便宜，染色后的色泽丰满，水洗牢度较好，是纱线染色的常用染料之一。

硫化染料因其分子结构中含有较多的硫元素，不溶于水，染色时必须借硫化钠还原溶解。近年来又有水溶性硫化染料和防脆损硫化黑等出现，使硫化染料的应用又有了新的前景。

1. 染色工艺要点 纱线的染前处理是保证纱线染色质量的关键。硫化染料的染色有无光和丝光之分，个别染浅色的纱线还需经过漂白。如果煮练不良，纱线毛效就差，或者丝光碱液浓度高低不一，漂白纱含氯较多等均会直接影响染色质量。因此染前必须对白纱进行认真检查，要求白度均匀，不能有黄斑、黑斑、碱斑、锈斑、污渍以及含氯等。脱水后的白纱必须用湿布遮盖，防止表面风干，对于堆放过久的白纱，染前必须再经一次水洗，否则染后会产生局部白条或浅条色疵。

对于不经碱煮而仅用清水煮练的无光纱，因棉脂、蜡质尚未去尽，堆放时间切忌过长，尤其在高温季节容易变质，染前需重新用60～70℃热纯碱液处理，严重的尚需酸洗，否则染色纱线易出现色泽浅而发白的现象。

由于硫化染料上染缓慢，故适宜采用高温染色，既有利于染料颗粒不断溶化变细，快速向纤维内层渗透和扩散，又可使纤维纱线受热膨化疏松，获得较好的匀染效果。一般硫化染料的染色温度为75～80℃，手工染纱高温不便操作，温度控制在60～70℃。温度过低，会影响染料的上染，得色变浅，并且使残液内染料浓度渐次递升，产生缸与缸之间的色差。但也有部分染料适宜于低温染色，温度过高反而得色较浅，这主要是由于温度升高后使染料对纤维的直接性降低的缘故。一般浅色纱线多采用低温染色，如劳动布的纬线染硫化漂灰等可在室温染色。除此之外，染色温度与棉纱的丝光、无光，染纱机械等都有密切关系，一般无光纱染色温度高，而丝光纱较低。高温高压染纱有密闭装置，染色温度可提高到100℃以上，而往复式染纱机若温度过高，易使纱线上浮，造成乱纱、断纱，故染色温度大都在70～80℃。

当硫化染料染深色时，由于染浴内染料浓度高，氧化速率快，染色后，纱线上未固着的染料和空气接触产生色淀而被吸附在色纱表面，容易造成红条、金铜色等疵病，使染色牢度下降。为获得较好的匀染效果及染色牢度，一般的染色方法是将从染浴中取出的纱线立即再次浸入另一还原液中进行重新还原，逐步降低色纱本身的温度和被吸附的染液浓度，延缓氧化速率，达到色泽均匀、质量稳定，或通过还原液除去一部分色纱表面的浮色，这种工艺常称为闷缸。

用硫化染料染棉纱时，常用隐色体染色法，其中又以黑色和藏青色为最多，上染率一般为25%～30%，因此残留在染浴中的染料较多，故硫化染料染色后的残液通常被连续使用。头缸染料投入量与续缸染料的补充量两者之间的比例，常称为头缸染料的加成数，如果加成数不对，就会影响头缸与续缸的得色深浅。染浅色纱线时，头缸加成数可适当减少，而染深色纱线时应增加。当上染率为25.4%时，头缸染料的加成数约为续缸染料的2.5～4倍。

影响硫化染料染色的因素较多，除染料与硫化碱用量外，纱线的配棉、煮练质量、水的硬度、硫化碱含量等都直接影响纱线的上染率。

2. 染色工艺举例　表2-9为在往复式染纱机上丝光纱染硫化黑色，纱重25kg，浴比1∶40。工艺流程如下：

清水煮练（100℃，3h）⟶丝光（烧碱21.55%）⟶中和（98%硫酸2.5～3g/L）⟶温水（40～50℃）⟶脱水⟶绷纱（绷松、绷直）⟶串杆⟶染色（70～75℃，20min）⟶温缸(35～40℃，5min)⟶水洗（冷洗，流动）⟶沥干⟶防脆处理（25～30℃，10min）⟶出缸⟶包布⟶脱水⟶绷烘

表2-9　丝光纱染硫化黑配方

工　序	染化料	头　缸	续　缸
染　缸	100%硫化黑BN（kg）	1.125	3.75
	52%硫化钠（kg）	3.06	3
温　缸	100%硫化黑BN（kg）	1.05	每次放掉50%
	52%硫化钠（kg）	1.05	补加清水后使用
防脆缸	尿素（kg）	4	1
	醋酸钠（kg）	2	0.5
	浆纱膏（kg）	0.2	0.05

四、活性染料纱线染色

1. 活性染料纱线染色基本工艺流程　活性染料的纱线染色与如前所述的织物染色过程相似，其染色过程也包括吸附和固着两个阶段。

染色浴由染料和电解质组成。染液配置时宜用绷筛过滤，以防止未充分溶解的染料混入，造成色点染疵。电解质可以采用元明粉或食盐，元明粉中含钙、镁离子较少，因此比较适宜。电解质的钠离子带正电荷，能促使带负电荷的染料离子吸附在纱线纤维上，同时使染料同水的反应受到一定的抑制。元明粉应预先用水充分溶解。染色浴中必须先加染料溶液，然后加元明粉溶液。加元明粉溶液时宜用绷筛缓缓滤入，边加边剧烈搅拌，以防止染料发生盐析现象。染浴配置时应调整好浴量和温度，并充分搅匀后，即可投入纱线，开始吸附上染。

活性染料纱线浸染的吸附工艺：

染料	x
温度	40～60℃
时间	10～15min
浴比	1∶20
元明粉（或食盐）	20～40g/L

活性染料的吸附上染完成后即进入固色阶段，其固着浴由纯碱、元明粉和染料组成。在固着浴中，一般总是出现再吸附现象，但也有在最初的阶段内出现染料解吸现象的。适当延长固着时间，降低固着温度，或适当提高固着浴中的元明粉含量，可以减轻或克服这种染料解吸现象，使染物的得色量上升。

活性染料纱线的固着工艺：

温度	40～70℃
时间	10～15min
浴比	1∶20
纯碱	5～20g/L

活性染料纱线染色后处理包括水洗和皂煮，其工艺流程如下：

流动热水洗──→流动冷水洗──→皂煮──→流动热水洗──→流动冷水洗──→脱水──→干燥

由于纱线上含有碱剂和元明粉，通过热水和冷水洗净并基本去除，然后才能进行皂煮。否则皂浴遇电解质会发生盐析，纱在皂煮时，活性染料遇碱剂易发生碱水解作用。皂煮时宜使用软水。

皂煮不宜使用工业皂，因为一般工业皂都带有碱性。使用净洗剂LS、雷米邦A等表面活性剂来进行皂煮较好。皂煮后宜先用50℃左右热水洗，然后再用冷水洗，以利于皂煮剂和浮色的充分去除。

2. 活性染料黏胶长丝的染色应用举例

（1）染前处理。黏胶长丝一般上有油蜡、蜡或阳离子表面活性剂，对染色不利，应进行染前处理。

工艺配方及条件：

净洗剂LS	0.3～0.5g/L
纯碱	0.3～0.5g/L
浴比	1∶12
温度	70～80℃
时间	15min

对于染色要求不高的产品可以用热水洗。

（2）活性染料染色工艺。

① 60℃固色工艺：

染色（60℃）──→水洗（50℃，10min）──→醋酸中和（50℃，10min）──→水洗（50℃，10 min）──→皂洗（净洗剂0.5～1.0g/L，80～90℃，10min）──→水洗（50℃，10min）──→冷水洗

始染10～30min时，平均加盐，始染45～75min，平均加碱，至100min染毕，进行后处理。

② 70℃固色工艺：对于深色品种推荐该工艺。提高固色温度，延长固着时间。

（3）操作注意事项。

① 浸渍与湿丝：染色前需将黏胶长丝先浸没在40℃水中15min，湿丝要求均匀，尤其是浅色。

② 套丝：平均分配，要套匀，无穿夹，每锭管重叠不超过三处。湿丝应扎匀后翻杆。

③ 扎丝：为帮助匀染，开始时要扎丝，加染料与促染剂时要扎丝。要求扎丝次数越少越轻越好。首先要求扎钩不毛，应扎在喷管与翻杆之间，幅度20cm，每管扎拉4～5次，在上色快时，要求两人同时扎丝，动作务必迅速。

翻杆转动时不可扎丝，喷力小时不可扎丝，只有丝全呈浮托而扎拉随即自动恢复原位时才可扎丝。

④ 化料：化料最好现配现用，一般不超过4h。

（4）拼色染色。为了达到某种指定的色泽要求，有时需用三种活性染料来进行拼色。选择拼色染料时，应全面考虑色泽、固着方法、吸着速率以及染料水解等问题。

注意使用低温型活性染料互拼，或使用中温型活性染料互拼。低温型同中温型活性染料不宜互拼。因为低温型活性染料较活泼，吸着和固着温度都较低，固着时碱剂用量也较低，中温型活性染料则相反，两者互拼，易发生色差现象。

3. Mesafix B型活性染料纱线染色应用举例 Mesafix B型活性染料是在国内外ME型活性染料基础上优化改进的一类新型活性染料。这类染料以一氯均三嗪基团为连接基，在经过筛选的染料母体上引入乙烯砜硫酸酯基团，使之兼有两种活性基团的优点，且这两种活性基又有互补性，所以对染色工艺条件的变化有相当大的适应性，对于染色的温度、时间、盐和碱用量、浴比等要求较宽容。该染料反应性好、固色率高，尤其是深色谱的染色，较之其他活性染料而言，染料与纤维间结合的键较牢固，且成本低、质量好。其三原色为活性红B—2BF、活性黄B—4RF和活性蓝B—RV，下面介绍在纯棉纱线染色中的应用。

（1）B型活性染料典型染色配方。

① 米色：

活性黄B—4RFN	0.4%
活性红B—2BF	0.17%
活性蓝B—ZGLN	0.08%
元明粉	5g/L
纯碱	3g/L
染色方法	低温入染，分次加碱，60℃固色

② 烟色：

活性黄B—3RD	4.2%
活性藏青B—GD	1.84%

活性红 B—4BD	1.19%
元明粉	55g/L
纯碱	20g/L
染色方法	恒温法

③ 深红色：

活性红 B—4BD	2.62%
活性金黄 B—RD	1.88%
活性藏青 B—GD	0.18%
元明粉	70g/L
纯碱	20g/L
染色方法	升温法

④ 墨绿色：

活性绿 B—4BL	3.2%
活性黄 B—4RFN	2.28%
活性红 B—2BF	0.63%
元明粉	50g/L
纯碱	20g/L
染色方法	升温预加碱法

（2）染色工艺流程。将绞纱进缸，并进行前处理、水洗，化染料（5～10min），将染料倒入缸内、搅匀，开动机器并加入已化好的元明粉，将温度升到45℃，保温染色30min，再加入已化好的纯碱固色，此时将温度升到70℃，保温35min，固色完成后进行皂煮、水洗。

（3）染色注意事项。

① 纱线不宜绞得太大太紧，B型染料在染深色时，最好是分次化料和加料，升温速度以2～3℃/min为好。要求操作人员加染料或其他助剂都要根据染料用量来确定，由一次加料分为多次加料，这样可以提高染色的均匀性与上染率。

② 合理控制染色时间：染浅色只要脚水清即可；染深色采用45℃染色30min，70℃固色35～45min。若染色已达到平衡，即使增加时间，颜色增深也不多，反而会因染色时间过长而导致染料水解而降低固色率。

③ 合理控制盐、碱剂用量：一般以10g/L碱剂，40g/L元明粉为宜。碱剂的适当变化虽对颜色影响甚微，但过多的加入碱剂不仅增加了成本，反而还会由于pH的升高而增加染料的水解。

④ 用普通型活性染料拼染灰色时易染花，且色光不易控制。一般采用活性橙X—GN与活性蓝X—BR相拼，活性黑K—BR上染率极低，不被采用。可采用B型活性染料配合使用，如用活性黑R—GRFN来拼染灰色的主色调，再兼加少量活性红B—2BF或活性黄B—4RFN

调色即可，染色时灰色色光易控制，配伍性也较好。

4. 活性染料纱线染色质量分析

（1）色花疵病：活性染料对纤维的直接性一般比较弱，扩散能力比较强，因此较易得到匀染的效果。在吸着浴中加电解质时，宜采取逐步分次加的方法，即在开始吸着时不加电解质，待吸着进行一段时间后，加入一部分，又经过一段时间的吸着后，再加入另一部分。

"大小头"色花是绞纱的一头较深，一头较浅。造成原因一般为往复式染纱机的三角辊转速太慢，绞纱的两头所吸着的染料量不等。

"包芯"色花是绞纱的外层较深，内层较浅。造成原因一般为纱线在吸着浴内未充分散开，绞纱的内外层所吸着的染料量不等。

纱线染前加工质量不佳、染料或电解质溶化不良、染后处理不善，也都会引起不同程度的色花现象。另外，不同批次的黏胶纤维同缸染色，也易发生色花现象。

纱线局部带酸、带碱，也会造成染色色花。带酸的部分，由于活性染料遭到不同程度的破坏，得色较浅：带碱的部分，得色较深。此外，纱线之间交错缠叠，或扎绞绳过紧，未经充分理直打松，染色后也易发生色花。

（2）色差疵病：活性染料染色的色差现象，主要由工艺设计不合理和工艺执行不严格所造成。拼色时染料的反应速率相差悬殊，也易发生色差。

工艺不合理和工艺执行不严格，都会使染料的固着率不稳定。如果固着率不稳定，活性染料的染色得色量就无法一致。解决染色的色差问题必须要求吸着工艺条件（包括温度、时间、浴比）头、续缸一致。

五、涤纶及其混纺纱线染色

分散染料是一类结构简单、疏水性强的非离子型染料，主要用于涤纶及其混纺纱线的染色。按染色性能和耐升华牢度要求不同，可将染料分成一般型和高温型两种。一般型的分散染料匀染性好，色泽鲜艳，但耐升华牢度一般，适用于载体和高温高压法染色；高温型染料的耐升华牢度较高，匀染性较差，适用于需要树脂整理和焙烘工艺的纱线染色。涤纶及其混纺纱线主要采用高温高压法染色，故做重点介绍。

1. 染前预定形处理　涤纶及其混纺纱线在松弛状态下于沸水中的收缩率约7%，当温度增至130℃时，收缩率可达10%～15%，故当采用130℃高温进行染色时，由于温度控制不一，将引起纤维剧烈收缩，影响纤维对染料的均匀吸收。因此，在高温高压染色工艺中，往往需要增加纱线染前预定形工艺，以对涤纶及其混纺纱线的收缩起稳定作用。预定形的温度一般为130℃，压力为196kPa（$2kgf/cm^2$），相当于在高温高压染色条件下对纱线处理10～15min。经预定形处理的纱线即使在高温高压染色时，仍能具有不收缩或少收缩的性能，能获得匀染性较好的染色效果。对于筒子纱，若染前不经预定形处理，在染色时则会造成内、外层色差，这在涤/黏中长纤维中更为显著，经预定形后，由于筒子纱在染色之前已预先收缩，在染色时不会再度收缩，使筒子纱的内、外层色差得到解决，从而提高了筒子纱的染色质量。

2. 高温高压染色工艺要点 用分散染料染涤纶时，由于涤纶的分子排列紧密，纤维孔隙极小，染料分子很难进入纤维芯层，故除用密闭式的高温高压染色机通过高温促使纤维膨化以利于染色外，还需要延长染色时间，以克服纤维对染料吸附的阻力。此外，还必须设法提高染料粒子的细度。目前，高温高压工艺被广泛用于涤纶及其混纺纱线的染色，通常是在密闭条件下，用蒸汽加热、加压至温度为130℃进行染色。染色时的pH尤为重要，除此之外，染色的温度、时间以及水质等都对涤纶的染色质量有较大影响。通常高温高压染色的染浴内pH控制在5~6的弱酸性范围，同时在染浴内加入适量扩散剂。对于扩散性能较好的分散染料，可选择120℃染色；对扩散性能较差的分散染料，需要在125~130℃染色；对个别匀染性更差的染料，可提高温度至140℃染色1~1.5h。

在高温高压染纱机中，染液在很厚的纱层中正反循环，无形中使纱线成了过滤层，如果水质不好，不仅造成色浅，而且会导致染料沉淀，过滤到纱线上，产生染斑。因此在高温高压染纱时，应采用软水，以保证染色质量的稳定性。

3. 高温高压筒子纱染色工艺举例 所染纱线为100%涤纶长丝，染浅灰色，卷绕密度为0.33~0.35g/cm^3，染物重量25kg（相当于5小包纱，用25 kg高温高压染缸）。

染色配方：

分散棕S—2RL	1.5g/包
分散红S—HBGL	1g/包
分散黑D—2B	5.4g/包
东邦盐	200mL/缸
98%醋酸	200mL/缸（调节染浴pH）
105净洗剂	200mL/缸（皂煮）
305羟基硅油（乳液）	3L/缸（防静电剂、润滑剂、消泡剂）
浴比	1∶11

先用40℃温水化开分散染料，充分搅拌至完全分散后加入到盛有中性软水的缸内，并加入醋酸和东邦盐，然后开泵，使染料循环均匀。将温度升至80℃后，把装好的纱吊入缸内，使染液正向循环，并加盖升温至沸，然后排尽空气加压，使染液在40min内升温至130℃，保温染色30min，然后降温排压排汽至90℃以下，打开缸盖用软水洗涤两次，在85℃下皂煮10min，再软水洗涤两次，用硅油在35~40℃下处理20min（不水洗）。最后将纱吊出缸，经脱水后干燥，完成筒子纱的染色。

在高温高压染色时，应避免过高的温度和过快的升温，以防止分散染料出现絮状和凝聚的可能。在升温时，100℃以下可快一些，超过100℃尤其是在110~120℃时，染料的上染速率最快，需要严格控制，以防止上染过快产生色花。染色时为使染液完全渗透到纤维内，保温染色应控制在30~60min。

六、腈纶纱线染色

用于色织物的腈纶纱线都用阳离子染料染色。普通腈纶纱线的染色比较简单，而膨体腈纶纱的染色工艺就显得繁复，本节主要介绍腈纶膨体纱线用阳离子染料的染色工艺。

1. 工艺流程

原纱——→绷晾——→汽蒸膨化——→染色——→后处理——→脱水——→成包——→检验——→出厂

2. 染色配方　所染物为腈纶膨体纱（5kg/包），颜色为鹅黄色。

阳离子黄 X6G（250%）	22.5g/L
阳离子桃红 FG（250%）	0.075g/L
醋酸（98%）	2.4mL/L
匀染剂 1227	0.8mL/L
柔软剂 HC	1mL/L
醋酸钠	0.8g/L
防静电剂 SN	0.8g/L
扩散剂 WA	1.5mL/L
元明粉	5g/L

3. 操作和工艺条件

（1）汽蒸膨化：将腈纶纱按加工包数分挂在晾纱杆上，然后在染色机内加水、进纱，加盖并升温至100℃，保温汽蒸10min，使腈纶纱完全膨化，缩率控制在20%～25%。在汽蒸膨化处理时，必须防止水滴滴到腈纶膨体纱的表面，以免纱线膨化不匀而造成染色不匀和手感发硬等疵病。

（2）染色：将已经汽蒸膨化的腈纶纱线，在70℃的阳离子染料染浴中进行染色，染浴pH控制在4～5，加盖后以1℃/min升温至90℃，然后再以1℃/2min升温至100℃，保温染色30～40min，液流泵自始至终控制染液顺向循环。染色完毕后以1℃/min的速率降温，并逆向循环一次，然后开盖，排液，清水洗两次，最后出缸。

（3）脱水：将水洗后的腈纶膨体纱对称均匀叠放于脱水机内，急速运转脱水8min，然后取出腈纶纱，装袋，染色即告完成。

第七节　染色发展动向

随着社会的进步和人们生活质量的提高，人们越来越重视环境和自身的健康水平。穿用“绿色纺织品”、“生态纺织品”成为当今世界人们的生活需求。发展纺织工业的清洁生产，运用有利于保护生态环境的绿色生产方式，向消费者提供生态纺织品是世界纺织业进入21世纪的全球性主题，是事关人类生存质量和可持续发展的重要内容。绿色染色技术是今后纺织品染色的重点发展方向。

绿色染色技术的主要特点在于应用无害染料和助剂，采用无污染或低污染工艺对纺织品进行染色加工。染色用水量少，染色后排放的有色污水量少且易净化处理，耗能低，染色产品是“绿色”或生态纺织品。为此，近年来国内外进行了大量的研究，提出和推广了一些污染少或符合生态要求的新型染色工艺。

新型染色工艺包括非水、少水染色，节能染色，增溶染色，新型涂料染色，短流程、多效应染色，计算机应用和受控染色等。

一、天然染料染色

随着合成染料中的部分品种受到禁用，人们对天然染料的兴趣又重新增浓，主要原因是大多数天然染料与环境生态相容性好，可生物降解，而且毒性较低。而合成染料的原料是石油和煤化工产品，这些资源目前消耗很快，从这点来说开发天然染料也有利于生态保护。虽然天然染料由于自身的许多不足，不可能完全替代合成染料，但作为合成染料的部分替代或补充是有价值的。

目前对天然染料的化学结构还不十分清楚，提取的工艺也很落后。因此研究和开发对它的提取和应用很有必要，特别是综合利用植物的叶、花、果实及根茎，利用其他工业生产的废料来提取天然染料也是很有现实意义的。随着生物技术的发展，利用基因工程可望得到性能好和产量高的天然染料。当前，对有关天然染料的性能和结构了解还不多，值得加强研究。

二、禁用染料的代用染料染色

随着 Oeko－Tex Standard 100 等生态纺织品标准的逐步完善，许多合成染料被禁用，迫使染料生产商不断生产出了一大批符合生态标准的合成染料，并且今后还会有更多的染料出现，与之配套的新的染色工艺也不断涌现。

三、高固色率或高上染率染料的染色

染色的主要生态问题之一，就是染色废水中的染料的污染。开发和应用高上染率或高固色率的染料，可以大大减少废水中的染料，而且还可以提高染料利用率。目前已开发出一些高固色率的活性、分散和阳离子染料，减少了废水中的残余染料，而且也减少了染色后水洗的用水量，废水量也减少了。

四、高染色牢度染料的染色

染色纺织品的生态标准和染料的染色牢度有紧密关系，过去应用的一些水溶性染料，如染纤维素纤维的直接染料，染羊毛和蚕丝的酸性染料等，其染色湿牢度很差。它们不仅使纺织品的生态水平变差，而且染色废水不易净化处理。这类染料已逐渐被高染色牢度的染料所替代，例如应用湿牢度高的活性染料。

分散染料过去主要用于合成纤维和醋酯纤维染色。由于分散染料溶解度很低，因此耐湿牢度较好，废水也易于净化处理。近年来正在研究开发用于羊毛、蚕丝纺织品染色的分散染料，而且特别适用于这些纤维和合成纤维的混纺织物染色。这类染料的扩大应用也有利于“绿色”染色工艺的推广。

五、短流程染色

多种纤维的混纺或交织物，往往使用两类以上的染料染色，不但工艺流程长、成本高，而且耗能、耗水多，污水量大。研究开发一浴法染色有利于减少污水和节约能源。如分散/活性一浴法染色正受到重视，应用越来越广。

多种染料染色往往需经两阶段来固色，如分散/活性染色，分散染料需要高温汽蒸或焙烘固色，而活性染料则需要饱和蒸汽汽蒸固色，应用适当助剂则可以使它们经过高温汽蒸或焙烘一步固色，即采用一步法固色。一步法固色工艺同样可达到缩短染色工艺流程、节能、节水和提高生产效率的目的，有利于保护生态环境。

短流程工艺还包括练漂和染色、染色和整理，甚至包括练漂、染色和整理加工结合在一浴、一步加工中，工艺流程更短。

六、低浴比、低给液染色

采用低浴比或低给液染色，不仅可以节约用水，而且染料利用率高，废水排放少。例如，目前一些新型的缓流和气体喷射染色机染色的浴比极小，织物保持快速循环，染色废水很少。

采用喷雾、泡沫以及单面给液辊系统给液，可以极大程度地降低给液率，特别适合轧染时施加染液或其他化学品，例如活性染料固色的碱液。这样不仅可减少用水和污水，也可提高固色率，还可以节省蒸汽或热能。

同理，应用高效轧液机和真空吸液系统，可以提高浸轧和脱液效果，并可节能、节水和减少污染。

七、应用计算机的受控染色

应用计算机来控制染色以达到最佳的染色过程。例如，目前根据活性染料的染色特征值和上染及固色动力学参数，利用计算机优化和控制整个染色过程，不仅可以高效地进行“第一次正确”染色，而且产品质量好，生产周期短，成本低，用水耗能少，废水少。这种工艺也可以用于其他类染料，如分散染料等染色。

八、非水和无水染色

非水和无水染色是减少染色废水的一种重要途径，在20世纪60～70年代曾研究和推广溶剂染色。溶剂染色虽然有许多优点，但有些溶剂，如卤代烃本身就污染环境，而且要增加溶剂回收设备，所以未能推广应用。近年来，已有应用超临界 CO_2 流体作为染色介质染色，其最大特点是染色不用水，染后一般情况下可以不经水洗或只轻度水洗，且 CO_2 汽化后再变成超临界流体仍可反复利用，被认为是较理想的染色工艺。目前工业化生产的主要问题是生产设备成本高，以及只适用于非离子型染料，如用分散染料染合成纤维，而且染料品种还不够齐全，这些不足有待今后改进。

超临界二氧化碳染色视频

还有将染料制成带电荷或磁性的颗粒，然后在电场或磁场中，通过静电或磁性吸引施加到纺织品上，再经过热焙烘、汽蒸或热压等方式使纺织品上的染料吸附、扩散和固着在纤维中，染后只需经过一般性的洗涤或通过电场或磁场将未固着的染料从纤维上除去，即可完成染色过程。这种工艺目前还处在探索阶段。

气相或升华染色也不用水作染色介质，它是在较高温度或真空条件下使染料升华成气相，并吸附和扩散于纤维中进而着色。这种工艺早已用于真空金属镀膜，不同的是金属镀膜只在物体表面（如玻璃、塑料等）形成一层金属薄膜，而气相或升华染色时染料不仅吸附在纺织品表面，在一定温度下还扩散进入到纤维内部并固着在其中，即发生上染过程。这种染色的染料转移和上染机理与热转移印花类似，要求染料有较强的升华性，目前主要是一些非离子型的分散染料或易升华的染料。染后也不必水洗，所以无废水产生，有利于环境保护。

九、新型涂料染色

涂料染色不发生上染过程，涂料主要靠黏合剂黏着在织物上。它最大的优点是工艺简单，不论是单一的天然、合成纤维织物，还是各种纤维的混纺织物，都只需用涂料一次染色，而且染后不需要水洗或只需轻度水洗，因此废水少，也节能。其最大缺点是手感差，有些黏合剂有毒（如含有甲醛或有毒的游离单体）。研究新型涂料染色，首先是研发或选用符合生态要求的涂料和黏合剂，其次是改善染色织物的手感和颜色鲜艳度。为了改善织物的手感，要使用特别柔软的黏合剂，或减少黏合剂的用量，合理控制黏合剂在织物上的分布。如研究开发黏合剂包覆的涂料，用它来染色，纺织品的手感和透气性有很大改善，而且牢度也好。

十、无盐或低盐染色

离子染料，特别是一些直接性低的活性、直接染料染色时，为了增加染料上染率，往往需要加入大量的中性电解质，如食盐和元明粉。这些电解质最后全部排放到染色废水中，使江河受到污染。选用直接性高的染料可以减少盐的用量。此外对纤维化学改性，提高纤维吸附染料的能力同样可以减少盐的用量。近年来对纤维素纤维进行胺化改性，在纤维素纤维上接上带正电荷的季铵基后，大大增强了直接、活性等阴离子染料对纤维的吸附能力，可以进行低盐或无盐染色。活性染料染色时，甚至可在中性条件下固色，减少了用碱量，这些都有利于保护生态环境。

十一、应用“绿色”染色助剂

染色纺织品上的重金属除了来自纤维材料和纺织加工用料外，还主要来自染色加工用料。如一些染料或颜料可能含有重金属离子，一些染色用的媒染剂（如六价铬盐）和固色剂（如二价铜盐）也含有有害的重金属离子。近年来研究开发了不用或代用含有害重金属离子的染料、媒染剂和固色剂。特别是酸性媒染染料不用重铬酸盐作媒染剂，直接染料不用铜盐作固色剂。研究开发的一些新型媒染剂和固色剂中不含有甲醛等有害物质，如无甲醛固色剂。有害染色助剂还包括一些含有卤代芳烃的载体及高温匀染剂，这些助剂也应用无害的助剂来代替。

十二、低温染色

通常染色都需在温度近100℃下进行，分散染料高温高压染色温度高达130℃左右。染色温度高不仅耗能多，而且纤维和染料也容易发生损伤或破坏。因此，国内外在积极开发低温染色工艺，如羊毛纺织品于80～90℃下低温染色；活性染料冷轧堆染色；应用特种染色助剂的增溶染色，可降低分散染料、酸性染料等的染色温度；应用物理化学或化学方法对纺织品改性后也可以降低染色温度，进行低温染色。

十三、物理和物理化学法增强染色

通过物理和物理化学方法可以增强染色，使染料上染速度大大加快，或者提高染料的吸附量。物理方法的典型例子是超声波在染色过程中的应用。在超声波的作用下，染料上染速度大大加快，而且可以显著改善透染和匀染效果。目前对直接染料和活性染料染色应用研究较多，它还可以减少助剂和电解质用量，有利于环境保护。低温等离子体对纺织品改性后，可以增强纤维的染色性。如羊毛和一些合成纤维用低温等离子体处理后，可以提高上染速度和降低染色温度。利用紫外线、微波以及高能射线处理纺织品，也可改善纤维的染色性，有的直接用于固色。

物理和物理化学方法增强染色可以减少染色废水的化学污染，不过在处理纺织品时要注意劳动保护。目前这些染色方法还处在研究开发阶段。

十四、结构生色

自然界的物体颜色缤纷多彩，产生颜色是基于物体所含色素对光的吸收、散射、干涉和衍射等作用的结果。色素产生颜色是对光产生选择性吸收的结果，即选择性吸收后呈现出互补光的颜色。由散射、干涉和衍射而引起的选择性反射产生的颜色，称为结构色或组织色。吸收和反射这两种方式产生的颜色，其性能有显著不同，通过染料染色、涂料着色产生的颜色属于选择性吸收产生的颜色，结构色则不同，它不会改变光的强度，且颜色特别明亮、鲜艳，是一种无污染的生色途径。

1. 结构生色现象 自然界结构生色往往和色素生色同时出现。结构生色大致有以下几种情况：一是主要由衍射光栅产生的颜色，其色彩艳丽，且随方向强烈变化，色彩仅能在直射光中被看到；二是主要由薄膜干涉产生的颜色，其色彩艳丽，且随方向适度变化；三是主要由散射和色散产生的颜色，其色彩较艳丽，且不随方向而变化。

（1）光衍射产生结构色。光衍射产生结构色则取决于物体各层间的距离，并随观察角度而改变颜色，最典型的例子是液晶生色。

（2）光干涉产生结构色。波长相同，传播方向相近的两束光会互相作用，产生相长增强或相消删除的作用，例如，薄膜对光的干涉可导致皂泡、水上油膜、双折散材料和一些动物颜色中产生彩虹色彩。这种光干涉色彩的色调是纯粹的，有金属光泽和透明性，不能采用染色方法获得，而且随着观察者的角度变化而改变颜色。

典型的例子如蝴蝶的干涉色。蝴蝶有非常美丽的色彩，重要原因是它的翅膀的薄片对光发生干涉，能够呈现绚丽的干涉色。自然界这种干涉作用产生颜色的例子很多，还包括甲壳虫外壳、鱼鳞和眼睛、蛇皮以及一些矿石的干涉生色。

（3）光色散和散射产生结构色。光色散生色是结构生色中最简单的一种，在普通物理学中就有介绍，即光通过棱镜后可呈现出红、橙、黄、绿、蓝、青、紫等色的光谱。这种光谱的分布取决于棱镜的折射率和棱镜顶角的大小，不同材料有不同的色散值，棱镜顶角大小不同，色散分离程度也不同，但和材料对光的吸收无关，是一种典型的结构生色的例子。光通过棱镜发生色散时，光的波长越短，色散偏离角越大，色散后可呈现出连续的彩虹颜色。例如，金刚石有极高的色散值，当金刚石旋转时，有炫耀的彩色闪光出现；一些材料以细小颗粒的形式施加到纺织品上也可以通过色散产生彩虹一样的颜色。

光散射生色的典型例子是鸟羽的散射生色。在鸟羽支的外层上有一层无色透明、厚度约为10μm的角质，在角质下面是一层箱状细胞或称蜂窝状细胞，在箱状细胞下面又有含有黑色素的黑色细胞层。箱状细胞中含有大量无规则的气囊，大小在30～300nm，它对光有很强的散射能力。光的波长越短，散射越强，1～300nm大小的粒子发生瑞利散射（小于可见光波长），较大的粒子发生米氏散射（等于或大于可见光波长）。

2. 纺织品的结构及仿生着色 结构色是一种无需用染料、颜料着色就能产生的颜色。与染料或色素相比，它最大的特点是避免了印染行业生产和应用染料对环境的污染，彻底解决了着色过程中的污水排放问题，还可以大量节省水电的消耗，是一种生态仿生着色途径。结构生色在自然界广为存在，并在纺织品染整加工中开始应用。

仿照自然界蝴蝶等生物的结构生色原理，通过严格选择一定折射率的高聚物和计算各层的厚度，可使纤维的薄层在对光产生干涉时，各层纤维薄层使光发生相长增强作用，从而反射出很强的具有一定波长的彩色光。目前，日本已开创性地研制出了结构生色纤维 Motphotex

丝，它是一种多层结构的中空纤维，其扁平截面由数量非常多的PET/PA薄层交替紧密叠合而成。也有研究人员结合纳米仿生制备技术，人工模拟纳米结构单元，探讨结构生色在印染、纺织等领域中的应用。

目前，利用结构生色的薄膜和涂层产品已有很多，并得到广泛的应用。如果对纺织品施加一些特殊物质，则可以改变纺织品对光的反射、折射和散射作用，并产生干涉和衍射作用，获得一些特殊的光学效应，特别是获得光泽很强的花纹，例如反光、闪光和珠光花纹。

利用结构生色原理进一步开发纺织品着色技术是提高纺织品颜色深度和鲜艳度的重要措施之一，是一种高水平的生态着色工艺。利用结构生色可以最大限度地减少染料、颜料的用量，或简化、缩短染整加工工艺，达到减少污染、省水节能的目的。相信越来越多的结构生色产品将在不久的未来畅销于市场。

复习指导

1. 染色是指染料与纤维之间发生物理化学、化学结合，或用适当的化学处理方法，让染料在织物上形成色淀，使整个纺织品获得指定色泽、且色泽均匀而坚牢的加工过程。染色过程是指染料上染纤维并与纤维结合的过程，大致可以分为吸附、扩散、固着3个阶段。

2. 常用的染料：直接染料、活性染料、分散染料、还原染料、硫化染料、酸性染料、阳离子染料等。

3. 染色牢度是指染色织物在使用过程中或在以后的加工过程中，染料或颜料在各种外界因素影响下，能保持原来颜色状态的能力。染色牢度是衡量染色成品质量的重要指标之一。

4. 在已公布的禁用染料中，直接染料所占比例最大。使用环保染料是保证纺织品生态性极其重要的条件。

5. 根据染色加工的对象不同，染色方法可分为织物染色、纱线染色、散纤维染色及成衣染色。按染料施加于染物的方式不同，可分为浸染、轧染。

6. 按照机械运转性质，染色机械分为间歇式染色机和连续式染色机；按照染色方法，可分为浸染机、卷染机和轧染机；按照染物状态，可分为散纤维染色机、纱线染色机、织物染色机和成衣染色机。

7. 直接染料对硬水敏感，易与硬水中的钙、镁离子生成沉淀，故要用软水溶解染料。直接染料对纤维具有较高的直接性，无需其他介质就能对棉、麻、毛、丝及黏胶等纤维上染。

8. 活性染料广泛应用于纤维素纤维、蛋白质纤维和聚酰胺纤维的染色和印花。活性染料染色有浸染、卷染、轧染和冷轧堆等方法。染色时一般pH控制在10~11为宜，食盐有促染作用。固色用碱剂有纯碱、磷酸三钠、烧碱等，最常用的是纯碱。

9. 还原染料不溶于水，染色时要在碱性的强还原液中还原溶解成为隐色体钠盐才能上染纤维，经氧化后，恢复成不溶性的染料色淀而固着在纤维上。常用的还原剂是保险粉（$Na_2S_2O_4$）。按染料上染的形式不同，可分为隐色体染色和悬浮体轧染法。

10. 硫化染料在染色时需用硫化碱（Na_2S）还原溶解，生成的隐色体钠盐对纤维具有较强的直接性，被纤维吸收，经氧化后，染料重新转变为不溶状态，并沉积在纤维上。在染色过程中硫化碱既是还原剂又是碱剂。硫化染料不耐氯漂，部分品种在储存中发生脆损现象。

11. 酸性类染料包括酸性染料、酸性媒染染料和酸性含媒染料三种类型，主要用于染羊毛、蚕丝等蛋白质纤维和锦纶。

12. 分散染料是一类水溶性较低的非离子型染料，主要用于聚酯纤维的染色和印花。分散染料染涤纶有高温高压染色法、热熔染色法和载体染色法三种方法。高温高压染色可在高温高压卷染机和喷射、溢流染色机上进行，适宜染深浓色泽。热熔染色法是目前涤棉混纺织物染色的主要方法，以连续轧染生产方式为主。

13. 阳离子染料主要用于腈纶染色。阳离子染料对染浴的pH比较敏感，pH高低与染色深度有关。在拼混染色时，应选择配伍值（K）相近的染料拼色，才能获得均匀的染色效果。腈纶织物受热容易变形，所以很少采用轧染。

14. 涂料染色是借助于黏合剂的作用，在织物上形成一层透明而坚韧的树脂薄膜，而将涂料机械地固着于纤维上，涂料本身对纤维没有亲和力。

15. 纱线染色按染色时纱线存在的状态主要分为绞纱染色、筒子纱染色和经轴染色。

16. 绿色染色技术的主要特点在于应用无害染料和助剂，采用无污染或低污染工艺对纺织品进行染色加工。绿色染色技术是今后纺织品染色的重点发展方向。新型染色工艺包括非水、少水染色，节能染色，增溶染色，新型涂料染色，短流程、多效应染色，计算机应用和受控染色等。

思考题

1. 染料常见的分类方法有哪几种，其依据是什么？按应用分类，染料可分为哪几类？
2. 何谓染色牢度？常需测定的染色牢度有哪些？简述耐洗色牢度的测试方法。
3. 染料与纤维之间是通过哪些结合力而使染料固着在纤维上的，请各举一例说明。
4. 何谓匀染？试述造成染色不匀的原因以及提高匀染性可采取的措施。
5. 纺织品染色常用设备有哪些？其中哪些属于松式染色设备，哪些属于紧式染色设备？
6. 纺织品的染色方法通常有哪几种？试分析各种染色方法的特点。
7. 为什么直接染料对纤维素纤维具有较高的直接性，而只有较低的湿处理牢度？
8. 活性染料的上染率为什么特别低，由此产生的问题有哪些？
9. 你能用哪些方法证明活性染料和纤维形成了共价键？
10. 在活性染料轧染时，为什么需要在染液中加入海藻酸钠浆，可否用淀粉浆代替？
11. 还原染料还原时，保险粉和烧碱的实际用量为何都要大于理论用量？
12. 还原染料隐色体为何一般适宜在碱性条件下氧化？
13. 硫化染料为什么主要用于染浓色？

14. 何谓硫化染料的储存脆损？试根据储存脆损的原理，说明防脆损处理可采取的方法。

15. 酸性染料按应用性能的不同，通常分为哪几类？试比较各类酸性染料的特点。

16. 用酸性染料染羊毛纤维时，食盐在强酸性浴中和中性浴中所起的作用是否相同，为什么？

17. 分散染料高温高压染色时，通常要求起染温度不能太高，升温速度不能太快，保温染色时间要充分，为什么？

18. 染涤棉混纺织物采用分散/活性一浴法时，对同浴的分散染料和活性染料各有何要求，为什么？

19. 在分散染料的热熔染色中，热熔焙烘温度的选择依据是什么？

20. 阳离子染料染腈纶时，若温度过高，张力过大，pH 控制不当，则对染色效果有何影响？

21. 影响阳离子染料上染速率的因素有哪些？并简要地加以分析。

22. 涂料染色是目前极力推广的一种染色方法，试述涂料染色的优点，目前存在的缺陷及今后研究的方向。

23. 某工厂用分散黄 SE—NGL 和分散蓝 2BLN 两染料染绿色涤纶织物，热熔染色温度为190℃ ±2℃。由于设备故障，热熔染色温度曾一度降至 170℃ 左右，此时染色织物偏蓝光，后来热熔温度又跃升至 200℃ 左右，此时染色织物偏黄光，试分析原因，并采取有效措施。

24. 液体染料与粉体染料相比有哪些特点和优势？

25. 靛蓝浆染技术是指哪种形式的染色方式？

26. 液体还原染料有何特点？如何用好液体靛蓝染料？

27. 液体硫化染料有无应用前景？

28. 液体分散染料有何应用价值？

29. 染色浆与常规染色或印花用染料有何异同？

30. 染色浆能否作为纺织品染色或印花的着色剂使用？

31. 简述香云纱染色技术的基本原理。

32. 举例说明其他民间染色工艺和加工原理。

33. 何为结构生色？

34. 叙述结构生色现象，并与染料发色现象进行比较。

35. 说明结构生色对纺织品着色的影响与作用。

第三章　印花

第一节　概述

一、染色与印花

印花是通过一定的方式将染料或涂料印制到织物上形成花纹图案的方法。织物的印花也称织物的局部染色。当染色和印花使用同一染料时，所用的化学助剂的属性是相似的，染料的着色机理是相同的，织物上的染料在服用过程中各项牢度要求是相同的。但染色和印花却有很多不同的地方，主要表现在：

1. 加工介质不同　染色加工是以水为介质，一般情况下，不加任何增稠性糊料或只加少量作为防泳移剂；印花加工则需要加入糊料和染化料一起调制成印花色浆，以防止花纹的轮廓不清或花型失真而达不到图案设计的要求，以及防止印花后烘干时染料的泳移。

2. 后处理工艺不同　染色加工的后处理通常是水洗、皂洗、烘干等工序，染色加工过程中，织物上的染液有较长的作用时间，染料能较充分地渗透扩散到纤维内，所以不需要其他特殊的后处理；而印花后烘干的糊料会形成一层膜，阻止了染料向纤维内渗透扩散，有时必须借助于汽蒸来使染料从糊料内转移到纤维上（即提高染料的扩散速率）来完成着色过程，然后再进行常规的水洗、皂洗、烘干等工序。

3. 拼色方法不同　染色很少用两种不同类型的染料进行拼色（染混纺织物时例外）；而印制五彩缤纷的图案，有时用一类染料可能达不到要求，所以印花时经常使用不同类型的染料进行共同印花或同浆印花。

除此之外，印花和染色还有很多不同点，如对半制品质量要求不同，得到同样浓淡的颜色，印花所用染料量要比染色大得多，故有时要加入助溶剂帮助溶解等。

二、印花方法

将染料或涂料在织物上印制图案的方法有很多，但主要的方法有以下几种。

1. 直接印花　将各种颜色的花型图案直接印制在织物上的方法即为直接印花，在印制过程中，各种颜色的色浆不发生阻碍和破坏作用。印花织物中大约有 80% ~90% 采用此法。该法可印制白地花和满地花图案。

2. 拔染印花　染有地色的织物用含有可以破坏地色的化学品的色浆进行印花的方法，这类化学品称为拔染剂。拔染浆中也可以加入对化学品有抵抗力的染料，如此拔染印花可以得到两种效果，即拔白和色拔。

3. 防染印花　先在织物上印制能防止染料上染的防染剂，然后轧染地色，印有花纹处可防止地色上染，该种方法即为防染印花，可得到三种效果，即防白、色防和部分防染。

采用何种方法印制花纹图案受很多因素的影响，如图案的要求、产品质量的要求、成本的高低等。因此，一张图案一经被选上就要考虑在保证质量的前提下用最简单的方法、最低的成本来进行印制。

第二节　印花设备

早在2000年前，人们就已经将木刻或金属版雕刻等技术应用于织物印花。日常生活中人们接触到的印章、版画即是该技术的延续，该种印花即为凸版印花。运动队队服号码的印制是将纸板类的物质雕刻成镂空的花纹覆于织物上，将色浆刷在型版上形成图案，该种方法也是一种历史很久远的方法，即镂版印花。以上两种印花方式显然已经不能适应现代化的大规模印花要求。

印花加工的方式虽然历史久远，种类很多，但总的可分为两大类：即平版型和圆型。其中平版型包括凸版印花、镂版印花、平网印花；圆型包括滚筒印花、圆网印花。除此之外还有一些如转移印花、静电植绒印花、感光印花和喷墨印花等。

我国目前使用的印花设备，主要以放射式滚筒印花机和圆网印花机为主，其他还有半自动及自动平网印花机。

一、滚筒印花机

滚筒印花机是18世纪苏格兰人詹姆士·贝尔发明的，所以又叫贝尔机。它是把花纹雕刻成凹纹于铜辊上，将色浆藏于凹纹内并施加到织物上的，故又叫铜辊印花机。目前印染厂采用的铜辊印花机是由六只或八只刻有凹纹的印花辊筒围绕于一个富有弹性的承压辊筒呈放射形排列的，所以又称为放射式滚筒印花机。滚筒印花机是由机头和烘干部分组成，图3-1是两辊印花机的机头工作示意图。

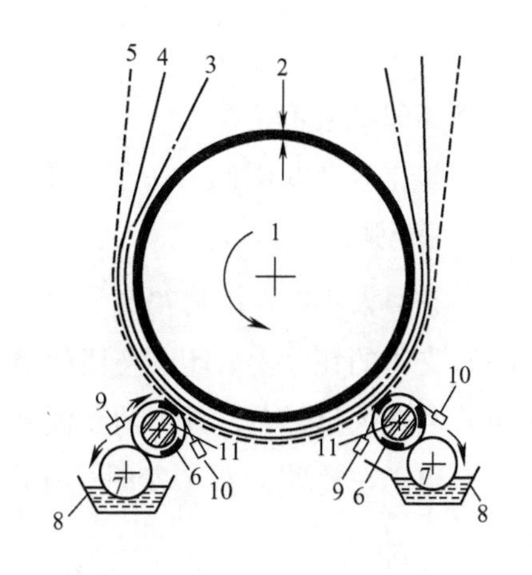

图3-1　两套色印花机示意图

1—承压辊筒　2—毛衬布层　3—环状橡胶毯　4—衬布　5—印花布　6—印花辊　7—给浆辊　8—色浆槽　9—除色浆刮刀　10—小刀　11—印花辊芯子

在印花机的承压辊筒周围包有毛衬布层2、环状橡胶毯3、衬布4，它们在承压辊筒周围形成一层有弹性的软垫。当加压力于转动的印花辊6时，花辊压在织物上，有弹性的软垫促使织物压到花筒的凹纹部分，从而使色浆转移到织物的表面实现印花。8是色浆槽，印花机工作时，下部浸在色浆槽里的给浆辊7将色浆供给印花辊6，使色浆涂于凹纹内及其全部平面部分，然后用一把钢制刮刀9刮除花筒表面色浆，使雕刻花筒所有凹纹内充满色浆，而平面部分则完全干净，没有色浆，当花筒加压转动与承压辊筒接触时，凹纹内的色浆转移到织物上。衬布4的作用是为了吸收透过织物的多余色浆，有些印花机也可不用衬布进行印花。

当雕有凹纹的花筒将色浆转移到织物上后，随即用一把铜质小刀10清除铜辊表面，这把小刀的作用是为了去除黏附在铜辊表面的纤维毛，如果让纤维毛带入色浆中，会造成刀线或拖浆疵病（前处理过程中的烧毛也有这方面的原因）。在多套色印花中，小刀也可防止前印花辊印在织物表面的色浆带到后一印花辊的色浆中去，即防止传色。

在印制多套色图案时，通常都是一套色一只花筒，有时也可叠印获第三色。这些不同色泽的花筒都是按一定的规律安装排列在承压辊筒的周围，而且要使这些花筒调节到花样的不同色泽部分完全对上。准确调节花筒的位置，使花样吻合不失真的过程称为对花。

织物印上花纹后，随即进入烘干设备进行烘干，而衬布则重新打卷或成堆置于布车内，洗涤烘干后再用。织物印花后烘干的目的在于防止印花后的织物在堆置于布车中时相互沾色。

图3－2是一种花布烘干设备的穿布形式和排列情况。

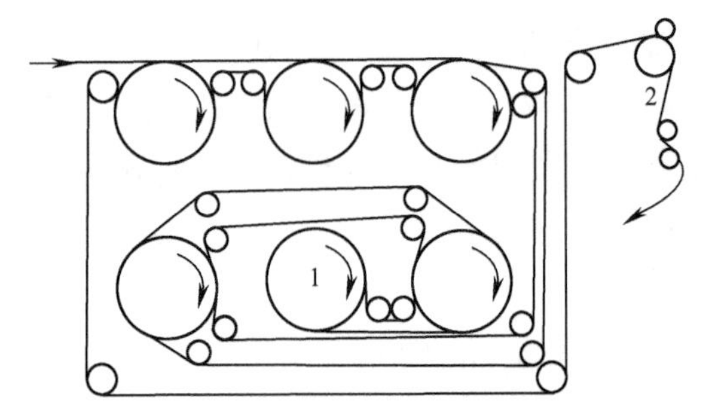

图3－2　花布烘筒烘燥机穿布形式

1—中烘筒　2—落布装置

1. 滚筒印花机印花的优点

（1）花纹清晰，层次丰富，可印制精细的线条花、云纹等图案。

（2）劳动生产率高，适宜大批量的生产。

（3）生产成本较低。

2. 滚筒印花机不足

（1）印花套色受限制，一般只能印制到七套色，劳动强度高。

（2）花回大小以及织物幅宽受限，织物幅宽越宽，布边与中间的对花精确性越差。

（3）先印的花纹受后印的花筒的挤压，会造成传色和色泽不够丰满，影响花色鲜艳度。

（4）消耗大量衬布，开车前要消耗大量织物试车。

（5）由于花筒雕刻费工费时，在印制5万米织物以下不经济，不适宜小批量、多品种要求。

放射式滚筒印花机印花时所受张力较大，对于容易受力变形的织物，如丝绸、针织物等不适用。目前有一种斜式单独承压铜辊印花机，此机印花辊与承压辊1∶1配对，以一定角度倾斜地排列在机架上，装拆花筒操作方便，单独承压力比放射式滚筒印花机小，因而给色量提高，工作幅宽可达1.6m。

二、平网印花机

平网印花灵活性很大，设备投资较少，能适应小批量、多品种生产要求，印花套数不受限制，但得色深浓，大都用于手帕、毛巾、床单、针织物、丝绸、毛织物及装饰织物的印花。

平网印花机又称为筛网印花机，分为框动式及布动式两种。

1. 框动式平网印花机　该类印花机均为推动式，即将织物固定在印花台板上，使筛网框顺台板经向做间歇性运动移位印花。半自动平网印花是从手工平网印花机发展而来的，它代替了手工印花的繁重劳动。图 3－3 是框动式平网印花机台板的示意图。

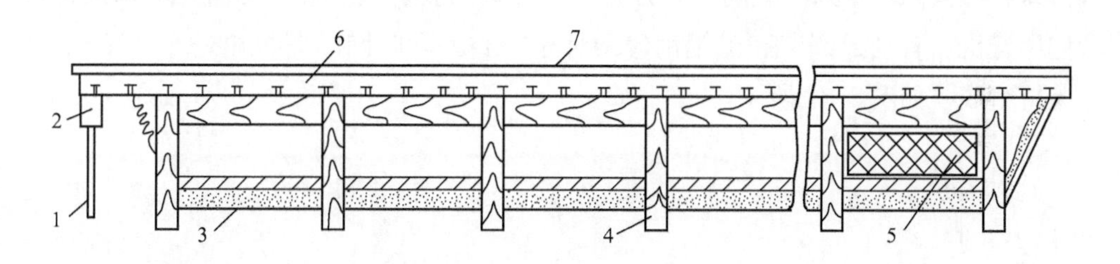

图 3－3　框动式平网印花机电热台板

1—排水管　2—排水槽　3—地板　4—台脚　5—变压器　6—加热器　7—台面

印花台板架设在木制或铁制台架上，高度约 0.7m，台面铺有人造革，下面垫以毛毯，使其具有一定弹性，并要求整个台面无接缝。为了对版准确起见，在台面边上预留规矩孔，以供筛框上的规矩钉插入，使筛网定位。筛框为每色一块，为了尽量使第二块色位的筛框不致与第一色的湿浆粘搭，常采用热台板将第一色加热（约 45℃），加热的方式是在台面下面安装间接蒸汽管（或电热设备），使其保持均匀温热。

台板两边留有小槽，并在板端设排水管，当印花完毕后，用水洗刷台面残浆，污水沿槽流入排水管。

2. 布动式平网印花机　这种印花机一般也叫自动平网印花机，它与框动式平网印花机的主要区别是织物随导带回转运动而做纵向运行，而框动式平网印花机上的织物则被固定在台板上，由印框运行。其他情况基本相同。

该机是由进布装置、导带、升降架、烘房等组成。织物从布卷展开，通过进布装置平整地贴在导带上，导带下部有三辊给浆器，把浆糊均匀地涂在导带上，把将要加工的织物半制品粘贴住，使它遇到潮湿色浆时，不致引起收缩而影响第二框的对花准确度。导带是由帆布底橡胶面的无接缝循环套组成，它的套筒是套在直径相同、转速相等的两根主动钢轨上往复地循环运行；导带的两边钉有钢圈，以防止在转动时引起导带伸缩而影响对花。导带是按印花筛框的升降而间歇地运行的，其间歇行进的每一距离幅度可按需要进行调节。导带的出口处下部装有洗涤装置，以去除导带上的剩余色浆和浆糊。

织物在导带上印花完毕后，即进入烘房。烘干后送往后处理，后处理如常法。

目前，平网印花机发展较快，对各类织物的适应性较强。

三、圆网印花机

卧式圆网印花机是在1963年由荷兰斯托克公司首创的，它既有滚筒印花机生产效率高的优点，又有平网印花机能印制大花型、色泽浓艳的特点，被公认为是一种介于滚筒印花和平网印花之间且在印花技术上有重大突破的印花机。尤其是近几年来阔幅织物、化纤织物和弹性织物等迅速增加，使这种印花机得到了迅速发展。

圆网印花机按圆网排列的不同，分为立式、卧式和放射式三种。国内外应用最普遍的是卧式圆网印花机，有刮刀刮印和磁辊刮印两种基本类型。圆网印花机由进布、印花、烘干、出布等装置组成，如图3－4所示。

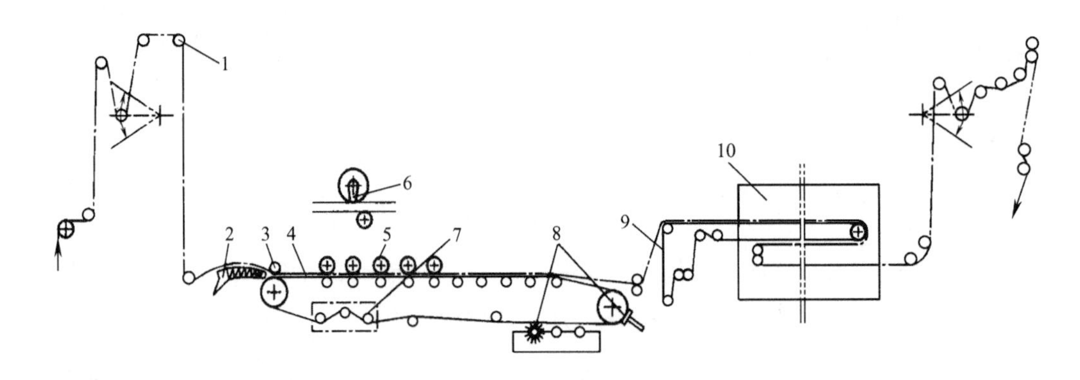

图3－4　圆网印花机

1—进布装置　2—预热板　3—压布辊　4—印花导带　5—圆网　6—刮刀
7—导带整位装置　8—导带清洗装置　9—烘房输送网　10—烘燥机

印花部分的机械组成可分为印花橡胶导带、圆网驱动装置、圆网和印花刮刀架、对花装置、橡胶导带水洗和刮水装置以及印花织物粘贴和给浆泵系统。

印花时，当被印花的织物与橡胶导带接触时，由于橡胶导带上预先涂了一层贴布胶，使印花织物紧贴在它的上面而不致移动，印花后织物进入烘干装置，橡胶导带往复环行进而转入机下进行水洗和刮除水滴。

烘干和出布装置采用松式热风烘干。印花后的织物即和橡胶带分离，依靠主动辊转动的聚酯导带，并借热风喷嘴的压力使织物平稳地“贴”在聚酯导带上进入烘房烘干。经热风烘干后的织物，即用正确的速度以适当的张力从烘干部分送出。印后把织物折叠或打卷。

圆网印花机有以下优点：镍网轻巧，装卸圆网、对花、加浆等操作方便，劳动强度低；产量高，套色数限制小。由于加工是在无张力下进行的，故适宜印制易变形的织物和宽幅织物，无需衬布，但不易印制出云纹、精细的线条等精细图案。

四、衣片印花机

衣片、成衣或T恤的印花基本上分为丝网印花、转移印花和手绘三种，丝网印花是应用最多的印花方法。随着成衣或衣片上印花的产品越来越多，产品愈加趋向于高档次、花色精细、套色多、立体感强的要求。目前，大多数工厂使用自动衣片印花机。

1. 手工印花台板　过去衣片印花常用台板印花机，有冷台板和热台板两种。冷台板不用加热，而热台板要在台板下面用电加热或蒸汽加热，使台板板面的温度加热到40~50℃。台板的台面由铁板制成，要求板面平整；台板的高度一般为60~80cm；台板长度根据厂房而定，一般为10~30m；台板宽度一般为110~160cm。

印花操作时，由工人将衣片按一定位置平铺在台板上，台板上面铺有橡胶板等缓冲物，每个花位两端有定位销，花版内加入印花浆，放入定位销内，工人手拿刮刀在花版上来回刮动，花版上的印花浆料在刮板挤压力的作用下，穿过网孔，均匀地附着在衣片上，完毕抬起花版再放在第二衣片位置上，依次进行印花，几套色就在台板上走几个来回，一批印完后取下再铺上另一批，周而复始，这种生产方式属于间歇批量印花。手工印花台板由于生产效率较低，劳动强度较大，现已很少使用了，目前，生产厂家更多地使用先进的自动衣片印花机。

2. 自动衣片印花机　自动衣片印花机按其结构分为圆形转盘式和椭圆形并行式两种。衣片转盘印花机多采用圆形转盘式结构，机器旋转一圈为一个工作循环，一般有6~10色印花工位，每个工位可独立进行操作。生产时的铺衣片、入版、摊浆、刮浆、移版、取下衣片等基本动作，均采用机械方式，按一定程序排列循环，使印花工艺连续成批量地运作。这种设备具有结构紧凑、占地面积小、制造工艺性好、精度高、操作方便、外观美观等特点，还具有先进的微调系统，对版准确，套色精准，方便快捷，适合衣片、成衣、T恤等的批量印花。

椭圆形并行式全自动丝网印花机在衣片和成衣印花中也具有独特的优势。该机具有较强的适应性，水性胶浆、热固型油墨、溶剂型油墨、UV固化油墨均能在针织布和机织布、毛衫、皮革、纸张上顺利地印花，胶浆和墨层表面干燥后可以准确地进行叠印和多色连续印花。

3. 转移印花机　间歇式转移印花机也常用于衣片的印花。按转移印花机的压板运动方式，可分为上顶式和下压式两种。上顶式是加热板不动，被印衣片的正面朝上，平铺在台板上，上面覆盖转移纸，转移纸的正面与衣片正面接触，然后台板由下往上运动，与热台板接触；下压式是台板固定，加热板向下运动，织物与转移纸放在台板上，加热板压下来完成转移印花。转移时要求有一定的温度，同时要赋予一定的压力，使转移纸与被印衣片间的缝隙尽量缩小。

五、印花花筒雕刻

花筒主要以铜合金浇铸而成。其中含铜97.5%~98%，含锌2%~2.8%，含杂小于0.2%。新花筒周长一般为445mm。使用过的花筒，车去原来的花纹后可继续使用。花筒每车去一次，其周长减少1.5~2.5mm。当周长小于350mm时不能再使用。花筒中间是空的，且呈锥形。花筒的长度由印花机宽度而定。

用铜辊印花机印花，将图案刻在铜辊上形成凹陷花纹的工艺流程称为花筒的雕刻。花筒雕刻工艺主要有缩小雕刻、照相雕刻、钢芯雕刻和电子雕刻等。手工雕刻主要用于一些特殊花纹或花筒的修理。无论采用什么雕刻方法，其目的都是将印花图案逼真地刻在花筒上，从而在花布上出现上、下、左、右连续且忠实于设计的花型。以下简单介绍常用的缩小雕刻法。

缩小雕刻的基本工艺程序为：

印花图案⟶放样⟶刻板（锌板）┐
旧花筒车削（或新花筒）⟶磨光⟶上蜡┘⟶缩小机雕刻⟶涂蜡⟶花筒腐蚀⟶手工修理及检查⟶平板打样⟶修理⟶镀铬⟶抛光

上蜡也称涂蜡。实际上是在准备好的花筒上涂一层防腐剂。上蜡后再在缩小机上刻上花纹，有花纹的地方蜡层被划去，在后面的腐蚀过程中，有花纹的地方被腐蚀成凹纹，而其余部分因有防腐剂存在，不能被腐蚀，保留原样，便形成了各种花纹。

放样是将设计的花样放大画在锌板上，刻成花纹，然后把锌板上的花纹通过缩小机再缩小成原来的大小，刻在涂蜡的花筒上。锌板放样过程是先在划线机上按原样单元花样尺寸和放大倍数划出格线或直线等的几何图形。划不规则花型时，则把原花样通过放样机，按所需放大倍数，描绘在锌板上。在多套色花样放样时，还要按照原样颜色分别着色。锌板放样结束后送缩小机雕刻。

雕刻是在缩小机上进行的。通过缩小机将放大后刻在锌板上的花样缩小至原花样大小，并转移到已经上蜡的花筒上刻划花纹。有花纹的地方，蜡被划去，通过腐蚀形成凹陷的花纹。最后通过修理检查、打样、镀铬、抛光等后工序即可用于印花。目前，由于激光技术发展迅速，各类适用于印花滚筒雕刻的激光技术已经开始应用于滚筒雕刻，使滚筒印花又有了新的发展空间。

六、圆网制版

圆网制版相当于滚筒印花的花筒雕刻，是圆网印花的主要工序。目前普遍采用的是感光乳液法制版，简称感光法制版。该法是先将水溶性感光胶均匀地涂布在镍制圆网上，将图案分色描成黑白稿卷绕于网上，然后进行感光。无花纹的地方被感光，水溶性的感光胶则变成不溶性的树脂把网孔堵死，色浆不能透过；而有花纹的地方则不被感光，可洗去水溶性的感光胶，形成可以透过色浆的网孔，在印花过程中，色浆从网孔中透过，渗到织物上，实现印花。圆网感光制版工艺流程为：

圆网选择⟶圆网清洁去油⟶上感光胶┐
黑色稿的准备和检查┘⟶曝光⟶显影⟶检查修理⟶焙烘⟶胶接闷头⟶检查

七、激光制网

激光制网是将图案直接转移到网上的一种新的制网技术，其基本原理是将乳胶涂布在圆网上，通过与计算机的结合，数字化的图案直接控制激光点对圆网上的乳胶进行雕刻（气化或蒸化乳胶），从而完成图案的转移。它特别适用于精细直线条、云纹、水花类花型，精度可达0.2mm，并可用49～85网孔数/cm（125～215目）的高目数圆网制作。

将待制网的花样图案先进行分色处理成正片，然后对正片上每个循环进行扫描，扫描器读取的图像由计算机存贮，并在彩色显示屏上放映、核查、修改。已核查的分色数据，记录在纸带上，并对激光束进行高精度的控制。通过花样的分色数据直接控制激光光束的开和关，激光光束按分色的信息瞬时气化圆网上的胶质，雕刻出分色图案花纹。

激光雕刻制网工艺流程如下：

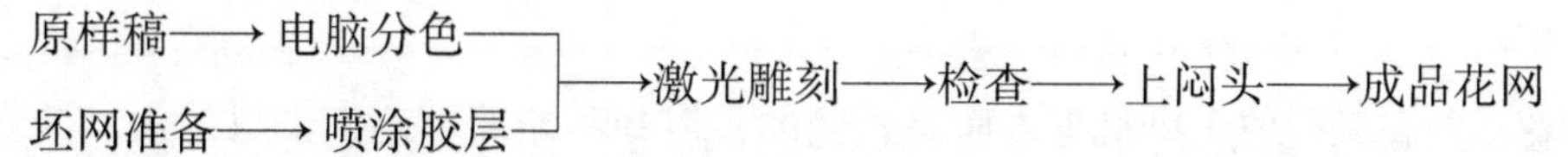

激光制网速度与传统的制网速度相比可快5倍以上，在极短的时间内就可制备新的圆网，生产效率很高。激光制网系统不但能做出传统雕刻、制网加工的各类花样，甚至还可以将滚筒印花辊上的图案转移到圆网上。

激光制网还有使用软片少、不需显影、设备占地少、不需另外存储图案花样档案等优点。激光制网一般只应用于圆网。

八、喷蜡制网

喷射制网是目前国际上较先进的一种制网技术，目前主要有喷墨和喷蜡直接制网设备。它们分别以墨水和黑蜡作为遮光剂，通过喷头直接喷射在网上形成花样，解决了传统制网工艺中的拼版问题，提高了制网精度及速度，减少影响制网质量的生产工序。无胶片的制作，很好地解决了大幅面印染布生产的问题，极大地提高了效率，降低了成本，并且在实现云纹效果方面更具强大的优势。

1. 喷蜡制网工作原理　喷蜡制网采用一种新型喷印头，喷头有160个或256个喷嘴。目前较先进的压电晶体喷射头是在喷嘴口安装一个压电晶体，然后给压电晶体加高压脉冲，这个脉冲引起压电晶体的形状变化就反映到喷嘴口内的容积变化，由于这个容积变化是在瞬间完成的，这样就可以将喷嘴内的蜡挤出去，形成蜡点。喷嘴喷射频率为20～34kHz，精度及速度高。

将花样通过电脑分色后的图像数据传递给喷蜡制网的主控计算机，主控计算机一方面将信号传给喷头控制系统，控制喷头的打点频率，实现喷嘴的喷蜡；另一方面主控计算机还控制喷头的移动和网的转动，确保高精度的制网。黑蜡喷在已涂好感光胶的网表面上形成花样，经过曝光、显影达到制网的目的。

2. 喷蜡制网的工艺流程

原样稿──→电脑分色┐
　　　　　　　　　├──→喷蜡制网──→曝光──→显影──→高温焙烘──→完成制网
洗网──→涂胶烘干┘

喷蜡制网由于黑蜡是粘在网的表面上，因此与网之间没有间隙，不会形成虚影；因为没有包片，所以也就不会产生手工包片轻重不均问题。黑蜡的遮光性好，喷头上每一个喷嘴非常小，在网上能形成精细的轮廓（精度达到1016dpi），可使高精度的云纹、细线条等图案得到完美再现，再加上喷蜡机自动接回头，也就没有接头印了。喷蜡制网速度快，打印每平方米平网只需8min。

第三节　印花原糊

染色和印花虽然在染料的上染机理方面是相同的，但却不能简单地把染料的水溶液直接用于印花。在印花过程中，必须在染液中加入增稠性糊料，染料借助于糊料在织物上形成五彩缤纷的图案。

糊料在印花过程中具有以下作用：一是使印花色浆具有一定的黏度和一定的黏着力，以保证花纹轮廓的光洁度；二是糊料作为染化料的分散介质和稀释剂，是染料的传递剂，起到载体的作用；三是作为汽蒸时的吸湿剂、润湿剂、染料的稳定剂和保护胶体。

糊料种类很多，其性能也不一样，因此，不同的染料要选用不同的糊料进行印花，以达到最佳的效果和最优的经济效益。原糊可分为无机类、蛋白质类、天然高分子类、合成高分子类和乳化糊等。现将常用糊料介绍如下。

一、淀粉及其衍生物

淀粉是高分子化合物，是由很多葡萄糖通过苷键连接而成的。淀粉颗粒外层是支链淀粉（又称胶淀粉），里层是直链淀粉。各类淀粉中所含直链淀粉为14%～25%，支链淀粉86%～75%。淀粉的分子结构不同，相对分子质量有大小之分，所以它们的性质也不同。胶淀粉由于相对分子质量较大，又有支链结构，在水中呈膨化状态悬浮在水中，其成糊率高，黏度较大，渗透性较好，不易产生结晶，成糊后也比较稳定。链淀粉相对分子质量小，在水中呈胶体溶液，成糊率低，稳定性差，容易形成结晶，冷却后有析水现象。淀粉的一般通性如下：

（1）淀粉含水率常在18%左右，脱水后的干态吸湿性强，花布在蒸化中依靠这一特性，使染料能够获得必要的湿度，有利于高温中化学反应的顺利进行。

（2）淀粉具有成糊率和给色量都较高，印花轮廓清晰，蒸化时无渗化，不粘烘筒等优点，所以它除涂料、活性染料印花外，能适宜作其他各类染料印花用糊料，是一种主要糊料。但在渗透性、给色均匀性和洗涤性、手感方面，还需进一步克服。

小麦淀粉具有给色量高、印制线条清晰、煮糊简易等优点，但不耐强酸强碱，故使用时应予以注意，它最宜和龙胶混用，也可单独使用。

玉蜀黍淀粉俗称六角粉或干淀粉，耐碱性优于小麦淀粉，但很少单独使用，用它做成碱化淀粉糊，给色量也较一般淀粉糊高。

淀粉糊有渗透性差、难洗除、手感硬等缺点，这是因为其相对分子质量大所导致的。可以利用淀粉的性质使其分子链裂解，糊精和印染胶便是裂解的产物。它们均是淀粉在强酸作用下，加热焙烘而成。糊精制糊方便，渗透性好，但有造成表面给色量低、轮廓线条较差、制糊率低等缺点。一般可与淀粉混用，互相取长补短。

二、海藻酸钠

海藻酸钠又称海藻胶。海藻是由海水中生长的马尾藻中提取而来，将其经烧碱处理，即可得海藻酸钠。因含有羧酸钠盐，可溶于水，并且有较强的阴荷性。由于活性染料也是阴荷性的，染料分子便和其具有相斥作用，不会发生反应，这就是活性染料用海藻酸钠糊作糊料具有给色量高的原因。硬水中的钙、镁离子能使其生成海藻酸钙或海藻酸镁沉淀，使其阴荷性降低，即降低了原糊分子与染料分子间相互排斥的作用，故染料容易和原糊反应，降低了得色量，同时生成色斑。海藻酸钠遇重金属离子会析出凝胶，所以通常在原糊调制时，加入少量六偏磷酸钠，以络合重金属离子并软化水。

海藻酸钠具有渗透性好，得色均匀，易洗除，不粘花筒和刮刀，手感柔软，可塑性好，印制花纹清晰，制糊方便等优点。海藻胶在 pH 为 6 ~ 11 时较稳定，高于或低于该范围均要产生凝胶。

三、天然龙胶和合成龙胶

天然龙胶难溶于水，一般先使其在冷水中自然膨胀或用热水煮成糊状，使其具有一定的黏性和乳化能力，黏性在 pH 为 8 时最高，比淀粉大 4 ~ 5 倍，遇酸、碱、金属盐类或长时间加热都会使其黏度下降。天然龙胶渗透性能良好，印花均匀，给色量高，蒸化时无渗化，易于洗除，是优良的印花原糊。但其来源有限，价格高，煮糊又较麻烦，因此现在都用合成龙胶代替。

合成龙胶又叫羟乙基槐豆胶，是将槐豆粉醚化而成，它具有天然龙胶的大部分特点，如成糊率高，花纹匀染性好，渗透性好，易洗除等；对酸碱的适应范围较大，可适用于 pH 为 3 ~ 12 范围，固含量低，不粘刀口和辊筒；对各类糊料的相容性好。但遇铜、铬、铝等金属盐类会产生凝集，所以不宜单独用于含金属络合染料。

四、合成增稠剂

早期使用的大都是天然增稠剂，但受其性能限制，应用范围比较狭窄。以不同低分子量单体为基本组分，按照不同需要聚合而成的高分子增稠剂，称为合成增稠剂。

合成增稠剂的国内产品大多是丙烯酸或马来酸酐的共聚物，有的用双烯基的单体进行低度交联，与国外品种相比，其增稠能力较小，用量比较多，在使用性能上基本类同。

1. 聚丙烯酸增稠剂的增稠作用 聚丙烯酸增稠剂是一种高分子电解质，目前有碱性溶胀和碱性溶解两种类型。

（1）碱性溶胀的聚丙烯酸增稠剂。这是一种交联的共聚物乳化体，共聚物是以酸的形式和非常小的颗粒状态存在的。外观呈乳白色，黏度比较低，在低pH时有良好稳定性，并且不溶于水。当加入碱剂时即转化为清晰的高溶胀分散体。它的增稠作用是用氢氧化物中和羧酸基而产生的。当加入碱剂以后，几乎立即使不易电离的羧酸基转变为离子化的羧酸铵盐或金属盐形式，结果沿着共聚物大分子链阴离子中心产生静电排斥效应，使交联的共聚物大分子链迅速扩张与伸展开来。局部溶解和溶胀的结果，使原来颗粒猛增许多倍，黏度显著提高。由于交联不能真正地溶解，因此，成盐形式的共聚物，可以看成是颗粒被急剧增大了的共聚物分散体。

（2）碱性溶解的聚丙烯酸增稠剂。这是一种不交联的共聚物乳化体，当加入水和碱后，能迅速地转变为清晰的黏性溶液。它与碱性溶胀的聚丙烯酸增稠剂相比，具有拉丝性与匀滑的黏度，因此适宜作为机械上的胶用黏合剂。

2. 聚丙烯酸增稠剂的中和 通常可以用来中和聚丙烯酸增稠剂的碱类较多，如氢氧化钠、碳酸钠、磷酸钠、硅酸钠、高硼酸钠、乙醇胺、二乙醇胺、吗啉、烷基胺等。当聚丙烯酸增稠剂被中和时，它的黏度将出现一个极大值，再继续加碱能使离解作用重新受到抑制，共聚物大分子链收缩，于是黏度又有下降。

此外，应当注意到聚丙烯酸增稠剂对电解质相当敏感，当加入硫酸铵、氯化钠等电解质以后，黏度有下降现象，使用时应当优先采用含电解质少的染料或助剂。与此相反，当有特殊需要时，聚丙烯酸增稠剂的黏度也可利用加入适量电解质来调节。

3. 聚丙烯酸增稠剂的触变性 聚丙烯酸增稠剂是一种高分子聚电解质，它具有很高的结构黏度。在机械应力的作用下，黏度会下降，其规律是机械应力越高，流动梯度越大，黏度也就越低。人们利用聚丙烯酸增稠剂调制初始黏度相当高的印花浆，当印花浆受到运动着的刮刀（平网、圆网印花机）、印花辊筒（滚筒印花机）等机械应力作用时，印花浆瞬间变得很薄，以致能够适应非常精细的筛网或辊筒花纹。印在织物上的印花浆，随着机械应力的消失，立即变得稠厚，恢复了初始黏度。这就能够获得花纹精细、轮廓清晰、印制效果比较好的产品。

聚丙烯酸增稠剂在印染生产中已得到广泛的应用，例如静电植绒、层压、纤维的黏合和织物的背面上胶、涂料染色和印花、分散染料印花、活性染料印花、泡沫整理等。

五、原糊调制

1. 海藻酸钠糊制备

温水（60~70℃） 80kg

六偏磷酸钠	0.5～1.5kg
纯碱	0.2～0.5kg
海藻酸钠	6～8kg
甲醛（40%）	0～100mL
水	x
合成为	100kg

将温水放入桶内，加入六偏磷酸钠和纯碱溶液，在不断搅拌下将海藻酸钠慢慢倒入温水中（维持60℃左右），充分搅拌至均匀无颗粒（约2h），然后加水至总量，再用纯碱调节pH为7～8，最后加入甲醛。

2. 合成龙胶糊制备

热水（80～90℃）	60～70kg
羟乙基槐豆胶	3～5kg
甲醛（40%）	200mL
醋酸（98%）	0～400mL
热水	x
合成为	100kg

桶内先放热水，在快速搅拌下将羟乙基槐豆胶粉慢慢撒入，加热水补足至总量，再快速搅拌20～30min，冷却后加入甲醛备用。亦可在煮糊锅内加热搅拌2～3h，使其成糊后冷却备用。

3. 淀粉糊制备　淀粉糊的制备方法有煮糊法和碱化法两种。

（1）煮糊法：

小麦淀粉	10～13kg
生粉（木薯淀粉）	3～5kg
植物油	1～2kg
水	x
合成为	100kg

先将油沿四周锅壁加入，将小麦淀粉和生粉放在桶内，用水调成稀糊，快速搅拌均匀后用筛子滤入锅内，加冷水至总量。逐渐搅拌加温至沸腾，继续搅拌2～3h，使糊成透明状，然后开隔层冷水冷却。

（2）碱化法（碱化淀粉糊）：

玉蜀黍淀粉	12kg
烧碱（30%）	3.2kg
硫酸（62.53%）	大约1.8kg
水	x
合成为	100kg

用50kg冷水，加入淀粉快速搅拌成悬浮液后过滤。烧碱事先用冷水1∶1冲淡后缓慢地加入到不断搅拌的淀粉液中，使糊成透明状。然后将以1∶1冲淡的硫酸在不断搅拌下慢慢加入，使pH在6～7时为止。

六、涂料及其黏合剂

1. 涂料 涂料浆由颜料同一定比例的润湿剂、乳化剂和保护胶体等物质混合后，研磨制成浆状，即成涂料商品。因此涂料也常称为颜料。涂料是涂料印花色浆中重要的组成成分。

涂料按化学结构可分为无机类和有机类。无机类主要有炭黑和钛白粉（TiO_2），分别为黑色和白色。有机类主要以偶氮结构颜料、酞菁颜料、还原染料等为主。偶氮结构色谱主要有黄、深蓝、红和酱紫等，酞菁结构的有艳蓝、艳绿等，还原染料有紫和金黄等。

用于印花的涂料需满足以下要求：

（1）对织物具有较高的给色量。

（2）有优良的耐晒、耐气候性及良好的升华牢度。

（3）相对密度合适，有良好的润湿及分散性。

（4）色泽鲜艳，颗粒均匀，粒径控制在0.2～0.5μm之间。

（5）要耐光、热、酸、碱，耐有机溶剂和常用氧化剂。

涂料制浆时，颜料需研磨至要求的粒径，使表面活性剂包围颜料的颗粒，均匀地分散在水中，并保护颜料不沉淀，不聚集。涂料浆中颜料含量一般在14%～40%。

2. 黏合剂 在织物涂料印花中，黏合剂将涂料机械地黏着在纤维表面。因而涂料印花的黏合剂应具有较高的黏着力，安全性好，耐晒，耐老化，耐溶剂，耐酸碱，耐化学药剂，成膜清晰透明，印花后不变色，也不损伤纤维，有弹性，不影响织物手感，在印花过程中不易结膜，且容易从设备上洗除。黏合剂按其反应性能可分为两类，即反应型黏合剂和非反应型黏合剂，反应型黏合剂又可分为交联型和自交联型。

（1）非反应型黏合剂。该类黏合剂在印花以及后处理过程中不会与纤维以及自身发生反应，加入交联剂后可轻度交联，改善其性能。按其结构又可分为三类。

① 合成橡胶乳液。如丁苯胶乳、丁腈胶乳以及氯丁橡胶等，它们成膜弹性好，手感柔软，但黏合力差，耐摩擦牢度也差，易老化泛黄。属于这类黏合剂的商品有黏合剂BH、707、750、BF等。

② 丙烯酸酯类聚合物。如丙烯酸甲酯、丙烯酸乙酯、丙烯酸丁酯和丙烯酸辛酯等，该类黏合剂印制效果好，但有些产品手感欠佳。目前国内使用的黏合剂多属此类，如东风牌黏合剂、202 BA、104、东风F以及106 TC等。

③ 醋酸乙烯及其他单体的共聚合物。这类黏合剂的数量已逐渐减少，主要是弹性、手感和耐皂洗、耐干洗牢度均较差。商品有阿克拉明FWR等。

非反应型黏合剂均属线型高分子，故其耐摩擦及耐洗牢度都不够好。在适当的溶剂作用下均会发生溶解。可以加交联剂，使其轻度交联，以改善其性能。

（2）反应型黏合剂。非反应型黏合剂由于是线型高分子，且其手感柔软，但牢度却不够好。为了克服这些缺点，可在分子中导入一些活泼基团，使黏合剂可以与交联剂反应，使成型高聚物变为网状结构，生成的膜在水中的膨化性能降低，因而可提高其牢度。但黏合剂和交联剂反应生成网状结构后，膜变硬。

（3）自交联型黏合剂。近年来，人们将一些带有活性基团的单体进行聚合，生成一类可以自身交联的黏合剂。这类黏合剂在高温或催化剂的作用下，大分子之间的活性基团可自身发生交联或与纤维素发生交联形成网状结构。自交联型黏合剂的出现可省去交联剂，是黏合剂的发展方向。但是这类黏合剂在使用过程中会过早地自动交联，出现黏花筒或堵网的现象。该类黏合剂商品有国产网印黏合剂等。

第四节　织物印花

棉织物印花常用的染料有活性染料、可溶性还原染料、不溶性偶氮染料、稳定不溶性偶氮染料、涂料等。按印花方法不同可分为直接印花、防染印花、拔染印花等。

一、直接印花

直接印花是所有印花方法中最简单且使用最普遍的一种。由于这种印花方法是用手工或机器将印花色浆直接印到织物上，所以叫直接印花。根据花样要求不同，直接印花可以得到三种效果，即白地、满地和色地。白地花即印花部分的面积小，白地部分面积大；满地花则是织物的大部分面积都印有颜色；色地花是先染好地色，然后再印上花纹，这种印花方法又叫罩印，但由于叠色缘故，一般都采用同类色浅地深花为多，否则叠色处花色萎暗。下面分别介绍各染料的直接印花。

（一）活性染料直接印花

活性染料是一类水溶性染料。由于染料结构中的活性基在碱性条件下可以和纤维上的羟基或氨基结合成共价键，因此可用于纤维素纤维和蛋白质纤维的染色和印花。

常用国产活性染料按其活性基团可分为 X 型、KN 型、K 型和 M 型。其活性大小的顺序为 X > M > （KN） > K，而其稳定性则相反，即染料的活泼性越高，则越不稳定，容易水解，制成色浆的稳定性很差，印花成品在储存期间易发生染料母体与纤维间“断键”而分裂。因此，反应性过高的 X 型染料不宜用于印花，生产上常采用 K 型和 KN 型活性染料印花，有时为了色泽的要求和色谱等原因，也可采用少量几种 X 型活性染料。

活性染料要和纤维反应生成共价键，必须在碱性条件下才能发生。染料在碱性条件下和纤维生成共价键的同时也发生水解，水解过后的染料便失去活性，只能在纤维表面发生沾色。和纤维已经生成共价键的染料在高温碱性条件下会发生染料和纤维断键而脱落，这些染料虽然不能再和纤维生成共价键，但它们仍具有一定的亲和力，仍可以重新上染到印花织物的白地上造成沾色。如果这些染料对纤维的亲和力较低，则沾污的染料便容易被洗除，如这些染料对纤维的亲和力较高，则洗除就很困难，将造成白地不白的现象。因此，活性染料用于印花时要尽量选用亲和力较低的染料。关于染料的上染和固色机理及染料的组成、性能，已在染色一章中介绍。

活性染料由于活性大小不同，所以固色时使用的碱剂用量也应有所不同。活性染料拼色时应尽量选用同一类型的活性染料。如需要K型和X型染料拼用，其碱剂用量应按X型活性染料的要求使用，KN型活性染料不宜与K型活性染料拼用，但可与X型和M型活性染料拼用。

由于活性染料具有水溶性，且对纤维的亲和力都较低，故只能用于中、浅色图案的印花。一些活性染料的耐氯漂、气候及烟熏牢度还不够理想，有待以后在制造和应用中逐步克服。

活性染料的印花工艺根据染料的不同，可分为两大类，即一相法和两相法。一相法即为色浆中同时含有固色的碱剂。一相法适用于反应性较低的活性染料，印花色浆中含有碱剂对色浆的稳定性影响较小。两相法则是色浆中不含有碱剂，印花后经各种方式进行碱剂固色处理。两相法适用于反应性较高的活性染料，色浆中不含碱剂，因而储存稳定性良好。各种染料固色方法的选择应根据配方和工艺条件的试验结果加以确定，而不能简单划分。

1. 一相法印花

（1）工艺流程：

印花──→烘干──→蒸化──→水洗──→皂洗──→水洗──→烘干

（2）配方：活性染料印花配方见表3－1。

表3－1　活性染料印花配方　　单位：kg

处　方	X　型	K型、M型	KN型
海藻酸钠	30～40	30～40	30～40
防染盐S	1	1	1
尿　素	3～6	3～6	3～6
热　水	x	x	x
染　料	1～6	1～6	1～6
小苏打	1～2	1.5～2.5	0.7～2
合成为	100	100	100

（3）操作：先以少量冷水将染料调成浆状，另以热水溶解尿素倒入染料中，使其充分溶解，将溶解好的防染盐S加入原糊中，然后将染料溶液滤入，搅拌均匀，冷却至30℃以下，临用前加入碱剂（小苏打以冷水调成浆状）。

（4）蒸化条件：蒸化温度102～104℃，蒸化时间见表3－2。

表 3－2　蒸化时间　　单位：min

染料类型	X 型	K 型	KN 型	M 型
蒸化时间	3～5	6～10	3～5	2～5

（5）注意事项：

① 当染料用量较大时，应加入尿素助溶，尿素的加入可提高固色率和染色牢度以及纤维的吸湿膨化。当染料用量超过 6% 时，染料每增加 1%，应增加尿素 1%。

② 织物印花后要充分烘干以防止搭色，并应尽快蒸化，防止“风印”疵病的产生。

2. 两相法直接印花　两相法印花由于色浆不加碱剂，所以印花烘干后不必立即进行蒸化后处理，也不会有“风印”产生。此法汽蒸时间较一相法短（仅数十秒），节省蒸汽，成品色泽较一相法艳亮，给色量也有不同程度的提高，但目前只有乙烯砜型染料较适合此法。

（1）工艺流程：

印花──→烘干──→面轧碱液──→蒸化（温度 103～105℃，时间约 30s）──→水洗──→皂洗──→水洗──→烘干

（2）色浆配方：

海藻酸钠—淀粉糊（1∶1）	30～40kg
防染盐 S	1kg
尿素	3～6kg
热水	x
染料	1～6kg
清水（室温）	y
合成为	100kg

（3）轧碱液配方：

烧碱（30%）	30g
纯碱	150g
碳酸钾	50g
淀粉糊	100g
食盐	15～50g
清水（室温）	x
合成为	1L

3. 印花色浆中各助剂的作用

（1）尿素：帮助染料溶解，因为印花时染料浓度较高，加入尿素可帮助染料溶解，提高给色量。尿素可使纤维吸湿膨化，有利于染料的渗透。

（2）小苏打：小苏打是酸式碳酸盐，受热时分解为纯碱，纯碱可作为活性染料固色的

碱剂。

(3) 防染盐S：一种弱氧化剂，学名为间硝基苯磺酸钠，在高温汽蒸时能与还原性物质作用，因此可保证活性染料不被还原性气体还原变浅或变暗。对氧化剂敏感的活性染料，防染盐S要少加。

（二）涤棉混纺织物直接印花

涤纶和棉纤维的物理结构和化学性能均不相同，因此，它们的染整加工就不同于单一纤维织造的织物，要复杂得多。对于混纺织物进行印花要获得均一色泽，可采用下列两种方法。

第一种方法，用一种染料同时印两种纤维。可使用的染料有聚酯上林染料、可溶性还原染料、分散染料、稳定不溶性偶氮染料、缩聚染料、混合染料以及涂料。该方法一般用于印制浅、中色花纹。

第二种方法，用两种染料分别印两种纤维。目前用的印花方法有分散染料与活性染料同浆印花、分散染料与可溶性还原染料同浆印花、分散染料与还原染料同浆印花。

涤棉混纺织物印花所用染料虽然很多，但常用的则为分散染料与活性染料同浆印花和涂料印花。

1. 分散—活性染料同浆印花 分散—活性染料同浆印花特别适用于中、深色印花，具有色谱齐全，色泽鲜艳，工艺简单的特点。但由于两种染料在两种纤维的固色条件不一样，而且还会对两种纤维产生干扰，存在着棉纤维被分散染料沾染，导致花色鲜艳度差、白地不白的疵病，活性染料也有沾污涤纶的可能，因此必须对染料加以选择。

（1）染料的选择：

① 活性染料的选择：分散—活性染料同浆印花时，活性染料应选择牢度好、色泽鲜艳、固色快、稳定性好、对涤纶沾色少的活性染料品种。由于某些分散染料对碱敏感，故应选择在弱碱条件下固色的活性染料。

② 分散染料的选择：分散染料的选择除了色泽鲜艳、各项牢度要好外，还应考虑分散染料对棉纤维的沾色要小，要具有一定的抗碱性和耐还原性。如偶氮结构的分散染料和含有较多硝基的染料在高温、碱剂的作用下均会发生褪色或变色，某些分散染料还会发生碱性水解，使其牢度下降或变色。

（2）印花工艺：

① 工艺流程：

印花⟶烘干⟶热熔（180～190℃，2～3min）⟶汽蒸⟶水洗⟶皂洗⟶水洗⟶烘干

② 配方：

分散染料	x
活性染料	y
尿素	5～10kg

防染盐S	10kg
海藻酸钠糊	40~60kg
小苏打	10~15kg
合成为	100kg

③ 操作：活性染料选定后调制好色浆，但不能配足总重量。分散染料单独溶解后，临用前滤入，然后以原糊或水调至总重量。

2. 涂料直接印花　目前涤棉混纺织物用涂料印花日益增多，涂料印花靠黏合剂所形成的薄膜机械地将涂料固着在织物表面，所以适用于各种纤维的混纺织物。涂料印花具有得色较深、印花轮廓清晰、工艺简单等优点，但由于手感硬、耐摩擦牢度差等缺点，因此目前仅用于线条纹及面积不大的花型的印花。

印花配方及印花工艺基本同涂料印花，此内容将在本章后文中做详细介绍。其固色条件为温度140~160℃、3~5min，或170℃、1~1.5min。由于固色温度升高，故黏合剂应耐高温焙烘。

（三）共同印花与同浆印花

在印制多套色图案时，往往用单一染料不能满足要求，如色谱不全、牢度不一、工艺复杂等因素，故常利用各种染料来进行共同印花，以取长补短。由于各染料上染所需条件不尽相同，要进行共同印花或同浆印花必然会产生很多矛盾，故在选用染料和安排工艺上要确保印花织物具有良好的牢度、鲜艳度以及原样逼真。

1. 共同印花　以下以不溶性偶氮染料与活性染料的共同印花为例做介绍，该方法生产上称为冰活工艺。

冰活工艺的印花可分为一般印花法和两相印花法。一般印花法的工艺流程为：

白布──→色酚打底──→烘干──→印花──→汽蒸──→冷水冲洗、碱洗──→皂洗、水洗──→烘干

两相法的工艺流程为：

白布──→色酚打底──→烘干──→印花──→烘干──→轧碱快速蒸化──→冷水冲洗──→碱洗──→皂洗、水洗──→烘干

活性与冰染料共同直接印花，冰浆除用锌氧粉作中和剂外，其余同直接印花。

采用冰活工艺，花样有叠印或碰印的地方，往往因冰浆的酸性而使活性染料发生白圈或浅圈，俗称“眼圈”。解决措施除用锌氧粉代替醋酸外，还可增加活性染料色浆的用碱量。在黄布上印活性染料，因织物上存在溶解色酚的游离碱，因而使活性染料的沾色较为严重。

共同印花除以上介绍的外，尚有其他染料的共同印花，这里不再一一叙述。总之，应根据花型的特点，灵活而恰当地考虑共同印花工艺，以达到印花的要求。

2. 同浆印花　同浆印花仍属于直接印花范畴，是用两种不同种类的染料（涂料）调成同一色浆进行拼色印花，可以得到用同一类染料拼色时难以达到的效果。同浆印花时所用两

类染料要性质互容、电荷性相同，应用的助剂无矛盾，后处理工艺也应一致。同浆印花可以拼出特殊的色泽，合乎要求的色光，提高印花效果。常用同浆印花有：涂料与不溶性偶氮染料同浆印花、暂溶性染料与不溶性偶氮染料同浆印花、可溶性还原染料与活性染料同浆印花、酞菁染料与中性素染料同浆印花、暂溶性染料与涂料同浆印花等。

同浆印花虽可印出特殊要求、特殊风格的色彩，有一定应用价值，但受染料、糊料、助剂等限制，因此，同浆印花法有其局限性。

二、拔染印花

将有地色的织物用含有拔染剂的色浆印花的工艺，叫拔染印花。拔染印花可得到拔白和色拔两种效果。拔染印花的织物色地丰满，花纹细致精密，轮廓清晰，但成本高，生产流程长且工艺复杂，设备占地多，因此多用于高档的印花织物。

含有偶氮基的各类染料，在强还原剂的作用下会发生断键，从而使其消色。

$$Ar—N═N—Ar' \xrightarrow{[H]} Ar—NH_2 + H_2N—Ar'$$

上述反应即为拔染印花的原理。所用还原剂又叫拔染剂，常用的拔染剂为雕白粉。现以不溶性偶氮染料拔染印花工艺做一介绍。

不溶性偶氮染料拔染印花工艺流程为：

打底⟶烘干⟶显色⟶轧氧化剂⟶烘干⟶印花⟶烘干⟶汽蒸⟶氧化⟶后处理

1. 印前处理和拔染用剂

（1）印前处理。印前处理包括地色染色和轧氧化剂。地色染色工艺基本上与常用的冰染料染色工艺相同，但略有差异。首先要注意尽量少生成浮色，浮色多，影响拔白效果，导致大量拔染剂消耗在浮色上，影响与地色的作用，因此要严格控制偶合工艺条件；其次显色后不能皂煮，因在皂煮过程中染料颗粒会聚集增大，使还原剂分解困难，不易拔染。

在拔染印花中，花筒表面的印花色浆很难刮净，造成没有花型的部分也会沾有少量雕白粉，从而使地色被破坏，形成浮雕或花纹的渗化。为防止这些疵病，染好的地色可先浸轧氧化剂，烘干后再印。氧化剂大都用防染盐S，它能消耗雕白粉，其反应式如下：

$$C_6H_4(NO_2)(SO_3Na) + 6[H] \longrightarrow C_6H_4(NH_2)(SO_3Na) + 2H_2O$$

防染盐S的用量不能太大，否则会影响拔染效果。其用量一般为2～3g/L，易拔染的或大面积花纹则增加到5～6g/L。

（2）拔染用剂。拔染用剂主要为强还原剂雕白粉，除此之外，还包括助拔剂和碱剂。雕白粉的分子式为 $HCHO \cdot NaHSO_2 \cdot 2H_2O$，正常情况下无臭味，若分解变质，则有大蒜味。

雕白粉在常温下并不表现其强还原性，超过 60℃以后，才逐步开始分解，表现其强烈的还原性，在碱性条件下分解较快。

雕白粉的用量一般应根据下列原则选用：不溶性偶氮染料地色对还原剂稳定性的大小，着色拔染士林染料对雕白粉需要量的多少，以及花筒雕刻的深浅及花筒排列情况等。

为了增进拔染效果，常在拔染印浆中加入助拔剂。一般使用蒽醌、咬白剂 W，其中蒽醌被广泛使用。蒽醌亦称导氢剂，其助拔机理为：

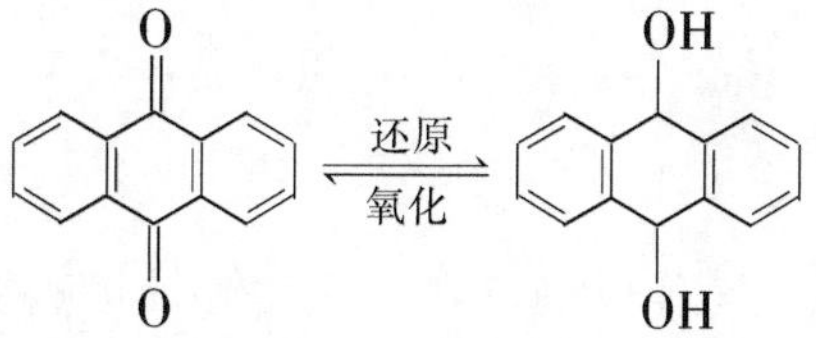

$$\text{蒽醌 (O, O)} \underset{\text{氧化}}{\overset{\text{还原}}{\rightleftharpoons}} \text{氢蒽醌 (OH, OH)}$$

当汽蒸时，蒽醌被还原剂还原为氢蒽醌，氢蒽醌具有一定的还原能力，可使染料还原而本身再变成蒽醌。这一反应继续循环直到染料充分还原，因此蒽醌是起到一种催化剂的作用。加入蒽醌可提高白度，并使白度在空气中更加稳定。

拔染色浆中必须加入碱剂，因为不溶性偶氮染料被还原后的分解产物必须在碱剂的作用下成为钠盐，才能溶于水而被洗除。碱剂还可中和雕白粉分解产生的酸，使其具有强烈的还原作用。此外，着色剂还原染料在碱剂中才能变成具有上染能力的隐色体。常用的碱剂有烧碱、纯碱、小苏打、碳酸钾等，拔白浆一般用烧碱。碱剂用量一般为 4% 左右。

2. 拔白印花 拔白印花可分为中性拔白和碱性拔白两种工艺，其区别是在印花色浆中是否加入碱剂。中性拔白对有的地色拔白效果较碱性拔白好，但有时并不这样，必须根据地色试验后确定。

	碱性拔白浆	中性拔白浆
印染胶—淀粉混合糊	40 ~ 60kg	40 ~ 60kg
烧碱（30%）	6 ~ 8kg	—
雕白粉	15 ~ 25kg	15 ~ 25kg
蒽醌（1∶3）	0 ~ 3kg	0 ~ 3kg
增白剂 VBL	0. 2 ~ 0. 4kg	0. 2 ~ 0. 4kg
合成为	100kg	100kg

溶解雕白粉时可适当加温（约 60℃），充分控制水量，防止超出总量。将雕白粉加入糊内搅匀，再加入烧碱，然后再加入用温水溶解的增白剂。在临印花前，将蒽醌加到拔白浆中。

3. 色拔印花 色拔印花所用着色剂一般为还原染料。不溶性偶氮染料拔染印花色浆中的碱剂和雕白粉在使地色破坏的同时也使还原染料还原生成隐色体，即可上染纤维，因此可用还原染料拔染不溶性偶氮染料。由于调制还原染料印花色浆需要先将还原染料还原生成隐色体，加之还原染料色浆稳定性好，故印花时往往预先制成浓度较高的基本浆储存备用。当调制色浆时，按工艺要求称取一定的基本浆，再加入不含染料只含助剂的冲淡浆，稀释后即可印花。

还原基本浆的调制，根据染料的性能可分为预还原法和不预还原法两种。

冲淡糊配方：

印染胶—淀粉混合糊	50～60kg
烧碱（30%）	5～7kg
雕白粉	14～24kg
水	x
合成为	100kg

如基本色浆中用碳酸钾或纯碱作碱剂，则在冲淡糊中也应将烧碱改为相应的碱剂。

4. 烘干、蒸化及后处理 织物印花后应及时烘干，烘干时间宜短，烘干后透风冷却，以避免雕白粉热分解而失效。

蒸化温度102～104℃，时间7～10min，氧化可参阅染色章内容。后处理同一般工艺。

除不溶性偶氮染料地色织物可用于拔染印花外，直接铜盐染料、偶氮类活性染料、靛类还原染料、偶氮类分散染料地色织物都可用于拨染印花，但其应用不如不溶性偶氮染料广泛。

三、防染印花

防染印花是先印花后染色的印花方法，即在织物上先印上某种能够防止地色染料或中间体上染的防染剂，然后再经过轧染，使印有防染剂的部分呈现花纹，达到防染的目的。防染印花可得到防白和色防两种效果。

防染印花历史悠久，我国农村中很早流传的一种蓝白花布就是靛蓝防染印花制成的。防染印花较拔染印花有许多优点，如价格低，工艺流程简单，易发现疵病。但防染印花花纹轮廓不够清晰，防白效果不如拔白理想，产品质量不如拔白印花，但有的产品只能通过防染印花才能达到原样要求。

防染剂分为化学防染剂和物理机械防染剂两类。化学防染剂是和地色染料性能相反的药剂，如活性染料在碱性条件下才能固色，因此，可用酸性物质来作防染剂。化学防染剂的选择必须根据地色染料的性能来决定。物理机械防染剂都是植物的胶类、石蜡、陶土、氧化铁、氧化钛等，金属氧化物的颗粒必须很细，才能具有对纤维的一定被覆力和较高的化学稳定性。物理机械防染剂只起机械性防染作用，不参与化学反应。一般常将两种防染剂混合使用，以提高防染效果。

在棉布印花中，常见的防染工艺所用染料很多，由于各种原因，有的已不再使用。本节只介绍活性染料的防染印花工艺。

活性染料和纤维素反应必须在碱性条件下才能完成，即必须碱性固色。因此，可采用酸性物质或能够和染料反应使其失去活性的物质进行防染印花。活性染料防染印花应用较广泛的主要有酸性防染和 KN 型染料的亚硫酸钠法防染。活性染料防染效果较好的染料为 KN 型。

1. 酸性防染印花法　酸性防染常用酸剂有柠檬酸、硫酸铵、硫氰酸铵、硫酸铝等。下面以硫酸铵为例做介绍。

（1）硫酸铵法防白印花：

工艺流程：

白布⟶印花⟶轧染活性染料地色⟶烘干⟶汽蒸⟶水洗、皂洗⟶烘干

配方：

硫酸铵	5% ~6%
龙胶糊	30% ~40%
增白剂 VBL	0.5%
水	x
合成为	100%

地色轧染在轧烘机上进行。其配方为：

海藻酸钠糊	50 ~ 100g
活性染料	x
尿素	10 ~ 50g
小苏打	15 ~ 20g
防染盐 S	7 ~ 10g
水	x
合成为	1L

一浸一轧，液温 25 ~ 30℃，轧液率 70% ~ 80%，烘干后在 102 ~ 104℃下汽蒸 5 ~ 7min，使活性染料固色，接着水洗、皂洗。

（2）酸性色防印花：酸性防染剂的存在有利于涂料的结膜固着、色基和色酚的偶合，因此，这两类染料适合于作活性染料色防的着色剂。涂料色防的工艺流程和酸性防白的工艺流程一致，其印花色浆配方为：

涂料	w
东风牌黏合剂	40g
乳化糊 A	x
龙胶糊	y
硫酸铵	30 ~ 70g
六羟树脂（50%）	50g
水	z
合成为	1kg

涂料色防的黏合剂用丙烯酸酯类为最佳。

2. 乙烯砜型活性染料地色亚硫酸钠防染法 亚硫酸钠可与乙烯砜型活性染料发生加成反应，使染料失去反应活性，从而达到防染的目的。

（1）防染工艺流程：

白布──→印花──→轧活性染料地色──→烘干──→汽蒸（4～6min）──→水洗、皂洗──→烘干

（2）亚硫酸钠法防白和着色防染配方：

① 防白配方：

龙胶糊	400～500g
亚硫酸钠	7.5～20g
合成为	1kg

② K型活性染料着色防染KN型活性染料地色配方：

海藻酸钠糊	400～500g
K型活性染料	x
尿素	50g
小苏打	15g
防染盐S	1g
亚硫酸钠	10～12g
合成为	1kg

K型活性染料不能与Na_2SO_3反应，故不会失去活性，可用作着色防染染料。

（3）KN型活性染料染地色配方：

海藻酸钠糊	100g
KN型活性染料	x
尿素	50g
防染盐S	10g
小苏打	12～15g
水	y
合成为	1L

防染染地色以面轧为好，防染后要及时汽蒸、烘干。

四、防印印花

防印印花是从防染印花基础上发展起来的，两者印花机理一样。其不同点在于：防染印花是在染色设备上染制地色，即经过印花与染色两道工序，防印印花则采取罩印的方法，印花时先印含有防染剂的色浆，最后一只花筒印地色色浆，两种色浆叠印处产生防染剂破坏地

色色浆的发色，从而达到防染目的。

防印印花能获得地色一致的效果，且地色的色谱不受限制，丰富了印花地色的花色品种，还可省去染地色工序，并避免由于防染剂落入染色液而产生的疵病。防印印花可获得轮廓完整、线条清晰的花纹。防印印花虽具有以上优点，但在印制大面积地色时，所得地色不如防染印花丰满。

防印工艺目前比较成熟的有涂料防印活性染料、涂料防印不溶性偶氮染料、不溶性偶氮染料间相互防印、不溶性偶氮染料防印活性染料、还原染料防印可溶性还原染料。以下以涂料防印活性染料的防印印花为例，叙述于下。

涂料色浆中加入强还原剂如雕白粉，或释酸剂如硫酸铵，均可防止活性染料地色浆发色，一般用硫酸铵法较多。

1. 白涂料防印活性染料

（1）工艺流程：

白布印花（包括罩印）⟶烘干⟶汽蒸⟶后处理

（2）配方：

白涂料	50～200g
乳化糊 A	100g
东风牌黏合剂	400g
硫酸铵（预溶）	50～80g
龙胶糊	50g
合成为	1kg

活性染料以选用 KN 型为好，因 KN 型活性染料汽蒸时在释酸剂放出酸时仍较稳定。后处理水洗时应尽量洗净未固着的活性染料，以免造成沾色疵病。

2. 涂料着色防印活性染料

（1）工艺流程：工艺流程与白涂料防印工艺相同。

（2）配方：

色涂料	x
白涂料	50～200g
乳化糊 A	100g
黏合剂 BH	400g
氨水（25%）	5～10g
硫酸铵（预溶）	10～60g
龙胶糊	50g
合成为	1kg

色浆中加入氨水，使其呈弱碱性，可保证色浆暂时稳定。防染剂硫酸铵用量不可过量，

以免引起纤维脆损。

五、涂料印花

涂料印花是使用高分子化合物作为黏合剂，把颜料机械地黏附于织物上，经后期处理获得有一定弹性、耐磨、耐手搓、耐褶皱的透明树脂花纹的印花方法。涂料固着在纤维上的机理与其他染料固着在纤维上的机理不同，它是靠黏合剂在织物上形成坚牢、无色透明的膜，将涂料机械地覆盖在织物上，因此，用涂料印花不存在直接性等问题，对所有纤维都适合，特别是对混纺织物就更显示了其优越性。

涂料印花工艺简单，印花后经过热处理就可完成，不需水洗，印制效果好，可印精细线条，没有沾污白地的危险。涂料色谱齐全，拼色方便，除红、酱色外可印深浓色和白色，且耐日晒和耐气候牢度一般较好。由于黏合剂形成的膜的原因，造成印制后手感发硬，因此都用于小面积花型。由于黏合剂的原因，容易产生嵌花筒、粘刮刀、搭色等问题。涂料是被黏合剂形成的膜机械地固着在织物上，故印制后其耐摩擦牢度不高，色泽鲜艳度不够。

1. 涂料印花色浆的组成　涂料印花色浆由涂料、黏合剂、增稠剂三部分组成，此外还有其他一些助剂，如交联剂、消泡剂、柔软剂等，用以提高印制效果和牢度。增稠剂的作用和前面介绍染料印花中的原糊一样，是保证图案轮廓清晰、逼真。涂料印花不能使用一般原糊作增稠剂，因为黏合剂形成的膜会把这些原糊覆盖住，不能被洗除，造成手感很硬。

（1）涂料。涂料是涂料印花色浆中重要的组成成分。涂料是一种不溶性的有色物质，常称为颜料。涂料浆是由颜料同一定比例的润湿剂、乳化剂和保护胶体等物质混合后，研磨制成浆状，即成涂料商品。

（2）黏合剂。黏合剂为成膜性的高分子物质，由单体聚合而成，是涂料印花色浆的主要组成之一。印花织物的手感、鲜艳度、各项牢度等指标在很大程度上都取决于黏合剂的品种和质量，故黏合剂在涂料印花中的作用非常重要。

（3）交联剂。交联剂又称固色剂或架桥剂，主要和黏合剂发生交联形成网状结构。交联剂一般分为两类：一类是树脂整理剂，有 DMU、DMEU、DMDHEU 等；另一类为含有活性多官能团化合物，商品有阿克拉菲克斯 FH、交联剂 EH、交联剂 101、海立柴林固色剂等。

交联剂 EH 和交联剂 101 是由己二胺和环氧氯丙烷缩合而成的，它是具有两个反应基团的交联剂，在酸性介质中稳定。另一种常用的交联剂是阿克拉菲克斯 FH，常称为交联剂 FH，它具有多个反应基团。在涂料印花色浆中，交联剂的加入量不能过多，否则会引起印花织物的手感下降。

（4）增稠剂。织物涂料印花时，为了将颜料、化学助剂等传递到织物上并获得清晰的花纹轮廓，故印花色浆要有一定的稠厚度，但又不能使色浆的固含量太高，这就需要在调配色浆时加入增稠剂。而涂料印花中黏合剂生成的皮膜厚 1 ~ 5μm，因此印花色浆在调制时不能使用染料印花时所用的原糊作增稠剂，因为它们和黏合剂混在一起成膜后难以洗净，造成手感发硬和牢度下降，故一般采用乳化糊或合成高分子电解质糊料。

在织物涂料印花中，目前仍广泛采用的乳化糊是用煤油和水依靠表面活性剂乳化而成，它的固含量极少，印后烘干时可以基本上全部逸出，不影响黏合剂固着。乳化糊商品有乳化糊 A、乳化糊 N 等。乳化糊 A 的调制配方为：

匀染剂 O	2kg
热水	x
煤油	70～80kg
合成为	100kg

煤油是易燃品，调制时应特别注意，同时在印制过程中也要注意。

（5）柔软剂。涂料印花的缺点之一就是由于黏合剂成膜而影响了织物的手感，特别是大面积花型。为了解决此问题，除了选用成膜较软的黏合剂外，还可以用在印花色浆中加入柔软剂的方法来改善织物的手感。如聚二甲基硅烷以及其他柔软剂。

2. 印花工艺

（1）工艺流程：

印花——→烘干——→固着（即蒸化，温度 102～104℃，时间 5～6min；或焙烘，温度 140～150℃，时间 3～5min）

（2）工艺配方：

	白涂料	色涂料	荧光涂料
黏合剂（固含量 40%）	40kg	30～50kg	20～50kg
交联剂	3kg	2.5～3.5kg	1.5～3kg
涂料	30～40kg	0.5～1.5kg	10～30kg
乳化糊	x	x	x
尿素	0	5kg	0
水	y	y	y
合成为	100kg	100kg	100kg

（3）操作。先将黏合剂和乳化糊混合，在不断搅拌下加入用水冲淡成 1∶1 的交联剂，然后依次加入尿素和涂料，最后再加入乳化糊或水至所需要的量。

织物印花后烘干时随着水分、煤油的蒸发，黏合剂逐渐在织物上结膜，并黏着在纤维表面。经焙烘或汽蒸后，水分和煤油充分去除，黏合剂本身的结膜更牢固，和纤维的黏着力亦更坚牢，颜料颗粒被黏合剂黏于纤维表面。织物经焙烘或汽蒸后，一般纯颜料印花且花纹面积又较小时，不必进行洗涤，但有时由于乳化糊所用煤油质量不好，气味较重，则还需再进行水洗、皂洗。

3. 环保型的涂料印花　涂料印花已广泛用于纺织品，具有工艺简单、无污水或少污水的优点。目前的问题是印花织物的手感、颜色鲜艳度和耐摩擦牢度比较差，另一个重要问题是黏合剂的危害，一些黏合剂含有害的游离单体和甲醛；涂料印花一般采用煤油乳化糊（俗称A邦浆），不仅成本较高，生产中有易燃易爆的危险，还存在煤油污染空气、水源的问题。

为了防止污染环境，节约能源，一些西方发达国家已制订出了法令，禁止使用这种煤油乳化增稠剂，煤油等矿物油也是生态纺织品标准100中禁止使用的有害物质。近些年来，随着纺织品印花采用涂料工艺的比重不断增大，为了节约能源和控制环境污染，对合成增稠剂的研制开发、对涂料低煤油和无煤油印花工艺的研究已引起重视，有了较大发展。

目前无煤油或少煤油的涂料印花糊料、新型环保涂料、环保型黏合剂、可生物降解的低温自交联黏合剂已经问世，并逐步推广应用，有利于解决涂料印花中环境污染的问题。

（1）Carbopol 846树脂。Carbopol树脂是国外一家公司生产的产品，是一组系列产品，其中Carbopol 846树脂是固含量最低，而黏度最高的增稠剂，是纺织品涂料印花比较理想的增稠剂。

Carbopol 846树脂外观为蓬松的白色粉末，吸水性高，在一般的涂料印花色浆中，用量仅为4～6g/kg，可以完全不用乳化糊。这样就显著地减少了煤油的用量。

（2）Alcoprint PTF增稠剂。Alcoprint PTF为液体分散型，是专门用于涂料印花色浆的增稠剂。它不仅对印花织物有普遍的适应性，适用于一般棉织物、涤纶及其混纺织物，而且对印花设备也有广泛的适应性，适用于辊筒、圆网和平网印花机，甚至于手工筛网印花机。

（3）无煤油邦PA浆。无煤油邦PA浆是以脂肪族醇胺为主体，经乳化增稠制成的。它具有与含煤油乳化糊在涂料印花浆中相同的使用要求和性能。把它用于筛网涂料印花，增稠效果好，色浆稳定性高，无煤油味，没有环境污染，皮膜手感柔软，牢度好。

六、喷墨印花

随着计算机辅助设计技术（CAD）用于纺织品印花的图案设计和雕刻后，纺织品印花有了快速地发展。喷墨印花是通过各种数字输入手段把花样图案输入计算机，经计算机分色处理后，将各种信息存入计算机控制中心，再由计算机控制各色墨喷嘴的动作，将需要印制的图案喷射在织物表面上完成印花。其电子、机械等的作用原理与计算机喷墨打印机的原理基本相同，其印花形式完全不同于传统的筛网印花和滚筒印花，对使用的染料也有特殊要求，不但要求纯度高，而且还要加入特殊的助剂。

1. 喷墨印花机的类型和喷墨印花原理 喷墨印花机按喷墨印花原理可分为连续喷墨（CIJ）印花和按需滴液喷墨（DOD）印花两种。

（1）连续喷墨（CIJ）印花。连续喷墨印花机的墨滴是连续喷出的，形成墨滴流。墨水由泵或压缩空气输送到一个压电装置，对墨水施加高频震荡电压，使其带上电荷，从喷嘴中喷出连续均匀的墨滴流。喷孔处有一个与图形光电转换信号同步变化的电场，喷出的墨滴便会有选择性地带电，当墨流经过一个高压电场时，带电墨滴的喷射轨迹会在电场的作用下发生偏转，打到织物表面，形成图案，未带电的墨滴被捕集器收集重复利用。

连续喷墨印花机目前主要应用于地毯和装饰布的生产，这种印花机印花精度相对比较低，但印花速度比较快。

（2）按需滴液喷墨（DOD）印花。按需滴液喷墨印花机仅按照印花要求喷射墨滴，目前分热脉冲式、压电式、电磁阀式和静电式四大类型。应用最多的是热脉冲式喷墨印花机和压电脉冲式印花机两种类型。

① 热脉冲式喷墨印花机：热脉冲式喷墨印花机能够根据计算机发出的信号瞬间将喷嘴处的加热元件加热到高温，使墨水迅速达到高温（约400℃）状态，导致墨水中的挥发性组分汽化形成气泡，使墨滴从喷嘴孔喷出，并由加热器冷却，气泡收缩释放出墨水液滴。同时墨室重新被储墨器充满，见图3－5。因此，这种印花方式也叫微气泡式喷射印花。

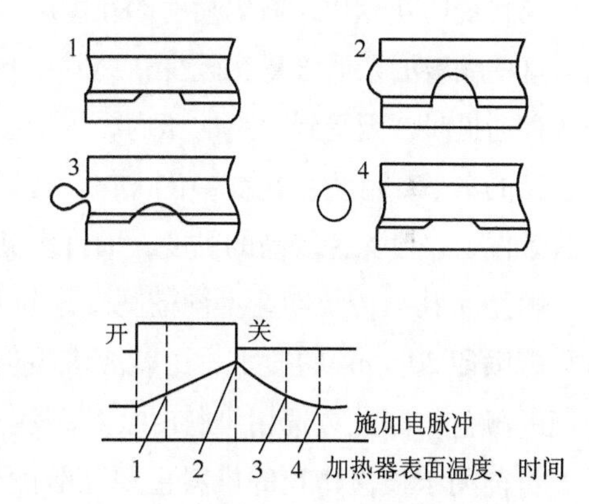

图3－5　热脉冲式按需滴液喷墨印花原理

热脉冲式喷头升温、降温的频率可达每秒数千次，喷出的墨滴极其细微，而且由于气泡产生的冲击力很大，墨滴的喷射速度可达10～15m/s。热脉冲式喷墨印花机的缺点是喷头的寿命短（一个喷头能够喷50～500mL墨水）。大于350℃的高温容易使墨水中的某些成分分解，破坏墨水的稳定性和颜色的鲜艳度，并容易使喷嘴阻塞。热脉冲式喷墨印花机的主要优点是喷头的造价低。

② 压电脉冲式印花机：压电式喷墨印花机是利用压电传感器对墨水施加冲击。当计算机控制的变化电压施加在压电传感器上时，它会随电压的变化而发生体积的收缩和膨胀，体积变化的方向取决于压电材料的结构和形状。当传感器收缩时会对喷嘴内的墨水施加一个直接的高压，使其从喷嘴高速喷出。电压消失后，压电材料恢复到原来的正常尺寸，墨室依靠毛细作用被储墨器充满，见图3－6。

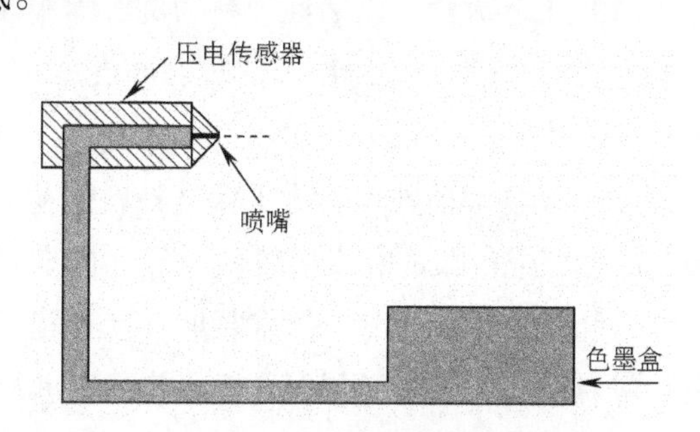

图3－6　压电式按需滴液喷墨印花原理

压电式喷嘴每秒能喷出14000个左右的墨滴，比热脉冲式稍多，墨水体积稍小，为150×10^{-8}L。压电式喷头的分辨率高达1440dpi，寿命比热脉冲式高100倍。目前压电式喷墨印花机是重点发展的喷墨印花机之一。

2. 印花油墨　迄今为止，尚无普遍适用于纺织品数码喷射印花的标准油墨配方，但所有油墨配方必须满足一定的总体要求，如黏度、表面张力、密度、蒸汽压、电导性、热稳定性、毒性、易燃性、染料纯度和溶解性、机械适应性、给色量、腐蚀性、储存稳定性、颜色鲜艳度和耐光及耐洗牢度等，其中黏度、表面张力、稳定性、颜色鲜艳度和各项牢度是最重要的指标。

喷墨印花的油墨配方包括色素（染料或涂料）、载体（黏合剂/树脂）和添加剂（包括黏度调节剂、引发剂、助溶剂、分散剂、消泡剂、渗透剂、保湿剂等），其中添加剂应根据需要分别使用。

与传统印花相比，数码喷射印花墨水的黏度要低得多，因此，常采用合成增稠剂作为糊料，因为这些糊料的杂质含量比较少，而其结构黏度又较高。当染料溶液或墨水流经阀门和阀门板的各种通道时，因受到较高的压力，染液变稀，黏度下降。在达到织物表面后，黏度又恢复到比较高的水平，可防止花纹渗化，保持比较高的轮廓清晰度。此外，这类增稠剂在染料固色的汽蒸条件下，可保持较高的黏度，而许多糊料在高温下黏度下降很多，引起花纹渗化。

喷墨印花与传统印花不同的另一个特点是喷墨印花在织物上施加的墨水量非常小，最高时只能喷印 $20g/m^2$ 的墨水，这就要求喷射印花的墨水给色量要高，即使用量很低也能显示出浓艳的颜色，因此在选用染料时要特别注意它的上染和发色性能。

目前用于喷墨印花的染料主要是活性染料、分散染料和酸性染料。在地毯和羊毛及丝绸的印花中，采用了酸性染料，不过在其溶解性、稳定性和相容性方面应仔细地进行选择。涤纶织物喷墨印花采用分散染料，但是对染料的溶解度、稳定性、相容性、颗粒大小有比较高的要求。喷墨印花应用较多的是纤维素纤维和蚕丝织物印花，所用的染料是活性染料。

3. 喷墨印花工艺

（1）工艺流程。以活性染料为例，喷墨印花工艺流程如下：

织物前处理──→烘干──→喷射印花──→烘干──→汽蒸（120℃，8min，使活性染料固色）──→水洗──→烘干

（2）织物印前处理。为了保证染料能充分上染纤维，并固着在纤维上，用于纺织品喷墨印花的油墨或色浆的黏度应较低。但这样染料溶液又容易渗化，形成星形色点，降低印花拼色效果和精细度。为此，都需要加入具有较高假塑性流变特性的高分子或增稠剂溶液加以克服，或者用这些增稠剂预先浸轧印花织物进行前处理。

由于喷墨印花所施加的油墨量比常规印花少，因此应尽量提高染料的上染率和固色率，故在喷墨印花前处理时应加入无机的填料（如二氧化硅微粒子）；同时还需加入对染料固色有帮助的助剂，如含氮的阳离子型化合物、金属盐等。有时还需加入一些表面活性剂或溶剂，提高油墨或色浆对织物的润湿和保证染料在固色时有良好的溶解状态。

对织物进行特殊的前处理是减少渗化，提高印制效果的主要措施，不同染料喷墨印花的前处理不同，应根据具体情况选用前处理剂。

4. 喷墨印花的优缺点

（1）喷墨印花的染料是按需喷出的，减少了化学制品的浪费和废水的排放；喷墨时噪声

小，既安静又干净，没有环境污染，是真正的生态型高技术印花工艺。

（2）印花工序简单，取消了传统印花复杂的制网和配色调浆工序，小样和批量生产一致，交货速度快，可以实现即时供货。

（3）工艺自动化程度高，全程计算机控制，可以与因特网结合，实现纺织品生产销售的电子商务化。

（4）生产灵活性强，表现为喷印的素材灵活，无颜色、回位的限制；喷印数量灵活，特别适合小批量、多品种、个性化的生产；印花极易组织，可以在办公室等任何地方进行生产，并且无需任何人照看，劳动强度低。

（5）颜色丰富多彩，印花精细度高。喷墨印花能表现高达1670万种颜色，而传统的印花方式只有十几种；目前数字喷墨印花的分辨率高达1440dpi，而传统印花工艺只能达到255dpi。

（6）目前数字喷墨印花技术还存在设备投资大、墨水成本高，织物需进行前处理和汽蒸等后处理，印花速度慢的问题。

总之，随着喷墨印花技术的不断发展，其在纺织品印花中的应用会越来越广泛，可以想象总会有一天，CAD在VDU（视频显示装置）上显现的图像，都可以通过喷墨印花技术控制（青、品红、黄和黑色）印花头，最终在纺织品上印出所需的颜色，再在紫外光下，快速完成上染、固色，而不需水洗，得到像彩色照片一样的图像。也就是说，它会给印花技术带来一次新的革命。

七、特殊印花

1. 烂花印花　烂花印花最早用于丝绸交织物，如烂花绸、烂花丝绒，其后用于烂花涤/棉织物及其他织物。烂花织物都由两种不同纤维通过交织或混纺制成，其中一种纤维能被某种化学药剂破坏，而另一种纤维则不受影响，便形成特殊风格的烂花印花布。通常由耐酸的纤维如蚕丝、锦纶、涤纶、丙纶等与纤维素纤维如黏胶纤维、棉等交织或混纺制成织物，用强酸性物质调浆印花，烘干后，纤维素被强酸水解炭化，经水洗后便得到具有半透明视感、凹凸的花纹，可用作窗帘、床罩、桌布等装饰性织物，也可用作衣料。

目前我国多为涤/棉包芯纱织物用强酸性浆料印花。强酸以硫酸为佳，酸性盐如硫酸铝、硫酸氢钠等也可使用，但效果不如硫酸。印花用糊料应能够耐强酸作用，具有较好的渗透性，印制轮廓清晰，而且易被洗除。这类糊料有白糊精、合成龙胶、油/水乳化糊等。印花后经干燥，再于140℃焙烘30s，绳状水洗，除去炭化物。如焙烘温度过高，印花处呈黑棕色，难以洗净，温度不够时，印花处呈白色不透明，说明作用不足，也难以洗除，一般以印花处焙烘后色泽为浅黄棕色为佳。检查焙烘温度是否适当，产品上残渣是否易于洗去，可将织物在有张力条件下，以手牵动织物，能使残渣立即脱离飞扬时为合适。

涤棉混纺织物的烂花印花可用硫酸铝或硫酸，硫酸浓度为98%硫酸30～33mL/kg，印花后于95～97℃汽蒸3min，在绳状洗涤时容易去除残渣，但要严格控制温度，以防止印浆渗化，造成花纹模糊。

在烂花浆中加入分散染料可以作为对涤纶的着色剂，从而得到有色烂花印花。但分散染料必须选择耐酸性好、遇酸不凝聚的S型或SE型的品种。也可将耐酸涂料加入酸浆着色。

烂花印花设备可使用滚筒印花机，但辊筒刻花深度应较一般的辊筒深，深度为140～160μm的印后花纹轮廓光洁，深度为170～190μm的透明度好。平网印花设备也可使用，但效率低，成本较高，一些精细花纹如着色云纹、精细点线和喷笔难以生产。

烂花印花方法可以采用直接印花法，也可采用防染印花法，即预先用浆料印花，烘干后浸酸、汽蒸除去地色部分，取得特殊效果。

2. 转移印花 转移印花是先将染料等印在转移印花纸上，然后在转移印花时通过热处理使图案中染料转移到纺织品上，并固着形成图案。目前使用较多的转移印花方法是利用分散染料在合成纤维织物上用干法转移。这种方法是先选择合适的分散染料与糊料、醇、苯等溶剂与树脂研磨调成油墨，印在坚韧的纸上制成转印纸。印花时，将转印纸上有花纹的一面与织物重叠，经过高温热压约1min，则分散染料升华变成气态，由纸上转移到织物上。印花后不需要水洗处理，因而不产生污水，可获得色彩鲜艳、层次分明、花型精致的图案。但是存在的生态问题除了色浆中的染料和助剂外还需大量的转移纸，这些转移纸印后很难再回收利用。

转移印花以在纯涤纶织物上的效果最好，涤棉混纺织物上因棉纤维不被分散染料着色，得色要比纯涤纶织物浅，块面大的花型还有“雪花”（留白）现象。纯锦纶织物也能转移印花，但得色量较低，湿处理牢度较差。转移印花法消耗的转印纸为织物长度的2倍，废纸及印后残留染料难以回收，且印深色有困难，故多应用于部分织物，如变形丝织物和针织物进行局部印花以及一些装饰性的印花。

近年来，分散染料转移印花也用于天然纤维，为了使分散染料升华后可吸附、扩散及固着在天然纤维纺织品上，印花前必须对纺织品进行预处理，包括化学改性和预溶胀处理。一般来说，这种预处理后分散染料可以上染天然纤维，但牢度和颜色鲜艳度不如聚酯纤维织物，需要仔细选用染料或开发新的分散染料。此法另一不足之处是印花前需要经过预处理，不仅增加了一道加工工序，预处理也存在许多生态问题，例如处理剂的毒性危害，耗能耗水，会产生污水等。

活性染料等一些离子型染料湿态转移印花也在研究中并获得应用，不足之处也是要耗费大量的转移纸，印花后还需经过水洗，在耗水的同时又产生污水。

涂料转移印花后不需焙烘和水洗，无污水排放，但是对颜料和黏合剂有较高要求，也需要大量的转移纸。

3. 蜡染（蜡防染） 蜡染即利用蜡的拒水性来作为防染材料，在织物上印制或手绘花纹，印后待蜡冷却，使蜡破裂而产生自然的龟裂——冰纹。染色时染液可从冰纹处渗向织物，呈现出独特的纹路，这种无重复性多变化的花纹有较高的鉴赏价值。

手工蜡染是用特殊蜡绘工具（铜蜡刀、铜蜡笔、蜡笔等）手绘花样在织物上，具有一定艺术价值，常作为印花装饰品，由于是手工生产，故生产率低，产品价格高。采用机械印蜡，可以大大提高工效。机械印蜡是用两只花筒将调好的蜡质在恒温条件下印到织物的正反面，并使正反面的花纹基本符合。蜡凝固后，将织物以绳状拉过圆形小孔，使蜡龟裂而形成冰纹。再用可以在常温染色的染料染色，染色后用沸水处理，洗去并回收印蜡。最后根据要求加印花色、大满地等而成仿蜡防染花布。

蜡染所用蜡材可用蜂蜡、石蜡、白蜡、松香等。蜂蜡黏性大，不易碎裂和脱落，防染力强；石蜡黏性小，易碎裂而脱落，手工绘蜡时运笔方便，裂纹多。松香用以调节蜡的黏性和裂纹，但不可加得过多。使用时常将几种蜡材混合使用，以期收到较好的效果。

蜡染用染料以靛蓝使用较早，其他低温还原染色的还原染料、不溶性偶氮染料、可溶性还原染料、活性染料等均可用于蜡防染色，以得到各种色泽的蜡染色布。

特种印花技术近年来发展较快，对丰富纺织物品种起的作用较大。除上述两种特种印花方法外，尚有微粒印花（即多色微点印花），此法使用不同颜色的微胶囊染料混合调浆，印在织物上，此时各种颜色的染料互相并无作用，也不会拼成单一色，印花后在高温汽蒸或焙烘时，囊衣破裂，芯内染料释出在织物上固着，可得到多彩色粒点印花效果。微胶囊染料颗粒的直径一般为 10～30μm，每千克这类染料可达到含 100 万～1000 万个颗粒。微胶囊外膜可由亲水性高聚物作为囊衣，如明胶、聚乙烯醇、丙烯酸酯等。目前囊内染料常用分散染料，因其不溶于水，容易在染料粒子外面包膜，故微胶囊印花都用于合成纤维织物。此外，还有静电植绒印花，可用于整批织物印花或衣服上的装饰性印花；起绒印花和发泡印花，可获得绒绣感及立体感。其他特种印花方法尚多，不再一一介绍。

4. 数码（喷墨）转移印花　传统的转移印花是要先将染料印刷在转移印花纸上，再通过热处理使图案中的染料转移到纺织品上并固着，形成图案。转移印花时虽然工艺简单，不需要制网和印后处理，但在印刷转移纸时，仍然要制网和进行印花处理，工序较长。随着数码技术的发展，以计算机技术为支撑的数码喷墨转移印花技术已经开始取代传统的转移印花，亦称为数码转移印花，是一种无需网版、仅需要应用数码技术进行图案处理和数字化控制的新型印花体系，工艺既简单又灵活。

数码转移印花视频

数码转移印花结合了喷墨打印和转移印花两种技术，是纺织品印花的一种新方法，特别适合少量、多样、个性化商品以及全彩图像或照片的印花。其原理是将计算机中的数码图像透过喷墨打印机或激光打印机印在特殊的转印纸上，再将印有图案的特殊转印纸放在纺织品上，通过高温高压的转印机，将图案精准地印到纺织品上，即完成图案的转印。目前，该技术正得到推广和应用。

5. 其他特殊印花　使织物的最终成品显示出特殊效果的印花统称为特种印花或特殊印

花。根据特种印花效果分类，还有传统的特种印花，如荧光印花、印经印花等；立体的特种印花，如发泡印花、起绒印花、静电植绒印花等；仿珍特种印花，如珠光印花、宝石印花、钻石印花、金光印花、银光印花等；仿真特种印花；隐影特种印花，如变色印花、夜光印花、浮水映印花、回归反射印花等；还有如牛仔布拔染印花、易云除印花、彩色闪光片印花、微胶囊印花、银微粒子印花、纳米涂料印花等。

特种印花工艺绝大多数属于直接印花，印花色浆绝大多数类似于涂料印花色浆，因此，特种印花的工艺较简单，但材料和浆料技术含量较高，适应在各种织物（纤维）上印花。

八、激光印花

激光有别于任何一种普通光，具有许多优异的特性。随着激光科学技术的大力发展，激光在纺织染整加工中的应用越来越多，例如激光雕刻、纤维激光改性，在对印花控制等方面也有非常出色的表现。

激光印花视频

1. 激光辐射改性印花　激光作为一种高频电磁波，具有方向性好、能量高且能够进行调控等优良的性能。近几年来，国际上工业技术发达的国家开发了一种使用准分子激光（紫外激光），对合成高聚物进行表面处理的新技术，它能使高聚物表面发生物理和化学变化。这种表面结构变化表现为一种有规则的微米尺寸的起伏状，使纤维对颗粒或涂层的黏附能力、润湿性能大大改善，并对视觉感官等各项性能具有相当大的影响。

利用激光不仅可以改变纤维表面的形态和结构，还可以进行表面光化学反应改性，被改性的部位对光的反射和对染料的吸附性能均有明显的变化，因此，只要有规律地局部辐射激光，就可以在织物上形成图案，或经过染色后产生不同颜色或深浅变化的图案，达到印花的效果。例如，利用二氧化碳激光器辐射织物，使织物局部（图案形态）变性，然后进行染色，可获得单色深浅不同的图案。利用激光不仅可通过纤维表面局部化学改性来获得印花效果，还可以利用激光对织物进行热处理，通过改变局部纤维的微结构（局部热定型）来改变织物的染色性能或收缩性能，也能产生印花效果。

2. 激光雕刻印花　利用激光对金属或非金属材料选择性雕刻（烧蚀、熔化）的特性，可以直接对纺织品材料进行凹凸花形雕刻，形成所需要的花纹。在影响高聚物表面激光处理的所有因素中，最重要的是激光强度的影响。纺织品激光印花是基于激光瞬时高温能让染料及织物表层纤维进行不同程度的熔化、升华的原理，实现对纺织品的立体拔色印花的。在纺织品激光雕刻印花技术的使用中，对聚合物进行高强度激光处理时，在处理后的表面附近会产生一股燃烧的羽烟（燃烧着的烧蚀分子碎片），烧蚀羽烟也能指示出输入激光的极限能量。激光烧蚀随着脉冲的到来而开始，并对聚合物施加压力，从而对织物表面结构的形成产生一定的影响。

意大利的托尼路（Tonello）等公司推出了用于成衣整理的自动激光机（Laser Robot），可用于牛仔服的仿旧处理。目前，国内深圳创右激光等公司也有类似的设备生产。设备上配有1~3个激光头，通过激光对织物表面进行灼烧、刻蚀，以获得不同亮度的纹理或花纹图案，图案渐变自然、立体感强，符合当前人们追求简约、时尚、怀旧、内敛、个性的时代潮流。

广东信迪印染有限公司2010年率先引进了意大利OT-LAS公司研制的世界第一台设备门幅为1.8m的工业化连续式纺织品激光处理装置，开启了纺织品激光印花连续化生产的首例。该机采用振镜聚焦技术及大功率（激光功率为1kW），并使整个幅面匀速移动，这就使幅面的雕刻非常均匀，具有非常高的生产效率，幅面雕刻速度可达8m/min，能够满足各种服装设计对布料的需求。该机运行操作简单，全部智能化，不需要添加水或任何化学产品，也不需要进行排废处理，设备内部配有安全装置，符合并达到欧洲标准。

利用激光对织物进行表面处理，不仅可获得多种形式的印花效果，还能加工精度极高的镂空图案，如果将纱线和织物在染色之前经过激光照射后再进行染色，还可获得多种深浅不同的颜色效果，不仅减少了染料用量、提高染料利用率，同时，不产生染料残液的排放，极大降低了污水处理费用。

九、活性染料湿短蒸快速印花

活性染料与其他染料印花工艺相同，印花后还需经过汽蒸才能固色或显色，故蒸化机是印花的主要设备之一。根据织物品种不同，蒸化机常用的有还原蒸化机和高温无底式蒸化机，此处结合活性染料的短流程湿蒸工艺首先对高温高压无底式蒸化机进行简要介绍。如图3-7所示是高温无底式蒸化机示意图，该蒸化机特点是采用无底式蒸箱，蒸化温度在100℃左右，过热蒸汽温度可达180℃，蒸汽压力为784kPa（8kgf/cm^2），适宜于化学纤维织物的蒸化。箱下部两侧有抽吸废湿汽设备，蒸箱内无空气和水滴。由于导辊的自转，织物无张力地形成长环，悬挂在蒸箱内。无底式蒸箱由多面平板焊接的夹顶和夹壁组成，饱和蒸汽从加热的夹壁中产生，从夹角处由上向下注入，多余蒸汽从底部两侧的吸气管与废湿汽一起排出。织物在无底式蒸箱中的悬挂情况如图3-8所示。

活性染料湿短蒸工艺就是在选用适当的染料和固色碱剂的前提下，采用专用汽蒸设备，使织物尽快升温，织物上的水分从60%~70%很快降到适当水平后，进行湿态汽蒸或蒸焙，使染料快速固色。湿短蒸工艺使棉织物的含水率快速降到30%左右，黏胶织物降到35%左右时，织物上的水分基本上为束缚水和化学结合水，自由水很少，故此时既可以保证纤维内孔道中充满水，有利于染料在孔道中溶解、扩散和对纤维的吸附与固着，又可以减少被水解的染料量。

活性染料短流程湿蒸工艺利用安装在反应蒸箱内入口处的远红外辐射器，对经过染色液浸渍的湿织物进行预热，使织物迅速地升温，经反应箱内少量蒸汽和干热空气的混合气体而受热2~3min，达到固色的目的。湿短蒸新工艺与传统的工艺相比，可使活性染料的给色率提高，并能够对织物进行充分的渗透，得色均匀。据有关资料表明，活性染料常规焙烘工艺

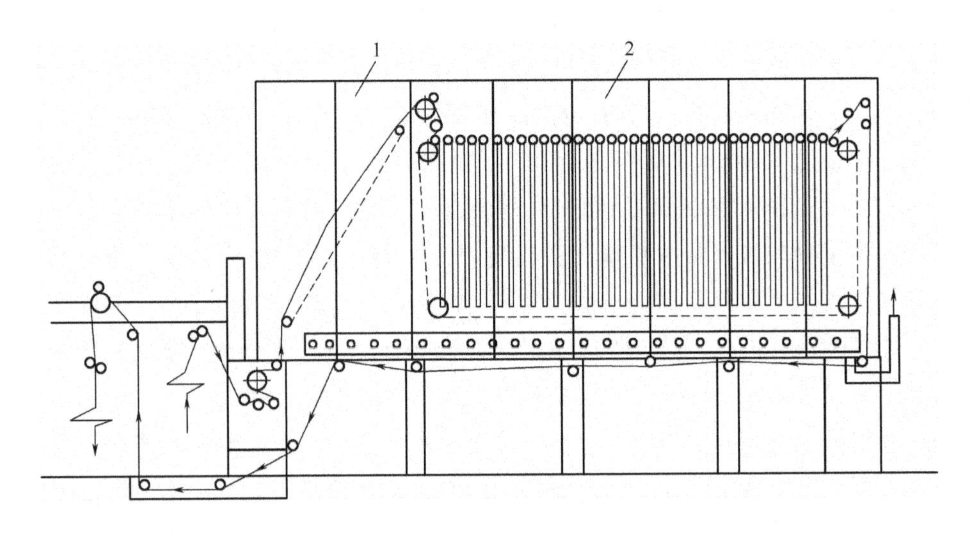

图3－7　高温无底式蒸化机（阿里奥里式）

1—饱和蒸汽室　2—饱和蒸汽或过热蒸汽室

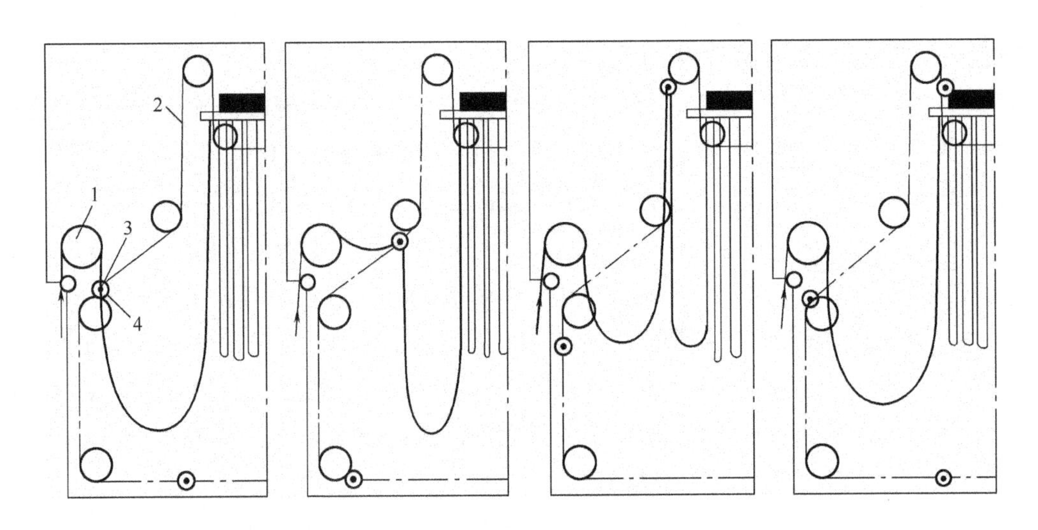

图3－8　织物在无底式蒸箱中悬挂示意图

1—喂布辊　2—环状链条　3—夹持器　4—悬挂辊

的得色率约为常规汽蒸工艺的70%，而湿短蒸工艺的得色率，比常规汽蒸工艺的得色率还要高10%～20%。所以，湿短蒸工艺具有流程短、固色率高、色泽鲜艳、重现性好、节能、省染料等优点。

为了能使织物上的水分快速蒸发和维持在合适的水平，湿短蒸的蒸箱除了供给常压饱和蒸汽外，还需要具备使蒸汽迅速升温的附加设备。它往往用蒸汽/空气混合气体或高温过热蒸汽作为加热介质，前者蒸焙温度在120～130℃，时间在2～3min；后者汽蒸温度在180℃左右，时间仅为20～75s，在这种条件下的固色率较高。

适于湿短蒸工艺的活性染料有多种。较低温度蒸焙适合反应性强的活性染料，如二氯均三嗪和氟氯嘧啶类等；高温蒸焙适合反应性稍低的染料，包括常用的双活性基染料。不论是哪类染料，都要求在湿织物汽蒸过程中水分含量较高时，染料不会发生大量水解，在达到足够高的温度后才发生快速固色反应。因此，应使用碱性较弱的碱剂固色，或者在织物含水率较高时碱性不能强。符合这种要求的碱剂包括小苏打或纯碱与一些碱剂的混合碱，如果进行低碱或中性固色，效果会更好。有研究发现，用中性固色剂固色，不论在120~130℃，或者在180℃左右都有很好的固色效果。

复习指导

1. 印花是通过一定的方式将染料或涂料印制到织物上形成花纹图案的方法。与染色比较，其加工介质不同，后处理工艺不同，拼色方法不同。主要方法有直接印花、拔染印花和防染印花。

2. 印花设备主要有滚筒印花机、平网印花机和圆网印花机。圆网印花机按圆网排列的不同，分为立式、卧式和放射式三种。圆网印花机由进布、印花、烘干、出布等装置组成。蒸化机是印花的主要设备之一，常用的有还原蒸化机和高温高压无底式蒸化机。

3. 糊料在印花过程中的作用：一是使印花色浆具有一定的黏度和一定的黏着力，以保证花纹轮廓的光洁度；二是糊料作为染化料的分散介质和稀释剂，作为染料的传递剂，起到载体的作用；三是作为汽蒸时的吸湿剂、润湿剂、染料的稳定剂和保护胶体。

4. 涂料印花中，黏合剂的作用是将涂料机械地黏着在纤维表面。涂料印花工艺简单，印花后经过热处理就可完成，不需水洗，印制效果好，可印精细线条，没有沾污白地的危险。由于黏合剂的原因，容易产生嵌花筒、粘刮刀、搭色等问题。

5. 直接印花方法是用手工或机器将印花色浆直接印到织物上。直接印花可以得到三种效果，即白地、满地和色地。

6. 活性染料的直接印花工艺根据染料的不同，可分为一相法和两相法。活性染料用于印花时要尽量选用亲和力较低的染料。

7. 拔染印花是将有地色的织物用含有拔染剂的色浆印花的工艺。拔染印花又可分为拔白印花和色拔印花。雕白粉是主要的拔染用剂。

8. 防染印花是先印花后染色的印花方法。防染印花可得到防白和色防两种效果。防染剂分为化学防染剂和物理机械防染剂两类。

9. 喷墨印花是通过各种数字输入手段把花样图案输入计算机，经计算机分色处理后，将各种信息存入计算机控制中心，再由计算机控制各色墨喷嘴的动作，将需要印制的图案喷射在织物表面上完成印花。

10. 烂花织物都由两种不同纤维通过交织或混纺制成，其中一种纤维能被某种化学药剂破坏，而另一种纤维则不受影响，便形成特殊风格的烂花印花布。

11. 转移印花是先将染料色料印在转移印花纸上，然后在转移印花时通过热处理使图案中的染料转移到纺织品上，并固着形成图案。

12. 蜡染即利用蜡的拒水性来作为防染材料，在织物上印制或手绘花纹，印后待蜡冷却，使蜡破裂而产生自然的龟裂——冰纹。

思考题

1. 何谓织物印花？试比较织物印花与染色的异同点。

2. 在滚筒印花机上小刀的作用是什么？

3. 平网印花机印花时为什么需要往导带（或台板）上上浆？

4. 圆网印花机主要由哪些装置组成？圆网印花机的特点有哪些？

5. 印花原糊在印花过程中起什么作用？

6. 为什么印花原糊对织物的渗透性越好，印花给色量越低？

7. 涂料印花对黏合剂有何要求？

8. 印花用活性染料必须具备哪些性能？为什么？

9. 活性染料印花宜选用何种原糊？为什么？

10. 活性染料一相法印花时，印后织物应立即汽蒸，而两相法印花时，印后织物可以不必立即汽蒸，为什么？

11. 蜡染常用的蜡材有哪些？几种蜡材混合使用，其效果怎样？

12. 涤棉混纺织物印花时，为了能使两种性能不同的纤维同时上色，通常可采用的方法有哪两种？试述这两种方法的特点。

13. 涂料印花是否都需要采用汽蒸或焙烘固色？

14. 拔染印花染地色时，为什么一般不宜进行皂煮？

15. 涂料防印活性染料地色时，常用的防染剂有哪两类，其原理是什么？

16. 涂料印花时，通常需要在印花色浆中加入一定的交联剂，但加入量又不宜过大，为什么？

17. 某印染厂购置一批涤/棉半制品用于涂料印花，在后整理柔软拉幅过程中，发现花型处粘轧辊，经初步分析认为是涂料印花牢度不够所致，故适当调整了印花配方中的黏合剂、交联剂用量，但效果不明显。请分析产生此疵病的原因有哪些？如何改善？

18. 试比较不同衣片印花方式的异同，并说明原因。

19. 喷墨印花有无发展前景？

20. 数码（喷墨）转移印花适用于哪些染料？

21. 简述激光印花的原理，并说明激光印花适用于哪些类型的纺织品的印花加工？

22. 何为活性染料湿短蒸工艺？该工艺适用于哪些染料？为什么？

第四章　整理

机织物、针织物及其他各类织物下织机后，须经过染整加工，如练漂、染色或印花、整理等工序处理，才能成为投放市场的纺织商品。这些印染加工工序都属于织物整理范畴，本章所述之整理内容，系指织物经漂、染、印加工后，为改善和提高织物品质赋予纺织品特殊功能的加工整理。

织物后整理按其整理目的大致可以分为下列几个方面。

（1）使织物幅宽整齐，尺寸形态稳定：属于此类整理的有定幅、防缩防皱和热定形等，称为定形整理。

（2）改善织物手感：如硬挺整理、柔软整理等。这类整理可采用机械方法、化学方法或两者共同作用处理织物，以达到整理目的。

（3）改善织物外观：如光泽、白度、悬垂性等。有轧光整理、增白整理及其他改善织物表面性能的整理。

（4）其他服用性能的改善：如棉织物的阻燃、拒水、卫生整理；化纤织物的亲水性、防静电、防起毛起球整理等。

织物后整理根据上述要求，其加工方法可分为两大类，即机械后整理和化学后整理。通常将利用湿、热、力（张力、压力）和机械作用来完成整理目的的加工方法称为一般机械整理，而利用化学药剂与纤维发生化学反应，改变织物物理化学性能的称为化学整理。但两者并无截然界线，例如柔软整理既可用一般机械整理方法进行，也可用上柔软剂的方法获得整理效果。但大多数是两种方法同时进行，如耐久性电光整理，使织物先浸轧树脂整理用化学药剂，烘干后再经电光机压光、焙烘而成。

第一节　织物一般整理

一、手感整理

纺织物的手感与纤维原料，纱线品种，织物厚度、重量、组织结构以及染整工艺等都有关系。就纤维材料而言，丝织物手感柔软，麻织物硬挺，毛呢织物蓬松粗糙有弹性。本节手感整理仅指硬挺整理与柔软整理。

1. 硬挺整理　硬挺整理是利用能成膜的高分子物质制成整理浆浸轧在织物上，使之附着于织物表面，干燥后形成皮膜将织物表面包覆，从而赋予织物平滑、厚实、丰满、硬挺的手感。

硬挺整理也称为上浆整理。浆料有淀粉及淀粉转化制品的糊精、可溶性淀粉，以及海藻酸钠、牛胶、羧甲基纤维素（CMC）、纤维素锌酸钠、聚乙烯醇（PVA）、聚丙烯酸等。上述浆料也可以根据要求混合使用。配制浆液时，还同时加入填充剂，用以增加织物重量，填塞布孔，使织物具滑爽、厚实感。常用滑石粉、高岭土和膨润土等为填充剂。为防止浆料腐败变质，还加入苯酚、乙萘酚之类的防腐剂。色布上浆时应加入颜色相类似的染料或涂料。用淀粉整理剂上浆后不耐洗涤，只能获得暂时性效果。

采用合成浆料上浆，可以获得较耐洗的硬挺效果。例如，用醇解度较高、聚合度为1700左右的聚乙烯醇作为棉织物上浆剂，整理后在80℃以下温水洗涤时，有较好的耐洗性，手感也较滑爽、硬挺。疏水性合成纤维，则以选用醇解度和聚合度较低的聚乙烯醇为宜。涤棉混纺织物可采用这两类聚乙烯醇按一定比例混合使用。用纤维素锌酸钠浆液处理织物，再通过稀硫酸处理，纤维素锌酸钠便分解析出纤维素，沉积在织物表面，可获得耐洗性好、硬挺的仿麻整理效果。此外，一些热塑性树脂乳液，如聚乙烯、聚丙烯酸的乳液，织物经浸轧这类乳液，烘干后在织物表面形成不溶于水的连续性薄膜而牢固附着，随树脂品种不同可赋予织物以硬挺或柔软的手感。合成浆料也可与天然浆料混合应用。

织物上浆整理视上浆料多少及要求采用浸轧式上浆、摩擦面轧式上浆及单面上浆等方法。织物上浆后一般多用烘筒烘燥机烘干，但应防止产生浆斑或浆膜脱离现象。单面上浆时织物上的浆料量高，更应考虑防止上述现象产生。

2. 柔软整理 柔软整理方法中的一种是借机械作用使织物手感变得较柔软，通常使用三辊橡胶毯预缩机，适当降低操作温度、压力，加快车速，可获得较柔软的手感，若使织物通过多根被动的方形导布杆，再进入轧光机上的软轧点进行轧光，也可得到平滑柔软的手感，但这种柔软整理方法不耐水洗，目前多数采用柔软剂进行柔软整理。

柔软剂中以油脂使用最早，织物均匀地吸收少量油脂后，可以减少织物内纱线之间、纤维之间的摩擦阻力和织物与人手之间的摩擦阻力，而赋予织物以柔软感，同时给予丰满感及悬垂性，也可改善剪裁与缝纫性。油脂及石蜡等制成乳液或皂化后使用，这类柔软剂来源广，成本低，使用方便，但不耐洗涤，而且容易产生油腻感及吸附油污。现在仍在使用的品种有乳化液蜡（液蜡10%，硬脂酸、硬脂酸甘油酯、平平加O、三乙醇胺各1%，加水组成）、丝光膏（硬脂酸10%，用硼砂、氨水、纯碱等皂化而成）。表面活性剂中许多产品也可作为柔软剂使用，阴离子表面活性剂中的红油、阳离子表面活性剂中的1631表面活性剂等，都易溶于水，使用方便，但仍不耐水洗。目前能与纤维起化学反应牢固结合的耐洗性柔软剂已广泛使用，如防水剂PF、有机硅等。这类柔软剂结构的一端具有可与纤维素羟基反应的基团，反应后柔软剂分子固着在纤维表面，起着与油蜡、表面活性剂等同的柔软作用，耐洗性良好。

作为柔软剂的材料必须没有不良气味，而且对织物的白度、色光及染色坚牢度等没有不良影响。使用阳离子柔软剂时，织物必须充分洗净，不含有阴离子表面活性剂，以免互相反应失效。无论哪一类的柔软剂，用量都应适度，用量过多将产生拒水性及油腻发黏的手感。

二、定形整理

定形整理包括定幅（拉幅）及机械预缩两种整理，用以消除织物在前道工序中积存的应力和应变，使织物内纤维能处于较适当的自然排列状态，从而减少织物的变形因素。织物中积存的应变是造成织物缩水、折皱和手感粗糙的主要原因。

1. 定幅（拉幅） 织物在加工过程中，常受到外力作用，尤以经向受力更多，迫使织物经向伸长、纬向收缩，因而形态尺寸不够稳定，幅宽不匀，布边不齐，纬斜以及因烘筒烘干后产生的极光、手感粗糙等。经定幅整理后，上述缺点基本可以纠正。

定幅整理是利用纤维在潮湿状态下具有一定的可塑性能，在加热的同时，将织物的幅宽缓缓拉宽至规定尺寸。拉幅只能在一定尺寸范围内进行，过分拉幅将导致织物破损，而且勉强过分拉幅后缩水率也不能达到标准。印染成品幅宽为坯布幅宽乘以幅宽加工系数，通常在丝光落布时幅宽应与成品幅宽一致。因此，若坯布幅宽不够标准或丝光落布幅宽稍窄，在定幅时即使拉宽至标准幅宽也不能保持稳定。通过拉幅可以消除织物部分内应力，调整经纬纱在织物中的状态，使织物幅宽整齐划一，纬向获得较为稳定的尺寸。配备有整纬器的拉幅机还可以纠正前工序造成的纬斜。含合成纤维的织物一般需在高温时定幅。

用于织物定幅整理的各式拉幅机有：棉织物常用布铗拉幅机；合成纤维及其混纺织物用高温针板式拉幅机；其他尚有皮带式拉幅机，此机结构简单，占地面积小，但拉幅效果差，目前已基本不再使用。布铗拉幅机因加热方式不同分为热风拉幅机（热拉机）与平台拉幅机（平拉机）。热风拉幅机的拉幅效果较好，而且可以同时进行上浆整理、增白整理。全机由浸轧槽、单柱烘筒与热风拉幅烘房、落布部分组成，如图 4 – 1 所示。

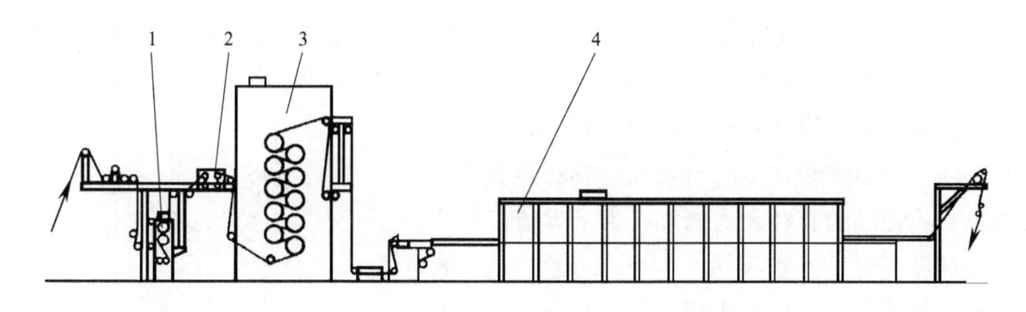

图 4 – 1 热风定（拉）幅机示意图

1—两辊浸轧机 2—四辊整纬装置 3—单柱烘燥机 4—热风拉幅烘燥机

操作时，织物先浸轧水或浆液或其他整理剂，经单柱烘筒烘至半干，使含湿均匀，再喂入布铗进入热风房，经强迫对流的热空气加热织物，使织物在行进中逐渐伸幅烘干，固定织物幅宽。需要纠正织物纬斜时，可操作单柱烘筒后的整纬器进行整纬。平台拉幅机结构较简单，织物由给湿器给湿后，喂入布铗，由排列在布铗两边下部的蒸汽散热器供热，在运行中将织物烘干并固定织物幅宽，但平拉机拉幅效果较差。皮带拉幅机用带一定斜度的大铁轮与皮带夹持织物拉幅，因拉幅急速又没有烘干设备，拉幅效果不稳定，容易回缩，且容易将布拉破，布边也易产生极光或荷叶边，虽然占地面积小，目前已很少应用。用于合成纤维及其混纺织物的高温热风拉幅机结构基本与布铗热风拉幅机相同，是用针铗链代替布铗链。该机除了热风温度较高外，由于使用针铗链超喂进布，有利于织物经向收缩，适合合成纤维类织物要求，操作方法与布铗热风拉幅机相同。使用高温热风拉幅机应注意针孔与布边距离，并应防止断针随织物带入轧光工序造成设备损伤。落布时有冷却装置，使落布温度低于50℃。针铗式高温热风拉幅机与布铗热风拉幅机的差异是布速较高（高温热风拉幅机为35～70m/min，布铗热风拉幅机为15～40m/min），烘房温度稍低（高温热风拉幅机为150～210℃，布铗热风拉幅机为180～230℃），但高温热风拉幅机经适当调整后也可用于热定形和涤纶增白的烘焙固色。

2. 机械预缩整理 经染整加工后的干燥织物，如果在松弛状态下被水润湿，则织物的经纬向均将发生明显的收缩，这种现象称为缩水。通常以织物按试验标准洗涤前后的经向或纬向的长度差，占洗涤前长度的百分率来表示该织物经向或纬向的缩水率。纯棉织物的标准缩水率通常大于涤棉混纺织物的缩水率。用具有潜在缩水的织物制成服装，因其尺寸尚不稳定，一经下水洗涤，将会产生一定程度的收缩，使服装不合身，给消费者带来损失。因此，国家制定了各类织物标准缩水率（见本章最后一节）。虽然经过预缩、防缩整理可将缩水率降至1%～2%，但成本增高，目前印染厂对于一般织物仍按国家标准控制其缩水率，在裁算衣料时，可按标准适当加放尺寸。印染厂为了保持织物缩水率不超过国家标准，除了在前工序中尽量降低织物所受张力外，在整理车间常采用机械预缩法或化学防缩法，使织物缩水率符合要求。

加工过程中经纬纱线所受张力不同，因而造成经纬纱弯曲程度差异，织物润湿后如在无张力作用下，纤维产生膨润作用，天然纤维膨润后直径增加程度远大于纤维长度的增加，如棉纤维充分吸湿后，当纤维中无内应力时，其长度增加1%～2%，直径则增加20%～23%。棉纤维直径增大，必然导致棉纱的直径大为增加，为了保持织物内经纱包绕纬纱所经过的路程基本不变，而经纱此时长度不能自行增加，于是只有纬纱的密度改变以适应变化，结果经纱的织缩增加，从而织物的经向长度缩短，纬纱也有同样变化，如图4－2所示。

图4－2 织物润湿时织缩变化示意图

织物经润湿再干燥后，曾经因吸湿膨胀的纤维与纱线恢复到原来粗细，但由于纤维间、纱线间摩擦阻力关系，织物仍将保持收缩时的状态，所以经过浸湿后自然干燥的织物，其面积往往缩小，厚度增加，表面不平。纱与织物的结构也对织物缩水率产生影响。纱线缩短程度与纱的捻度有关，捻度越大，纱收缩也越多，纱的捻度大，其紧密程度也随之增大，充分润湿后，纱的直径增大也显著。捻系数为3.7的棉纱溶胀后直径增大14%，中等捻系数的棉纱在水中的收缩都不大。此外，对于一般织物来说，由于染整加工中经向常受张力而伸长，织缩减小，因此印染成品的经向缩水率常较大。当经纱由于拉伸处于较挺直状态时，将迫使纬纱增加弯曲程度来围绕经纱，造成纬向织缩增大。织物中纬纱长度是一定的，因此只有幅宽变窄以适应此变化，若织缩过大，以后虽经定幅拉至成品幅宽也不能保持稳定，将会造成纬向缩水率增大。其他纤维如羊毛、蚕丝与棉织物有类似的缩水现象，而黏胶纤维由于纤维素分子链较短，无定形部分含量较高，因此湿模量较小，润湿时易被拉长，如保持伸长状态干燥，纤维中便存在较高的"干燥定形"形变，当重新润湿时，由于内应力松弛便会发生较大的收缩，有时可产生高达9%～10%的收缩，因此加工含黏胶纤维的织物时，应注意减少张力变化。防缩整理方法有以下两类。

（1）机械预缩整理。机械预缩整理主要是解决经向缩水问题，使织物纬密和经向织缩调整到一定程度而使织物具松弛结构。经过机械预缩的织物，不但"干燥定形"形变很小，而且在润湿后，由于经纬间还留有足够余地，这样便不会因纤维溶胀而引起织物的经向长度缩短，也就是消除织物内存在着的潜在收缩，使它预先缩回，这样便能降低成品的缩水率。

机械预缩整理设备，我国印染厂目前都采用三辊橡胶毯预缩机，此机有筒式预缩机、普通三辊预缩机及预缩整理联合机等机型，其心脏部分为三辊橡胶毯压缩装置，如图4－3所示。

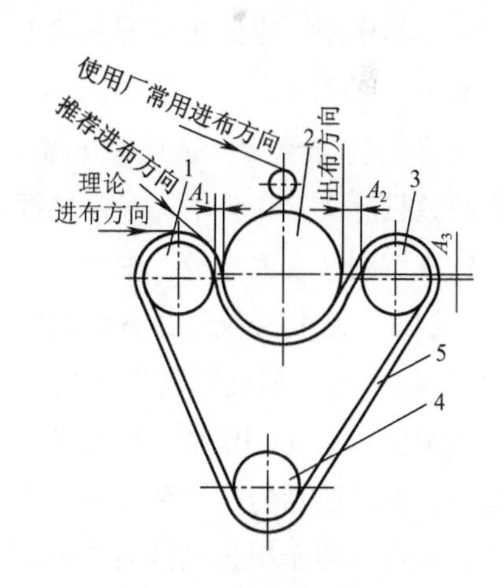

图4－3　预缩部分示意图
1—进布加压辊　2—加热承压辊筒
3—出布辊　4—橡胶毯调节辊　5—橡胶毯

预缩整理联合机由进布装置、喷雾给湿、伞柄堆布箱、三辊橡胶毯压缩装置、毛毯烘干机等组成。

① 进布装置：由张力器、吸边器、喂入辊及布速测定仪等组成。要求织物进入预缩机时保持平直，以免产生皱纹或轧皱等疵病。

② 给湿装置：包括喷雾器、汽蒸箱等，使一定量水分均匀透入纤维内部，赋予织物可塑性，以利预缩进行。给湿率根据工艺而定，一般为10%～20%，给湿率过大或过小都不利于预缩。给湿后在伞柄箱内堆置一定时间，可使织物含湿均匀，普通预缩整理机则在织物给湿后使用前后链盘距离为3m的小布铗拉幅机拉幅，使织物具有固定幅宽及保证织物平稳地导入压缩装置。

③ 压缩装置：压缩装置是各类型三辊橡胶毯预缩机的心脏部分，承压辊筒直径为300～

600mm，内通蒸汽加热，无缝环状橡胶毯紧贴在承压辊筒下半部，织物收缩率受橡胶毯弹性收缩值影响，因此橡胶毯厚度大的比厚度小的预缩效果好。橡胶毯耐热性不高，使用时温度在80℃以下为宜，并必须考虑采取冷却措施。加大进布导辊对承压辊筒的压力，也可提高织物预缩率。

④ 毛毯烘干机：毛毯烘干机是机械预缩机的补充烘干装置，不起织物收缩作用，除了干燥作用外，还能将织物在压缩装置内产生的皱纹烫平，使织物表面平整，手感丰满，光泽柔和。

（2）化学防缩法。采用化学方法降低纤维亲水性，使纤维在湿润时不能产生较大的溶胀，从而使织物不会产生严重的缩水现象。常使用树脂整理剂或交联剂处理织物以降低纤维亲水性。但棉织物经过机械预缩后，基本可以满足使用要求，因此很少专门采用化学防缩法，而是经过树脂防皱整理的同时获得防缩效果。

三、外观整理

织物外观整理主要内容有轧光整理、电光整理、轧纹整理和漂白织物的增白整理等。整理后可使织物外观得到改善和美化，如光泽增加，平整度提高，表面轧成凹凸花纹等。

1. 轧光整理 轧光整理一般可分为普通轧光、摩擦轧光及电光等。都是通过机械压力、温度、湿度的作用，借助于纤维的可塑性，使织物表面压平，纱线压扁，以提高织物表面光泽及光滑平整度。

（1）普通轧光整理。普通轧光整理在轧光机上进行。轧光机主要由重叠的软硬辊筒组成，辊筒数目分2～10只不等，可根据不同整理要求，确定软硬辊筒数量与排列方式。硬辊筒为铸铁或钢制，表面光滑，中空，可通入蒸汽等加热；软辊筒用棉花或纸粕经高压压紧后车平磨光制成。织物穿绕经过各辊筒间轧点，即可烫压平整而获得光泽。轧光时硬辊筒加热温度为80～110℃，温度越高光泽越强，冷轧时织物仅表面平滑，不产生光泽。五辊以上轧光机，如配备一组6～10套导辊的导布架，即可进行叠层轧光，利用织物多层通过同一轧点相互压轧，使纱线圆匀，纹路清晰，有似麻布光泽，并随穿绕布层增多而手感变得更加柔软，故叠层轧光也可用于织物机械柔软整理。

摩擦轧光是利用轧光机上摩擦辊筒的表面速度与织物在机上运转时线速度的差速而达到磨光织物的目的。在三辊摩擦轧光机上，上面的摩擦辊一般比下面的两只辊筒超速30%～300%，利用摩擦作用使织物表面磨光，同时将织物上交织孔压没并成一片（如纸状），可以给予织物很强的极光，布面极光滑，手感硬挺，类似蜡光纸，也常称作油光整理。织物轧光时应控制织物含水率为10%～15%。

（2）电光整理。电光机是用表面刻有一定角度和密度斜纹线的硬质钢辊和另一根有弹性的软辊组成。硬辊内部可以加热，在加热及一定含湿条件下轧压织物，在织物表面压出平行而整齐的斜纹线，从而对入射光产生规则的反射，获得如丝绸般的高光泽表面。横贡缎织物后整理多经过电光整理。电光硬辊筒表面斜线密度因纱的粗细而异，纱支细的织物宜用较大密度，以 8 ~ 10 根/mm 斜线为最普遍。刻纹线的斜向应与织物表面上主要纱线的捻向一致，并视加工织物的品种、要求而异，否则将会影响织物的光泽和强力。

（3）轧纹整理。与电光整理相似，轧纹硬辊表面刻有阳纹花纹，软辊则刻有与硬辊相对应的阴纹花纹，两者互相吻合。织物通过刻有对应花纹的软硬辊，在湿、热、压力作用下，产生凹凸花纹。轻式轧纹机亦称为拷花机，硬辊为印花用紫铜辊，软辊为丁腈橡胶辊筒（主动辊筒），拷花时硬辊刻纹较浅，软辊没有明显对应的阴纹，拷花时压力也较小，织物上产生的花纹凹凸程度也较浅，有隐花之感。

无论轧光、电光或轧纹整理，如果只是单纯地利用机械加工，效果均不能持久，一经下水洗涤，光泽花纹等都将消失。如与树脂整理联合加工，即可获得耐久性轧光、电光、轧纹整理。

目前国外有一种多功能轧光机，使用时根据整理要求，只要调换主要硬辊，就可一机多用，具有轧光、摩擦轧光、电光、轧纹等功能，机台相应占地面积较小，使用方便。

2. 增白整理　织物经过漂白后，往往还带有微量黄褐色色光，不易达到纯白程度，常使用织物增白的方法以增加白色感觉。增白的方法有两种：一种是上蓝增白法，即将少量蓝色或紫色染料或涂料使织物着色，利用颜料色的互补作用，使织物的反射光中蓝紫色光稍偏重，织物看起来白度有所提高，但亮度降低，略有灰暗感，近年来已很少单独使用，仅用于荧光增白时的色光调整。另一种是荧光增白法，荧光增白剂溶于水呈无色，其化学结构与染料相似，能上染纤维，荧光增白剂本身属无色，但染着纤维后能在紫外光的激发下，发出肉眼看得见的蓝紫色荧光，与织物本身反射出来的微量黄褐色光混合互补合成白光，织物便显得更加洁白，因反射的总强度提高，亮度有所增加，但在缺少紫外光的光源条件下效果略差。印染厂常用荧光增白剂品种有：荧光增白剂 VBL，结构类似直接染料，为淡黄色粉末，可用于纤维素纤维、蚕丝纤维及维纶织物的增白；荧光增白剂 VBU，耐酸，pH 在 2 ~ 3 时仍可使用，常加入树脂整理浴中；荧光增白剂 DT，化学结构类似分散染料，用于涤纶、锦纶、氯纶、三醋酯等纤维制品的增白，应用与分散染料染色类似，可在 120 ~ 140℃时焙烘发色。棉织物增白常与双氧水复漂同时进行，涤纶增白也可在高温热拉机上烘干发色，涤棉混纺织物则需采用棉、涤分别增白。

荧光增白剂的使用量有一定限量，例如 VBL 最高白度用量为 0.6%（对织物重），荧光增白剂 DT 浸渍法用量为 0.6% ~ 1%。在限定用量以内，白度随用量增加而提高，但超过限定用量时，不但增白效果不增加，甚至使织物变成浅黄色。增白前要求织物前处理合乎工艺要求，因为经荧光增白后，缺陷处愈加分明，如斑迹、漂白不匀、擦伤等更加暴露。荧光增白是物理效应，不能代替化学漂白，而是在织物漂白基础上再增白，基础白度有差异时，荧光增白后差异就更加明显。

第二节　树脂整理

织物树脂整理是随着高分子化学的发展而发展起来的。最早以甲醛为整理剂，其后用尿素—甲醛的加成产物处理黏胶纤维织物，得到良好的防皱防缩效果，为今天的树脂整理打下了基础。随着科学技术的发展，棉织物树脂整理技术也有很大的进步，其大致经历了防皱防缩、洗可穿及耐久压烫（DP）整理等几个发展阶段，尤其是近年来推出的形态记忆整理，就是纯棉织物树脂整理发展的典型代表。这种产品首先需要采用液态氨对棉织物进行前处理，使其将纤维充分膨化，然后再选用具有高弹恢复功能的树脂单体通过浸轧，均匀渗透到纤维内部，经高温焙烘后在纤维内部形成耐久性的网状交联，从而获得具有耐久性效果的免烫整理产品。树脂整理除用于棉织物、黏胶纤维织物外，还用于涤棉、涤黏等混纺织物的整理，以提高织物防皱防缩性能。目前，树脂整理产品可用于制作衬衫、裤料、运动衫、工作服、床单、窗帘和台布等。

一、织物整理常用树脂

织物树脂整理所应用的树脂都是先制成树脂初缩体，也就是树脂用单体经过初步缩聚而成的低分子化合物。由于常用树脂整理属于内施型整理，即树脂初缩体渗入纤维内部与纤维素大分子发生化学结合，因此初缩体相对分子质量不能太大，否则不易渗入纤维内部而形成表面树脂，达不到整理要求。初缩体分子应具有两个或两个以上能与纤维素羟基作用的官能团，并具有水溶性，此外本身还应有一定稳定性，无毒、无臭，对人体皮肤无刺激作用等。

用于织物整理的树脂有几大类，但仍以 *N*－羟甲基酰胺类化合物整理效果较好。现将常用树脂初缩体简述如下。

1. 脲醛树脂（UF 树脂） UF 树脂是应用较早的树脂之一。黏胶纤维织物用脲醛树脂整理后，织物手感丰满，缩水率降低，干湿强力显著增加，抗皱性提高。脲醛树脂是用尿素与甲醛制备的，原料来源广，配制方便，成本低。但不能用于棉织物，因为棉织物用脲醛树脂整理后，强力下降太多，而且耐洗性差，易泛黄，游离甲醛量高等，故而不适用。脲醛树脂稳定性差，放置后能逐渐自身聚合，最后成为难溶或不溶性物质而失去应用性能。但若将脲醛树脂初缩体在酸性介质中与甲醇作用，即成为醚化脲醛树脂初缩体，稳定性大增，能较长时间放置而不变质。

2. 三聚氰胺甲醛树脂（MF 树脂） MF 树脂初缩体性质接近 UF 树脂。由于 MF 树脂相对分子质量较大，耐洗性比 UF 树脂好，可用于棉织物整理，不但能获得较好的防缩防皱性能，强力损失也比 UF 树脂小。但经 MF 树脂整理后织物有泛黄现象，故不能用于漂白织物的树脂整理。将 MF 树脂初缩体用甲醇醚化后，也可提高其稳定性。

3. 二羟甲基二羟基乙烯脲树脂（DMDHEU 或 2D 树脂） 2D 树脂是我国目前使用较多的

一类树脂，性能比 UF 及 MF 树脂优良，整理后织物耐洗性好，不易水解，树脂初缩体本身反应性较低，放置时不易生成高分子缩合物，可较长时间储存，只在使用条件下才与纤维化合，气味小，对直接染料和活性染料的日晒牢度影响较小，应用于耐久压烫（DP）整理甚为合适，但耐氯性能较差。

以上三种树脂为国内常用的树脂整理剂，其中 UF 树脂只适用黏胶纤维及其混纺织物，而且游离甲醛含量高，操作时环境污染大；MF 树脂能用于棉，使整理织物具有丰满的身骨和硬挺风格，但它也有类似 UF 树脂的缺点；2D 树脂虽然性能好，适用性广，但价格高，而且属于交联型树脂，对改善涤黏中长织物仿毛风格的效果不理想。近年来我国自行研制的 KB 树脂（用乙醇为醚化剂的醚化脲醛、醚化氰醛、醚化乌龙），可用国产原料合成，成本较低，已用于涤/黏纤维织物的树脂整理，效果较好。其他含 *N*－羟甲基酰胺类树脂品种尚多，但在我国使用较少。目前，随着对环境保护的要求越来越高，对上述含醛树脂的应用也更为谨慎，尤其是对经这些树脂整理后的织物中游离甲醛含量的限制，更是非常严格，为此，开发和应用非甲醛树脂整理剂，也已成为印染产品后整理加工的重要内容之一。

二、树脂整理工艺

1. 一般树脂整理工作液组成

（1）树脂初缩体。工作液中，树脂初缩体用量应根据纤维类别、织物结构、初缩体品种、整理要求、加工方法以及织物的吸液率等而定，要求能使整理品的防皱性和其他机械性能之间取得某种平衡，如防皱性最佳而强力下降最少。一般黏胶纤维织物上树脂含量大约是棉织物的两倍。

（2）催化剂。催化剂可使树脂初缩体与纤维素起反应的时间缩短，可减少高温处理时纤维素纤维所受损伤。一般采用金属盐类为催化剂。金属盐催化剂在常温时不影响树脂初缩体的稳定性，只在焙烘时才发挥催化作用。常用金属盐催化剂为镁盐如氯化镁，铝盐如氯化铝，铵盐如硫酸铵，有机酸如柠檬酸、草酸等。氯化镁的催化作用较温和，多用于棉织物，铝盐、铵盐、有机酸等催化作用强，宜用于涤棉混纺织物，用量一般为 10～12g/L。有时将几种催化剂混合应用，以增强催化效果。这类混合催化剂称为协同催化剂，可以更加缩短焙烘时间。选择催化剂时应考虑到织物是否会受损伤，染料是否会色变，或是否影响色光以及牢度等。

（3）柔软剂。柔软剂不仅可以改善整理后的手感，而且能提高树脂整理织物的撕破强力和耐磨性。常用的柔软剂有脂肪长链化合物（防水剂 PF）、有机硅柔软剂和热塑性树脂乳液（聚乙烯乳液，聚丙烯酸类树脂乳液）。柔软剂中热塑性树脂类乳液随所用品种不同，可使织物具有不同的风格和手感，这一类用剂也称为添加剂，有时也可单独应用，如聚氨酯类化合物应用于涤黏中长织物，对弹性、手感等都有良好的效果。

（4）润湿剂。润湿剂除了应具有优良的润湿性能外，还应与工作液内其他组分有相容性。润湿剂中以非离子表面活性剂为宜，如渗透剂 JFC 等。

（5）其他。与树脂工作液同浴的增白剂仅在花布生产中应用，漂白织物常在树脂整理前增白，如果白度要求不高，也可用树脂、增白剂一浴法。

2. 树脂整理工艺 根据纤维素纤维含湿程度不同，即在干态（不膨化状态）、含潮（部分膨化状态）、湿态（全膨化状态）时与树脂初缩体的反应，有下列几种树脂整理工艺。

（1）干态交联工艺。此工艺是织物浸轧树脂工作液，烘干后在纤维不膨化状态下焙烘交联。其主要工艺条件为：pH 为4.5～8，140～160℃，焙烘2～5min。整理后的织物干湿抗皱性均很高，也很接近，断裂强力及耐磨度损失均较大，形态稳定性及免烫性均很好。我国现在采用的普通树脂整理、耐久性电光整理、轧纹整理等多采用干态交联法。其工艺流程如下：

浸轧树脂液──→预烘──→热风拉幅烘干──→焙烘──→皂洗──→后处理（如柔软、轧光或拉幅烘干）

（2）含潮交联工艺。交联反应时，要求控制织物含湿量（轧工作液后烘至半干，棉织物6%～8%，黏胶纤维织物9%～15%），pH 为1～2，放冷后打卷堆放6～18h，然后水洗、中和、洗净。此工艺制成品强力降低较小，但能保持优良的“洗可穿”性能。由于使用了强酸性催化剂，所以对于不耐酸的染料有影响。并且要有控制含潮率的设备，否则重现性差。温度较高时，纤维素纤维有可能受损伤，此工艺较少使用。

（3）湿态交联工艺。织物浸轧以强酸为催化剂的树脂工作液后，在往复转动的情况下反应1～2h，然后打卷，包上塑料薄膜以防干燥，再缓缓转动16～24h，最后水洗、中和、洗净、烘干。由于织物在充分润湿状态时进行交联反应，织物有很高的湿抗皱性，但干抗皱性能提高不多，而耐磨、断裂强度的下降率低于含潮交联工艺。

目前树脂整理工艺多采用干态交联工艺，此工艺虽然断裂强力、撕破强力、耐磨度下降较多，但工艺连续、快速，工艺易控制，重现性好，是后两种工艺达不到的。

3. 快速树脂整理工艺 该工艺是现在一种通用的树脂整理工艺，其特点是工作液中加入强催化剂，如由氯化镁、氟硼酸钠、柠檬酸三铵混合组成的协同催化剂（或其他强力混合催化剂），在高温拉幅时一次完成烘干与焙烘，从而缩短了高温焙烘时间，还免去了平洗后处理，缩短了工艺。快速树脂整理适用于轻薄织物、涤棉混纺织物等。工艺流程简单，不使用专门焙烘设备，不需水洗，快速，节约能源，可大大降低成本。但应考虑由于焙烘时间缩短，树脂初缩体与纤维的交联是否达到要求；又由于省去焙烘后的水洗工序，产品上留有催化剂、游离甲醛及其他残留组分；在储存过程中是否会引起交联部分水解，从而影响树脂的抗皱性，增加氯损，并继续释放出甲醛；织物在焙烘时可能产生的鱼腥气味物质，不经水洗，则仍将保留在织物内。因此，快速树脂工艺只适用于要求不高的品种。

4. 树脂整理工艺控制

（1）使用低给液方法。控制织物吸液量在25%～40%（这是浸轧法难以达到的）。织物吸液量降低，可以减少表面树脂的生成，织物强力、耐磨度及手感均有改善，还可减少烘干时的蒸发量，节约热能。低给液方法有下列几种。

① 泡沫法：在树脂工作液中加入发泡剂，在泡沫发生器中制出合乎要求的泡沫，然后将泡沫均匀地涂敷在织物表面，被织物吸收，吸液量可以保持在25%～45%。

② 利用滚筒印花机给浆方法：用满地刻纹辊给液，给液量为织物重量的15%～30%。薄织物一般是单面给液，厚织物可两面给液。

③ 轧吸法：轧吸法是最简单的低给液法，即在轧车部分增加一些导布辊，调整穿布方向，将前端已轧液的湿布与未轧液的同一车干布经过同一轧点，干布吸去湿布上多余的工作液，然后湿布引出机器，干布进入轧车浸轧后，重复以上操作。棉织物轧吸法的轧液率可降到35%～40%，涤棉混纺织物为40%左右。

（2）整理织物上树脂含量。树脂含量越多，其抗皱性也随之增高，但机械性能则随之下降，因此应根据不同要求确定树脂用量。树脂整理后的织物经测试结果表明，织物断裂强力、耐磨性、撕破强力明显下降。但经过多次穿着试验比较，树脂整理过的织物反而耐穿，不易起皱，这可能是树脂给予棉和黏胶纤维织物一定的保护作用，在一定程度上能防止织物老化、洗涤破坏等。

树脂整理后织物抗皱性能随固着树脂量而上升，织物强力、耐磨性则随之下降，因此耐久压烫（DP）整理目前只用于涤棉混纺织物（棉布DP整理后强力几乎损失50%，但抗皱性高，穿着舒适性也较差；故DP整理都用于低比例涤棉混纺织物）。表4－1为几种树脂整理后织物的性能。

表4－1　常用树脂整理织物性能

性能＼整理方法	一般整理	防皱整理	洗可穿整理	耐久压烫整理
干弹性角（经＋纬）	160°	230°	260°	300°
洗可穿评级（孟山都法）	1	2～3	3～4	5
耐磨性能	下降	下降	下降	严重下降

注　由于要求降低织物上游离甲醛含量，耐久压烫整理评级时，干弹性角及洗可穿评级标准都有降低。

（3）整理织物上甲醛含量。空气中游离甲醛能刺激人的黏膜，织物上甲醛对皮肤有刺激作用，常引起过敏症状。过去常用的树脂几乎都是由过量甲醛与酰胺类化合物合成的，所以在实际生产中，除了要降低树脂工作液中游离甲醛的含量，避免焙烘时污染车间空气，还必须注意确保树脂与纤维交联作用充分，以防止储存过程中未交联部分因水解释放出甲醛。为降低工作液中的甲醛，可加入甲醛吸收剂，即能与甲醛化合的物质，如环亚乙烯脲，或能使甲醛氧化的物质，如过氧化氢。催化剂及焙烘温度、时间等也应充分考虑，务必使交联充分，避免储存时因水解作用而再度释放出游离甲醛。

织物上的甲醛释放量尽管可以通过控制工艺使之达到生态纺织品规定的要求，但在实际生产过程中很难保证它的稳定性。如前所述，近几年来已发展了无甲醛整理剂，目前应用较多的是多元羧酸类整理剂。其反应机理是多元羧酸的羧基与纤维素的羟基直接发生酯化反应，在纤维素分子间形成交联。也就是说多元羧酸中相邻的两个羧基在高温下首先脱水，形成酸酐，然后酸酐在弱碱条件下，再与羟基进行反应，形成分子间的交联。

由于无甲醛整理剂使用的多元羧酸整理剂不含甲醛，故属环保型整理剂。整理后织物弹性好，外观平整度、耐久性等与 *N* – 羟甲基酰胺类树脂整理剂基本相同，具有较大的发展潜力。

第三节　特种整理

纺织品除用于一般日常生活外，经过一些特殊的整理加工后，可以使其具有其他一些性能，提高其应用范围，如拒水、阻燃、防静电、防污等。这些性能一般纺织品并不具备，而是经过特殊整理方法获得的，这类整理方法称为特种整理。特种整理内容较多，发展也较快，本节选择其中部分内容予以介绍。

一、防水整理

防水整理按加工方法不同可分为两类：一类是用涂层方法在织物表面施加一层不溶于水的连续性薄膜，这种产品虽不透水，但也不透气，不宜用作一般衣着用品，而适用于制作防雨篷布、雨伞等。如我国早就使用的用桐油涂敷的油布，近年多采用橡胶和聚氨酯类作为涂层剂，以改善整理的手感、弹性和耐久性。另一类整理方法在于改变纤维表面性能，使纤维表面的亲水性转变为疏水性，而织物中纤维间和纱线间仍保留着大量孔隙，这样的织物既能保持透气性，又不易被水润湿，只有在水压相当大的情况下才会发生透水现象，适宜制作风雨衣类织物。这种透气性防水整理也称为拒水整理。拒水整理主要有下列几种方法。

1. 铝皂法　将醋酸铝、石蜡、肥皂、明胶等制成工作液，在常温或 55 ~ 70℃下浸轧织物，再经烘干即可。也可以先浸轧石蜡、肥皂混合液，烘干后再浸轧醋酸铝溶液，烘干。铝皂法简便易行，成本低，产品不耐水洗与干洗。但防雨篷布使用失效后可再次用上述整理方法恢复拒水性能。但至今已很少应用此方法进行织物整理。

2. 耐洗性拒水整理　用含脂肪酸长链的化合物，如防水剂 PF（系用脂肪酸酰胺与甲醛、盐酸、吡啶等制成）浸轧织物后，焙烘时能与纤维素纤维反应而固着在织物上，具有耐久性拒水性能。

有机硅又称为聚硅酮，织物整理用的有机硅常制成油溶性液体或 30% 乳液，乳液使用较方便，其主要成分为甲基氢聚硅氧烷（MHPS）、二甲基聚硅氧烷（DMPS），两者拼混使用以使织物获得拒水性及柔软手感。应用时需加入锌、锡等脂肪酸盐为催化剂，以降低焙烘温度并缩短反应时间。用分子两端有羟基的二甲基羟基硅氧烷与甲基氢聚硅氧烷制成硅酮弹性体

（或称硅酮胶）处理织物后，除了可获得耐久拒水性外，还可使织物丰满并且具有弹性。

3. 透气性防水涂层整理 将聚氨酯溶于二甲基甲酰胺（DMF）中，涂在织物上，然后浸在水中，此时聚氨酯凝聚成膜，而DMF溶于水中，在聚氨酯膜上形成许多微孔，成为多微孔膜，既可以透湿透气，又有拒水性能，是风雨衣类理想的织物。

二、阻燃整理

织物经阻燃整理后，并不能达到如石棉的不可燃程度，但能够阻遏火焰蔓延，当火源移去后不再燃烧，并且不发生残焰阴燃。阻燃整理织物可用于军事部门、工业交通部门、民用产品，如地毯、窗帘、幕布、工作服、床上用品及儿童服装等。

选用阻燃剂时，除了要考虑阻燃效果和耐久程度外，还必须注意对织物的强度、手感、外观、织物染料色泽及色牢度有无不良的影响，对人体皮肤有无刺激，阻燃剂在织物受热燃烧时有无毒气产生，与其他整理剂的共容性等。

1. 无机阻燃剂

（1）硼砂与硼酸混合物。将硼砂与硼酸按7∶3比例混合溶解于水，织物浸渍干燥后，增重6%～10%就可获得阻燃效果。磷酸氢二铵、硼砂、硼酸按5∶3∶7比例混合应用有同样的效果。

织物在这两类阻燃剂溶液中浸渍烘干后，在织物受热燃烧时，会熔融形成薄膜包覆在纤维表面，将纤维与火源、空气隔离，阻止燃烧进行，达到阻燃目的。铵盐受强热分解出难燃的氨气，起冲淡织物受热分解出的可燃气作用。但此类阻燃剂不耐水洗，不宜用于露天应用的织物，如帐篷及必须经常洗涤的织物。

（2）锑钛络合物。将氯化钛与氧化锑的混合液浸轧织物，烘至半干，用氨气处理后可与纤维素反应，生成纤维素锑钛络合物，同时水解生成的氢氧化钛与氢氧化锑沉积在纤维上。纤维受强热燃烧时，有脱水作用，降低了纤维热分解时产生的可燃性气体及焦油物质，因而具有优良及较耐久的阻燃效果，同时还有防霉功能，但整理后织物的手感较差，强力下降较多。

2. 有机阻燃剂

（1）普鲁本阻燃剂。普鲁本阻燃剂是一种稳定的四羟甲基氯化膦—尿素化合物，即THPC—尿素初缩体。阻燃性能良好，耐洗性好，并能较好地保持织物原有特性，强力降低少。在国外应用广泛，我国于20世纪80年代引进了这种阻燃剂及整理技术。其主要工艺流程为：

织物浸轧工作液──→烘干──→氨熏──→氧化──→碱洗──→皂洗──→水洗──→烘干

（2）派罗伐特克斯CP（Pyrovatex CP）。派罗伐特克斯CP是一种含有机磷与氮化合物的阻燃剂，我国也生产类似产品。此法工艺较简单，可用通常的轧──→烘──→焙法，在一般设备上即可生产。产品耐洗，手感好，阻燃性能也好，但织物强力降低较多。

（3）十溴联苯醚和三氧化二锑协和阻燃剂。此阻燃剂主要用于涤纶或涤棉混纺织物，借黏合剂将其固着在织物上。这种阻燃剂无毒无污染，阻燃效果好，也较耐洗。涤棉混纺织物由于棉纤维的支架作用，协和阻燃剂用量必须在30%以上时才有阻燃效果。

目前国内外阻燃品种较多，大都是卤素、磷、氮的化合物。阻燃剂所起作用因品种不同而异，或起隔离织物与空气接触，如硼砂、硼酸混合物；或阻燃剂本身受热分解放出难燃或不燃气体冲淡可燃气；或改变纤维热分解物的成分；或生成高熔点灰烬，起到阻止燃烧蔓延的作用。

纤维素纤维属于易燃纤维，受强热时分解出可燃性气体 CO、CH_4、C_2H_6 及焦油与固体炭，引起有焰燃烧及阴燃，致使燃烧迅速蔓延。但纤维素纤维没有熔融性，经阻燃剂整理后阻燃效果较好。热塑性纤维如涤纶、锦纶必须达到比熔点更高的温度才会着火燃烧，离开火源后，燃烧部分因呈熔融态会自行脱落，火焰即时熄灭。在涤棉、涤黏、涤麻等混纺或交织物中，则可熔融纤维被不熔融纤维所支持，离开火源后仍能继续燃烧且更猛烈，这就是“支架现象”。经阻燃整理的棉纤维支架作用更显著。因此，上述混纺织物阻燃整理效果常不理想，用十溴联苯醚及氧化锑处理的涤棉混纺织物虽有一定效果，但使用量过高，手感欠佳，还会影响有色织物的色光。

三、卫生整理

卫生整理又称为抗菌整理，其整理目的是抑制和消灭附着在纺织品上的微生物，使织物具有抗菌、防臭、防霉、防虫的功能。卫生整理产品可用于日常生活用织物，如服装、床上用品、医疗卫生用品、袜子、鞋垫以及军工用篷布等。

早期使用的卫生整理用药剂多含金属化合物，如铬酸铜、8－羟基喹啉铜等，使用浓度为1%～3%，由于含铜化合物都有颜色，因而只适用于要求防腐烂作用的渔网、伪装用网、篷布等。有机汞与有机锡化合物，如苯基汞、三烃基锡等有强烈杀菌作用，浓度低至10～100mg/L也有灭菌与消毒作用，但毒性较强，一般只用于工业防霉处理。用于衣被等生活用织物的卫生整理剂，要求对皮肤无刺激性，如道地根226是有机胺化合物，使用时与树脂整理剂混合，可用于纯棉及涤棉混纺织物，供制衬里、褥垫、毛巾、手帕等。BCA/747由两种有机化合物组成，锦纶织物吸附上述化合物后，经10次洗涤，其残留量仍有防菌效果，适用于袜类、鞋垫，对人体安全无毒，可抑制脚癣菌的繁殖，还有一定的治疗作用。DC—5700是以有机硅为媒介的季铵化合物，能与纤维素纤维结合，使整理效果产生耐久性。这种整理剂不溶于水和油，穿着时不会被皮肤吸收而进入人体，可作内衣织物的卫生整理剂。由于人体分泌物在温湿条件合适时，有利于细菌繁殖，故汗液极易被细菌分解而产生难闻的臭味，如汗臭、脚臭等，织物经过卫生整理后，附着在纤维上的整理剂抑制了菌类的繁殖，从而减少了臭味的产生。

最近，日本市场上又开发出了一种光触媒织物，这是一种采用 TiO_2 光触媒剂作为消臭剂的新型消臭织物，由日本岐阜县纤维试验场开发成功。其开发工作始自1995年，完成于1997

年。他们将光触媒技术广泛用于纺织工业，开发出屏蔽型光触媒，并实现了工业化，纺出了光触媒纤维，并织成光触媒织物。目前这类产品正在全面推广，具有较大的应用前景。

所谓光触媒，是一种受光照射时能呈现消臭、抗菌、防污功能的物质，其代表物为TiO_2，共有三种类型，即结晶结构为正方晶系的高温型的红宝石类和低温型的锐钛矿类以及结晶结构为斜方晶系的板钛矿类。其中红宝石类TiO_2和纺织品相关，常用作消光剂掺入纤维中，这种物质不具备光触媒的活性。而锐钛矿类TiO_2却有光触媒活性，当其接受波长约400nm以下的紫外线照射时，能引发光催化反应，表面形成很强的氧化力，可分解接触到的活菌、恶臭等有机物。在TiO_2表面进行的光触媒反应是氧化还原反应，该反应将紫外线照射作为一种光子传递能量。TiO_2一旦吸收了这一能级的光子，则形成电子和空穴两种载流体。带正电的空穴能使TiO_2表面吸附的H_2O和O_2被活化，生成氧化力很强的游离羟基和活化氧，就是这一游离羟基和活化氧可与作为有机物质的臭气或细菌发生反应，将其分解为CO_2和水，完成消臭和产生抗菌功能。专家预计，TiO_2将成为21世纪最有应用前景的卫生整理剂之一。

四、合成纤维及其混纺织物特种整理

合成纤维本身具有疏水性，因此纯合成纤维织物及含合成纤维组分高的混纺织物因吸湿性差，往往因摩擦而易产生静电、易吸附尘埃、易污、易起毛起球等现象。现将有关整理简述于下。

1. 抗静电整理 衣服因摩擦带静电时，常使裙子黏附在腿上，外衣紧吸在内衣上，在一些易爆场所还会因静电火花导致爆炸事故。

印染后整理加工中常使用耐久性、外施型静电防止剂。对这类静电防止剂要求具有耐久防静电效果，不影响织物风格，不影响染印织物的色光及各项染色坚牢度，与其他助剂有相容性，无臭味，对人体皮肤无毒害等。常用的有高分子表面活性剂，其中阴离子型的有甲基丙烯酸（部分）聚乙二醇酯，非离子型的有聚醚酯类，能在涤纶的外层形成连续性亲水薄膜，提高织物表面吸水性能，表面电阻降低，使电荷逸散速率加快，但在65/35涤棉混纺织物上使用时，其效果明显下降。因为上述抗静电剂在棉纤维上，其亲水基向着棉，疏水基反而向外，以致在织物表面难以形成连续的导电膜。聚壳糖是从节肢动物甲壳中提取制备的，属阳离子型，其分子结构与纤维素相似，织物用以浸轧烘干后，在表面形成薄膜，可赋予涤、棉、黏等混纺织物明显的抗静电性能，而且耐洗性好，兼有使织物提高防皱防缩、耐磨、耐腐等性能，织物外观光洁，手感滑爽。以上抗静电性能都是利用增加纤维表面吸湿性，以抑制电荷积累。在相对湿度低于40%时，这种抗静电剂的作用大为降低，甚至无效。目前对防静电要求高的织物多采取使用金属纤维与合成纤维混纺，如化纤地毯中混有不锈钢纤维时，可以使摩擦产生的静电接地泄放。织物中金属纤维还可将织物中静电集中，形成强度不匀的电场，使周围空气电离，与带电纤维极性相反的离子吸向纤维中和放电，从而使织物具防静电性能，且不受空气相对湿度变化的影响。此外，用化学方法在织物上镀一薄层金属，如铜层、镍层，也有良好的抗静电效果。

为改变合成纤维疏水性而发展的整理剂有SR—1000（日本）、珀玛洛斯TM（I. C. I.），前者为聚酯系高分子树脂微分散液。我国天津的331树脂、青岛的G树脂均为类似产物，效果很好，织物整理后耐洗性好，兼有吸湿性、易去污性及抗静电性，改善了合成纤维织物服用舒适性。

2. 抗起毛起球整理 一般纱线织物都常有起毛现象，羊毛、棉、黏胶纤维等纺织品在服用中也会起毛，由于其强力较低，短纤维毛羽因摩擦而从织物上脱落，即使成球，也会逐渐脱落。而合成纤维因强力高，其毛羽不易断落，毛羽滚成毛球后较牢固，难以脱落。织物起毛起球现象除与纤维强力有关外，混纺织物中合成纤维比例高、纤维线密度低、纱线捻度小、经纬密度稀的都易起毛起球。从染整角度看，除了改变纱线与织物结构外，染整工艺中的烧毛、剪毛、热定形均可改善起球现象，混纺织物经过外施型树脂整理，如用醚化三聚氰胺甲醛树脂，也有一定改善。

五、纺织品的新型功能整理

1. 防紫外线整理 减少紫外线对皮肤的伤害，必须减少紫外线透过织物的量。防紫外线整理可以通过增强织物对紫外线的吸收能力或增强织物对紫外线的反射能力来减少紫外线的透过量。在对织物进行染整加工时，选用紫外线吸收剂和反光整理剂加工都是可行的，两者结合起来效果会更好，可根据产品要求而定。目前应用的紫外线吸收剂主要有金属离子化合物、水杨酸类化合物、苯酮类化合物和苯三唑类化合物等几类。紫外线吸收剂的整理大致有以下几种方法。

（1）高温高压吸尽法。一些不溶或难溶于水的整理剂，可采用类似分散染料染涤纶的方法，在高温高压下吸附并扩散入涤纶。有些吸收剂还可以采用和染料同浴进行一浴法染色整理加工。

（2）常压吸尽法。采用一些水溶性的吸收剂处理羊毛、蚕丝、棉以及锦纶纺织品，则只需在常压下于其水溶液中处理，类似水溶性染料染色。有些吸收剂也可以采用和染料同浴进行一浴法染色整理加工。

（3）浸轧或轧堆法。这主要是用于棉织物的整理。和染色一样，浸轧后烘干，或和树脂整理一起进行，采用轧──→烘──→焙工艺加工。轧堆方法特别适合和活性染料染色一起进行，浸轧后，经过堆置使吸收剂吸附扩散进入纤维内部，在染色过程中完成处理。

（4）涂层法。对于一些对纤维没有亲和力的吸收剂，特别适合这种方法，它还可以和一些无机类的防紫外线整理剂（反射紫外线）一起进行加工。涂层法比较适合于伞、防寒衣料的加工。

当然，紫外线吸收剂也可以加入纺丝液制成防紫外线的功能性纤维，这里不做过多介绍。

织物经过防紫外线整理后，紫外线被织物吸收，因此透过织物的紫外线数量大为减少，对人体有很好的防护作用。经过紫外线吸收剂整理，纤维的光老化、染色织物的耐光牢度也都会大大改善，所以防护作用是多方面的，用途也是多方面的。

2. 阳光蓄热保温整理　人体热能的散发，以辐射方式为最多，因此设法减少这种散发则保温效果最好。例如，在涂层树脂中混入铝金属颗粒，可以增强对辐射的反射作用，有较好的保温效果。

在涂层树脂中加入陶瓷粒子或碳粒子，也可增强反射作用，既可以阻止外面射进的辐射线（例如紫外线），起防护作用，也可以阻止体内热能辐射出来，增强保温作用。某些陶瓷颗粒还可以吸收人体放出的热能，再放出远红外线，使保温性进一步得到加强。不过这种性能还不能充分满足冬季运动服装的轻盈保暖的要求，仍然属消极保温织物。

积极保温织物有利用电池和膜状发热体将电能转换为热能的电热织物，有利用铁粉等材料被空气中氧气氧化发生化学反应而发热的织物等，但它们存在携带不便和耐久性差等问题。

利用太阳能集热装置，选择性地吸收太阳能，然后逐渐放出，可以永久性地利用太阳能来保温。对太阳能有选择性吸收的物质如碳化锆（ZrC）。事实上，已发现周期表第Ⅳ族过渡金属的碳化物都具有如下的特性：当光照射时能将0.6eV以上的高能辐射线吸收并转换成热能，能量低于0.6eV的辐射线则被反射不被吸收。太阳的电磁波辐射线的大部分可被它们吸收，并转换成热能放出。

ZrC粉末经1000nm的辐射线照射后温度会明显升高，表明其有很好的蓄热作用。如将ZrC混入纤维，开发可吸收太阳辐射线中的可见光和近红外线，并可反射人体热辐射、具有保温功能的所谓阳光蓄热保温织物，适合制作冬季运动服、男女服装面料以及游泳衣等新产品。

一些功能染料也具有保温蓄能的特性，这时功能染料不仅起着色作用，还可以起保温蓄能作用。聚乙二醇等许多有机化合物也有蓄能保温作用。可通过浸渍和浸轧等方式来加工。

3. 透湿防水整理　防水整理已是一种常用的加工工序。近年来对防水整理提出了多功能的要求。透湿防水整理主要有两种途径：

（1）微孔透湿。涂层加工时，在涂层薄膜中形成无数的5～10μm的微孔，服装穿着时内部的湿气可通过微孔向外散发。

（2）吸湿性透湿。涂层薄膜本身具有吸湿性，例如用一些具有极性，甚至离子基团的高分子物作为涂层树脂，这些高分子物具有较好的吸湿性，在相对湿度较低的一侧它又可以向外蒸发去除水。如身体排出的汗水被它吸收后，水分通过薄膜扩散到外侧，然后蒸发排出。如果在这种涂层的外侧再经过拒水整理，则对外有拒水（不润湿）和防水（可耐足够高的水压）作用，又可将内侧的水分排出。

如果在上述涂层树脂中再加入前述的保温性的陶瓷粒子或金属颗粒，则可得到防水、透湿及保温的织物。

4. 高吸水性整理 高吸水性树脂目前主要用在加工卫生材料、园艺农场用的材料、工业和医疗用材料以及化妆品用的材料等。

高吸水性纺织材料虽然可以直接选用高吸水纤维来制得，但是由于其他性能达不到要求，故难以大规模生产。通常应用的方法是用高吸水性树脂整理来得到。高吸水性树脂可分多种类别：按化合物分，主要有聚丙烯酸类、聚乙醇类、聚氧乙烯类等合成高分子物，淀粉和纤维素接枝共聚物类；按交联的方法来分，主要有通过交联剂、自身交联和辐射交联几类；按产品形态来分，主要有粉末状、薄膜状和纤维状几类；按高分子的聚合方法，又可分为热引发聚合、接枝聚合、反相悬浮聚合、水溶液静置聚合的吸水性树脂等四类。

一般来说，高吸水性树脂应具备两个功能，一是吸水的功能；二是保住水的功能。为了能吸水，必须有三个条件，即被水润湿、毛细管吸水和较大的渗透压。

高吸水性树脂通常是网状结构的高分子电解质，例如，聚丙烯酸类高分子物，在水中电离后形成溶胀状的网状结构，在网状分子链上具有一定数量的—COO^-阴离子基，它具有强的水化能力，它们之间的负电荷斥力使网状结构更加伸展，在网状骨架之间形成足够多的毛细管，水分子对这种骨架和毛细管很容易润湿。这种网状结构在水中保持足够大的渗透压，水沿着毛细管可以不断进入树脂颗粒的内部。树脂为了保持电荷中性，Na^+远离骨架一定距离，并且通过水化作用也结合一定数量的水。这样，高吸水性树脂不但可以结合大量的水，而且被结合的水不容易流动。离子的水化和网状结构的保水作用，抑制了水的流动，大大提高了保住水的功能。

高分子的相对分子质量、极性基或离子基团的数目和分布、网状结构（交联程度）是决定吸水和保水能力大小的要素。交联程度的大小对吸水和保水的能力影响很大，交联密度过小和过大都会减小吸水和保水的能力。

这种高吸水性树脂和目前应用的涂料印花合成增稠剂是一类化合物，只是对保水和黏度要求有所不同。吸水和保水性好的树脂，其增稠能力并不一定最好。和合成增稠剂一样，金属离子、电解质和pH对吸水和保水能力影响很大。重金属离子会和—COO^-形成难溶的盐，降低吸水和保水能力。电解质（例如中性无机盐）的存在会降低渗透压，减少离子的水化作用和降低网状结构的伸展程度，也会降低吸水和保水能力。pH的影响也很大，在酸性介质中，—COOH电离能力减弱，所以吸水和保水能力也明显降低。

六、泡沫整理

泡沫染整是将染整工作液通过发泡，制成泡沫体系后施加于织物上的一种低给液染整工艺。在泡沫整理加工过程中，工作液中的部分水被空气代替，替代程度越高，水的消耗越少，节能越多。泡沫染整的诸多优点使织物湿加工总体成本大大降低。目前，较成熟的泡沫工艺有泡沫整理 、泡沫印花、泡沫染色等。

泡沫整理视频

泡沫染整加工工艺中最先得到应用和发展，且发展最快的当属泡沫整理工艺。泡沫整理技术的应用范围很广，如在纺织品后整理中的拒水、拒油整理，亲水整理，柔软整理，阻燃整理，抗皱整理，防缩整理，抗菌整理，抗紫外线整理等，此外，还发展了综合各种整理效果的泡沫多功能整理等技术。进行泡沫整理加工时，将气体通入含有表面活性剂的加工液中，生成众多由微小气泡组成的体积庞大的泡沫，从而替代染整浴中的水。

1. 泡沫整理的优点 泡沫整理的最大特点是可以对织物进行单面整理，或进行双面不同的整理，从而达到不同的需求，提高织物的价值。如纺织品一面进行防水、防油、防沾污整理，另一面进行亲水整理。传统的浸渍轧液法由于受一些客观条件的限制，不能完全符合最新发展的需要，采用泡沫整理法则能突破这些限制，这是泡沫整理最大的亮点。在当前能源危机及清洁生产的大背景之下，泡沫加工技术以它独有的优势满足了节约能源、降低生产污水等要求，其还有下面几个优点。

（1）节省烘燥热能。采用常规的浸轧方式，织物的带液率为50%～80%，而采用泡沫加工后，带液率可大大降低，其中，棉织物的带液率低于30%，涤棉织物低于20%，合成纤维织物低于10%，从而可最大限度地节省烘燥时所需的能量，可达50%左右。

（2）降低水及化学药剂的消耗量。由于在泡沫整理过程中用大量的空气取代了配制整理液和染液所需的水和化学药剂，因此，水和化学药剂的消耗量大大降低。据测算，织物的水耗可降低20%，节省树脂和助剂用量可达10%～30%，相应地减少了污水排放对环境造成的污染。

（3）可推行“湿—湿”加工工艺。采用泡沫涂敷与织物本身的含湿量关系不大，故完全可以实施“湿—湿”加工工艺，以减少工艺流程中的中间烘燥工序。

（4）提高织物的加工质量。由于织物的含湿量明显降低，完全有可能排除烘燥过程中所产生的泳移现象。以树脂整理为例，通过预先编制的程序，可以准确地控制整理液或染液的含固量，在进行树脂整理时，树脂用量可比常规工艺减少12%，而弹性仍略高于常规工艺。

（5）实现污水的零排放。在泡沫整理加工中，残留的仅仅是少量的泡沫，而且这些泡沫破泡以后得到的工作液浓度完全一样，没有任何变化，因此，多数情况下可以回用，完全没有常规加工方法中存在的轧槽中的工作液必须放掉的问题。

基于以上优点，在纺织行业中，泡沫技术有着广泛的应用范围，考虑到全球纺织行业的竞争以及泡沫加工的优势和一些可能性因素，泡沫技术将可能在纺织品整理中占有非常重要的地位。

2. 泡沫整理配方

阴离子发泡剂	10g
二羟甲基二羟基乙烯脲	150g
氯化铁	22.5g
阴离子柔软剂	60g

总溶液	1kg
发泡比	1∶135
半衰期	336s
润湿性	24.2cm

采用上述工艺整理，可节约热能10%～15%；可提高生产车速达30%，由于车速加快，一年可增产5000km/台左右。

3. 泡沫整理技术

（1）泡沫树脂整理。目前，棉织物防皱整理最常用的整理剂主要是树脂整理剂。织物经树脂整理后，能达到满意的折皱回复角，但这种满意的折皱回复角是以牺牲织物的强力和耐磨性能为代价的。大量的实验证明，造成这种问题的主要原因是整理时树脂施加的不均匀，而产生不均匀施加的主要原因又是在织物焙烘过程中整理剂发生泳移所造成的。使用浸轧—预烘—焙烘的处理方式时，纯棉织物会有约28%的溶液发生泳移。

对于纯棉织物来说，如果使用泡沫整理工艺，可以使泳移量降低到10%以下，因而大大提高了织物的强力。这是由于带液量减少了，织物烘干时的水分蒸发就会减少，织物毛细管中整理液也就不会随着表面液体减少产生的液差而泳移到织物表面上，从而减少了烘干过程中的泳移量。此外，在达到相同整理效果的同时，使用泡沫整理的方法比常规浸轧的方法可节省树脂及助剂用量约10%～30%，而且还可改善织物的手感。

（2）泡沫拒水、吸湿双面整理。目前，对衬衫等薄型织物使用常规的浸轧法进行拒水整理时，织物的两面都有拒水性，就不能吸汗，穿着时会使人感到不舒适。因此，常规的浸轧法不能达到织物的正面施加拒水整理，反面施加吸湿整理的效果，而使用泡沫整理技术就能达到这种效果。

应用泡沫整理时，首先对织物施加拒水整理，把起泡后的拒水整理剂泡沫均匀地施加到织物的正面，使拒水整理剂仅浸透到织物的一半厚度；再在织物反面按同样的泡沫方法施加吸湿剂，也渗透到织物的一半厚度，这样织物就会同时具有拒水和透湿两种功能了。例如，医院的手术服既要具有一定的拒水性能，又要具有一定的抗菌、透湿性能，医务人员穿着才能安全、舒适。交联的聚乙二醇（PEG）能赋予外科手术服织物显著的抗菌性能，还可提高织物的吸湿性。但常规整理时，加入PEG会使织物的拒水性能下降，如果使用泡沫整理，将PEG只施于织物的背面，则不会妨碍织物正面的拒水性能。

（3）泡沫上浆整理。泡沫上浆整理是以泡沫为介质对织物进行上浆，干燥后赋予织物硬挺和光滑手感的一种新工艺。泡沫上浆整理与普通上浆整理的主要区别是：普通上浆整理时，浆料溶解或分散在水中，以水为介质将浆料传送到织物上；而泡沫上浆工艺中，泡沫是传送介质。泡沫上浆与普通上浆相比，不但可大量节省烘燥能量，还可以节约水资源和化工浆料，提高上浆效率等。

（4）泡沫增白整理。纯棉、涤/棉漂白织物或印花白地织物常需要进行增白处理。常规的浸轧法增白是完全浸透织物的，再经轧车轧压，使增白剂在织物上均匀分布。对于某些只需表面得到增白即可的织物（特别是厚重织物），可使用泡沫法增白，通过调节泡沫的施加量，以控制增白剂的渗透程度，从而使大部分增白剂停留在织物表面，以提高增白剂的使用率。对于要求不高的织物，泡沫加工还可以对织物进行单面增白。由于泡沫施加不如轧车浸轧那样均匀，因此，泡沫增白整理大多用于白地印花布。

（5）泡沫阻燃整理。涤/棉织物是当今使用普遍的纺织产品，其作为装饰织物也深受广大消费者欢迎。由于涤/棉织物包含可燃的熔融性涤纶和易燃的棉纤维，潜伏着着火的危险性，因而需要进行阻燃整理。但传统的阻燃整理工艺及一般的阻燃剂并不一定对涤/棉织物有效。有人选用溴锑涂层阻燃剂（CFA），采用泡沫背涂工艺对涤/棉织物进行阻燃整理，能获得良好的阻燃效果，并达到 GB/T 5455—2014 的要求，确保了作为装饰织物的阻燃需要。

（6）多功能泡沫整理。紫外线一般能够穿透窗帘，在房间的朝阳面，屋内长期处在紫外线的照射下，对人体以及室内纺织品都不利；此外，窗帘还应该具有阻燃、遮光等功能，对一些特殊的窗帘还需进行抗菌、芳香、抗静电等整理。如果采用常规的浸轧方法，会消耗大量的化学品，增加生产成本，而且有些整理剂之间还可能会相互作用，影响整理效果。如果使用泡沫涂层的方法对窗帘接触阳光的一面进行遮光和防紫外线整理，而另一面进行阻燃、抗菌、芳香、抗静电等整理，就可以大量节省化学品，还可减少整理剂之间的相互影响。

（7）泡沫给湿拉幅整理。在印染加工中，织物在完成练漂、染色、印花的基本加工工序后，一般要进行拉幅整理。常规拉幅整理是将织物经过定幅设备（如热风布铁拉幅机或热风针板拉幅机）依次进行轧水或浸轧整理液（带液率 60% ~70%）、整纬、烘干、拉幅等工序，使织物获得较为稳定的尺寸，以符合印染成品的规格要求。此过程需要消耗大量的热能。

如果采用泡沫法进行给湿拉幅整理，可使织物带液率控制在 30% 以下（棉织物 15% ~30%，化纤织物 10% ~20%），在节省大量烘燥能源的同时，不但改善了工艺质量，而且提高了生产效率，是一项节能、高效、安全、可靠的低给液加工方法。

4. 泡沫整理存在的问题　使用泡沫加工技术对纺织品进行后整理有很多的优点，但是它也存在一些缺点和局限性，比如，泡沫染整设备不具有常规湿染色设备那样的通用性，设备自动化程度不高、操作繁琐；随着纺织品上带液量的减少，给液均匀问题突显出来，只有泡沫均匀，才能使整理均匀；由于泡沫的特性，在制备泡沫液时要特别小心；含固量高的整理剂的增重率也十分关键；泡沫是亚稳定系统，时间是重要的因素，如果稳定时间过短，由泡沫发生器形成的泡沫未输送到织物表面就已中途破裂，造成色差，若稳定时间过长，印到织物上的泡沫又不能很快均匀破裂，也会造成色差，所以控制好泡沫稳定性不容易。虽然存在这些局限性，但这并不阻碍泡沫加工技术在未来生产加工中的应用和推广。

复习指导

1. 整理的目的：使织物门幅整齐，尺寸形态稳定；改善织物手感；改善织物外观；提高织物耐用性能；赋予纺织品特殊性能；改变织物表面性能。

2. 整理的方法根据加工方法的不同，可分为物理机械方法、化学方法、物理机械和化学联合方法。

3. 手感整理主要有硬挺整理和柔软整理。硬挺整理是利用能成膜的高分子物质制成整理浆浸轧在织物上，使之附着于织物表面，干燥后形成皮膜将织物表面包覆，从而赋予织物平滑、厚实、丰满、硬挺的手感。柔软整理方法中一是借机械作用使织物手感变得较柔软，二是采用柔软剂进行柔软整理。

4. 定形整理包括定幅（拉幅）及机械预缩两种整理。织物中积存的应变是造成织物缩水、折皱和手感粗糙的主要原因。定幅整理是利用纤维在潮湿状态下具一定的可塑性能，在加热的同时，将织物的门幅缓缓拉宽至规定尺寸。拉幅只能在一定尺寸范围内进行，过分拉幅将导致织物破损。机械预缩整理主要是解决经向缩水问题，使织物纬密和经向织缩调整到一定程度而使织物具松弛结构。

5. 织物外观整理主要有轧光整理、电光整理、轧纹整理和漂白织物的增白整理等。

6. 树脂整理常用于棉织物、涤棉等混纺织物的整理，以提高织物防皱防缩性能。树脂整理工艺有：干态交联工艺、含潮交联工艺、湿态交联工艺。无甲醛整理剂使用的多元羧酸整理剂不含甲醛，故属环保型整理剂。

7. 特种整理内容较多，发展也较快，主要有防水整理、阻燃整理、卫生整理、抗静电整理、抗起毛起球整理、涂层整理等。

思考题

1. 何谓织物后整理？织物为什么要进行后整理？

2. 硬挺整理时，在整理浆液中加入填充剂的目的是什么？是否在任何情况下均需要加入填充剂？

3. 有人说“机械柔软整理是暂时性整理，化学柔软整理是永久性整理”。你认为这种说法正确吗？

4. 棉织物柔软整理的方法通常有哪两种？简述各种方法的原理。

5. 织物为什么需要在润湿状态下进行拉幅整理？

6. 何谓缩水？织物为什么会缩水？如何降低织物的缩水率？

7. 棉织物的缩水率为什么通常是经向大于纬向？

8. 拉幅机通常由哪几个部分组成，并简要说明各部分的作用。

9. 试述普通三辊预缩机的主要机构、预缩原理及提高机械预缩效果应采取的措施。

10. 何谓轧光整理？影响轧光整理效果的因素有哪些？并简要地加以分析。

11. 分析涤棉混纺织物的增白整理与纯棉织物的增白整理在工艺上的差别。

12. 为什么经过防皱整理的织物同时也获得了防缩性能？

13. 织物经树脂整理后，其撕破强力将如何变化，为什么？
14. 树脂整理工作液通常由哪些成分组成？试述各成分的作用。
15. 防水整理按加工方法不同，可分为哪两类？
16. 简述阻燃剂的阻燃原理。
17. 试述涤棉混纺织物的燃烧特点及其阻燃整理通常采用的途径。
18. 根据你所掌握和了解的信息，估计和展望今后纺织品织物整理的发展方向。
19. 何为泡沫整理？泡沫整理对印染生产有何实际价值？
20. 试比较泡沫整理与泡沫染色的异同点。

第五章 印染废水处理

印染行业是纺织工业用水量较大的行业，水作为媒介参与整个染整加工过程。印染废水水量大，色度高，成分复杂，废水中含有染料、浆料、助剂、油剂、酸碱、纤维杂质及无机盐等。染料结构中硝基和氨基化合物及铜、铬、锌、砷等重金属元素具有较大的生物毒性，严重污染环境。因此，本章在简要介绍几种主要印染产品废水的基础上，将重点介绍印染废水的污染防治和清洁生产。

第一节 印染废水的产生与排放

一、印染废水的产生和特性分析

印染废水中的污染物主要来自织物纤维本身和加工过程使用的染化料，在印染生产的前处理过程中排出退浆废水、煮练废水、漂白废水和丝光废水，染色印花过程中排出染色废水、皂洗废水和印花废水，整理过程中排出整理废水。

1. 前处理产生的废水

（1）退浆废水：退浆是用化学药剂将织物上所带的浆料退除（被水解或酶分解为水溶性分解物），同时也除掉纤维本身的部分杂质。退浆废水是碱性有机废水，含有浆料分解物、纤维屑、酶等，其 COD、BOD_5 都很高。退浆废水水量较少，但污染较重，是前处理废水有机污染物的主要来源。当采用淀粉浆料时，废水的 BOD_5 含量约占印染废水的 45%；当采用 PVA 或 CMC 化学浆料时，废水的 BOD_5 下降，但 COD 很高，废水更难处理。PVA 浆料是造成印染废水处理效果不好的主要原因之一。

（2）煮练废水：煮练是用烧碱和表面活性剂等的水溶液，在高温（120℃）和碱性（pH = 10 ~ 13）条件下，对棉织物进行煮练，去除纤维所含的油脂、蜡质、果胶等杂质，以保证漂白和染整的加工质量。煮练废水呈强碱性，含碱浓度约为 0.3%，呈深褐色，BOD_5 和 COD 值较高。

（3）漂白废水：漂白是用次氯酸钠、双氧水、亚氯酸钠等氧化剂去除纤维表面和内部的有色杂质。漂白废水的特点是水量大，污染程度较轻，BOD_5 和 COD 均较低。

（4）丝光废水：丝光是将织物在氢氧化钠浓溶液中进行处理，以提高纤维的强度，增加纤维的表面光泽，降低织物的潜在收缩率和提高对染料的亲和力。丝光废水一般经蒸发浓缩后回收，由末端排出的少量丝光废水碱性较强。

2. 染色和印花废水

（1）染色废水：染色废水主要污染物是染料和助剂。由于不同的纤维原料和产品需要使用不同的染料、助剂和染色方法，加上各种染料的上染率不同和染液的浓度不同，使染色废水水质变化很大。染色废水的色泽一般较深，且可生化性差。其 COD 一般为 300 ~ 700mg/L，BOD_5/COD 一般小于 0.2，色度可高达几千倍。

（2）印花废水：印花废水主要来自配色调浆、印花辊筒、印花筛网的冲洗废水，以及印花后处理时的皂洗、水洗废水。由于印花色浆中的浆料量比染料量多几倍到几十倍，故印花废水中除染料、助剂外，还含有大量浆料，BOD_5 和 COD 都较高。

由于印花辊筒镀筒时使用重铬酸钾，辊筒剥铬时有三氧化铬产生。这些含铬的雕刻废水应单独处理。

（3）整理废水：整理废水含有树脂、甲醛、表面活性剂等。整理废水数量较小，对全厂混合废水的水质和水量影响也小。

二、印染废水水质及水量

1. 不同产品排放的废水水质　印染产品由于原料纤维、产品种类和生产工艺等不同，使用的染料、助剂种类和品种不同，加工的工艺方法不同，漂洗次数不同，因此其排放废水的水质亦不同。另外，由于不同化学纤维的含量在各类产品中所占的比重不同，其使用染料和助剂的种类也不断变化，因此所排放的废水中各污染物含量也不相同。

在棉混纺织产品中，由于化学纤维（主要为涤纶）的加入（一般占 65%），其经纱上浆时采用变性淀粉和聚乙烯醇混合浆料。在印染前处理工艺过程产生的退浆废水中，由于含有一定量的聚乙烯醇，使废水中增加了难生物降解的物质，降低了废水的可生物降解性。因此，棉印染废水属于较难生物降解的工业废水之一。

在毛纺染色产品中，由于天然纤维所占比例较大，化学纤维占的比例相对较少，而且织造过程中也不需上浆，故毛混纺染整产品加工过程产生的废水水质相对较为稳定，废水的可生物降解性优于棉纺产品排放的印染废水。洗毛废水由于可生物降解性能好，一般在提取羊毛脂后宜采用生物处理方法。

真丝绸印染产品加工过程中排放的印染废水属于中低浓度的有机性废水，可生物降解性好。

化纤仿真丝产品的碱减量工艺中产生的废水，由于含有相当量的对苯二甲酸和乙二醇，总体看废水的可生物降解性能较差，但与印染废水混合后，水质稍有改善。

2. 废水水量　印染废水排放量约为全厂用水量的 60% ~ 80%。废水量随工厂的类型、生产工艺、机械设备、加工产品的品种不同，差异较大。根据国内外的资料估算，每加工一匹棉织物，用水量为 1 ~ 1.2m^3。实际工程中，常需通过调研确定确切的设计排水量。

三、印染废水的特点和危害

1. 废水的特点

（1）水量大。

（2）浓度高。大部分废水呈碱性，COD较高，色泽深。

（3）水质波动大。印染厂的生产工艺和所用染化料，随纺织品种类和管理水平的不同而异。而对于每个工厂，其产品都在不断变化，因此，废水的污染物成分浓度的变化与波动十分频繁。

（4）以有机物污染为主。除酸、碱外，废水中的大部分污染物是天然有机物或合成有机物。

（5）处理难度较大。染料品种的变化以及化学浆料的大量使用，使废水含难生物降解的有机物，可生化性差。因此，印染废水是较难处理的工业废水之一。

（6）部分废水含有毒有害物质。如印花雕刻废水中含有六价铬，有些染料（如苯胺类染料）有较强的毒性。

2. 废水的危害 印染废水含大量的有机污染物，排入水体将消耗溶解氧，破坏水生态平衡，危及鱼类和其他水生生物的生存。沉于水底的有机物，会因厌氧分解而产生硫化氢等有害气体，恶化环境。

印染废水的色泽深，严重影响受纳水体外观。造成水体有色的主要因素是染料。目前全世界染料年总生产量在60万吨以上，其中50%以上用于纺织品染色，而在纺织品印染加工中，有10%～20%的染料作为废物排出。印染废水的色度尤为严重，用一般的生化法难以去除。有色水体还会影响日光的透射，不利于水生物的生长。

在使用化学氧化法去除色度时，虽然能使水溶性染料的发色基被破坏而褪色，但其残余物的影响仍然存在。

印染废水大部分偏碱性，进入农田，会使土地盐碱化；染色废水的硫酸盐在土壤的还原条件下可转化为硫化物，产生硫化氢。

第二节　印染废水处理的基本方法

印染废水是以有机污染为主的、成分复杂的有机废水，处理的主要对象是BOD_5、不易生物降解或生物降解速度缓慢的有机物、碱度、染料色素以及少量有毒物质。虽然印染废水的可生化性普遍较差，但除个别的印染废水（如纯化纤织物染色）外，仍属可生物降解的有机废水。其处理方法以生物处理法为主，同时需辅以必要的预处理和物理化学深度处理。

一、预处理

印染废水污染程度高，水质、水量波动大，成分复杂，一般都需进行预处理，以确保生物处理法的处理效果和运行稳定性。

1. 调节（水质、水量均化）　如前所述，印染废水的水质、水量变化大，因此，印染废水处理工艺流程中一般都设置调节池，以均化水质、水量。为防止纤维屑、棉籽壳、浆料等沉淀于池底，池内常用水力、空气或机械搅拌设备进行搅拌。水力停留时间一般为8h左右。

2. 中和　印染废水的pH往往很高，除通过调节池均化其本身的酸、碱度不均匀性外，一般需要设置中和池，以使废水的pH满足后续处理工艺的要求。

3. 废铬液处理　在有印花工艺的印染厂中，印花辊筒镀筒时需使用重铬酸钾等，辊筒剥铬时就会产生铬污染。这些含铬的雕刻废水必须进行单独处理，以消除铬污染。

4. 染料浓脚水预处理　染色换品种时排放的染料浓脚水，数量少，但浓度极高，COD可达几万甚至几十万。对这一部分废水进行单独预处理可减少废水的COD浓度，这对于小批量、多品种的生产企业尤其重要。

二、生物处理技术

生物处理工艺主要为好氧法，目前采用的有活性污泥法、生物接触氧化法、生物转盘和塔式生物滤池等。为提高废水的可生化性，缺氧、厌氧工艺也已应用于印染废水处理中。

1. 活性污泥法　活性污泥法是目前使用最多的一种方法，有推流式活性污泥法、表面曝气池等。活性污泥法具有投资相对较低、处理效果较好等优点。其中，表面曝气池因存在易发生短流、充氧量与回流量调节不方便、表面活性剂较多时产生泡沫覆盖水面影响充氧效果等弊端，近年已较少采用。而推流式活性污泥法在一些规模较大的工业废水处理站，仍在广泛应用。污泥负荷的建议值通常为0.3～0.4kg（BOD_5）/kg（MLSS）·d，其BOD_5去除率大于90%，COD去除率大于70%。据上海印染行业的经验表明，当污泥负荷在小于0.2kg（BOD_5）/kg（MLSS）·d时，BOD_5去除率可达90%以上，COD去除率为60%～80%。

2. 生物接触氧化法　生物接触氧化法具有容积负荷高、占地小、污泥少、不产生丝状菌膨胀、无需污泥回流、管理方便、填料上易保存降解特殊有机物的专性微生物等特点，因而近年来在印染废水处理中被广泛采用。生物接触氧化法停止运行后，重新运行启动快，对企业因节假日和设备检修停止生产，无废水排放对生物处理效果的影响较小。因此，尽管生物接触氧化法投资相对较高，但因能适应企业废水处理管理水平较低、用地较紧张等困难处境，应用越来越广泛。特别适用于中小水量的印染废水处理，通常容积负荷为0.6～0.7kg（BOD_5）/kg（MLSS）·d时，BOD_5去除率大于90%，COD去除率为60%～80%。

3. 缺氧水解好氧生物处理工艺　如前所述，缺氧段的作用是使部分结构复杂的、难降解的高分子有机物，在兼性微生物的作用下转化为小分子有机物，提高其可生化性，并达到较好的处理效果。缺氧段的水力停留时间，一般是根据进水COD浓度来确定的。当缺氧段采用填料法时，通常建议按每100mg/L的COD需水力停留时间1h累计取值。好氧段负荷限值有两种方法，一是不计缺氧段去除率，此时好氧段负荷的限值略高于一般负荷值；另一计算法是按缺氧段BOD_5去除率为20%～30%计，而好氧段的负荷按一般负荷值计算。经这一工艺处理后，BOD_5去除率在90%以上，COD去除率一般大于70%，色度去除率较单一的好氧法也有明显提高。

4. 生物转盘、塔式滤池 生物转盘、塔式滤池等工艺在印染废水的处理中也曾采用，取得了较好的效果，有的厂目前还在运行。但由于这些工艺占地面积较大，对环境的影响较多，处理效果相对其他工艺低，目前已很少采用。

5. 厌氧处理 对浓度较高、可生化性较差的印染废水，采用厌氧处理方法可较大幅度地提高有机物的去除率。厌氧处理在实验室研究、中试中已取得了一系列成果，是有发展前途的新工艺。但其生产运行管理要求较高，在厌氧处理法后面还需好氧法处理才能达到出水水质要求。

三、物化处理与其他处理技术

印染废水处理中，常用的物化处理工艺主要是混凝沉淀法与混凝气浮法。此外，电解法、生物活性炭法和化学氧化法等有时也用于印染废水处理中。

1. 混凝法 混凝法是印染废水处理中采用最多的方法，有混凝沉淀法和混凝气浮法两种。常用的混凝剂有碱式氯化铝、聚合硫酸铁等。混凝法对去除COD和色度都有较好的效果。

混凝法可设置在生物处理前或生物处理后，有时也作为唯一的处理设施。

混凝法设置在生物处理前时，混凝剂投加量较大，污泥量大，易使处理成本提高，并增大污泥处理与最终处理的难度。混凝法的COD去除率一般为30%～60%，BOD_5去除率一般为20%～50%。

作为废水的深度处理，混凝法设置在生物处理构筑物之后，具有操作运行灵活的优点。当进水浓度较低，生化运行效果好时，可以不加混凝剂，以节约成本；当采用生物接触氧化法时，可以考虑不设二次沉淀池，让生物处理构筑物的出水直接进入混凝处理设施。在印染废水处理中，多数是将混凝法设置在生物处理之后。其COD去除率一般为15%～40%。

当原废水污染物浓度低，仅用混凝法已能达到排放标准时，可考虑只设置混凝法处理设施。

2. 化学氧化法 纺织印染废水的特征之一是带有较深的颜色，这主要是由残留在废水中的染料所造成的。此外，有些悬浮物、浆料和助剂也能产生颜色。废水脱色就是去除废水中上述显色有机物。印染废水经生物法或混凝法处理后，随BOD和部分悬浮物的去除，色度也有一定的降低。一般情况下，生物法的脱色率较低，仅为40%～50%。混凝法的脱色率稍高，但因染料品种和混凝剂的不同而有很大的差别，脱色率在50%～90%之间。因此，采用上述方法处理后，出水仍有较深的颜色，对排放和回用都很不利。为此，必须进一步进行脱色处理。常用的脱色处理法有氧化法和吸附法两种。氧化脱色法有氯氧化法、臭氧氧化法和光氧化法三种。

化学氧化法一般作为深度处理设施，设置在工艺流程的最后一级。主要的目的是去除色度，同时也降低部分 COD。经化学氧化法处理后，色度可降到 50 倍以下，COD 去除率较低，一般仅 5% ~15% 。

（1）氯氧化脱色法：氯作为消毒剂已广泛应用于给水处理，其作为氧化剂时的功能与消毒有所不同。氯氧化脱色法就是利用存在于废水中的显色有机物比较容易氧化的特性，应用氯或其化合物作为氧化剂，氧化显色有机物并破坏其结构，达到脱色的目的。

常用氯氧化剂有液氯、漂白粉和次氯酸钠等。其中次氯酸钠价格较高，但投加设备简单，产泥量少。漂白粉价廉，来源广，可就地取材，但产泥多。如采用液氯，沉渣还很少，但氯的用量大，余氯多，在一般温度下反应时间也长。而且某些染料氯化后可能产生有毒的物质。

氯氧化剂并不是对所有染料都有脱色效果。对于易氧化的水溶性染料（如阳离子染料、偶氮染料）和易氧化的不溶性染料（如硫化染料），都有良好的脱色效果。对于不易氧化的不溶性染料（如还原染料、分散染料和涂料等）脱色效果较差。当废水中含有较多悬浮物和浆料时，该法不仅不能去除此类物质，反而要消耗大量氧化剂。况且在氧化过程中，并不是所有染料都被破坏，其中大部分是以氧化态存在于水中，经过放置，有的还可能恢复原色。所以单独采用此法脱色并不理想，宜与其他方法联用，可获得较好的脱色效果。

（2）臭氧氧化脱色法：臭氧作为强氧化剂，除了在水消毒中得到应用，在废水脱色及深度处理中也得到广泛应用。臭氧具有强氧化作用的原因，曾经认为是在分解时生成新生态的原子氧，表现为强氧化剂。目前认为，臭氧分子中的氧原子本身就是强烈亲电子或亲质子的，直接表现为强氧化剂是更主要的原因。

染料显色是由其发色基团引起的，如乙烯基、偶氮基、氧化偶氮基、羰基、硫酮、亚硝基、亚乙烯基等。这些发色基团都有不饱和键，臭氧能使染料中所含的这些基团氧化分解，生成相对分子质量较小的有机酸和醛类，使其失去发色能力。所以，臭氧是良好的脱色剂。但因染料的品种不同，其发色基团位置不同，脱色率也有较大差异。对于含水溶性染料废水，如活性、直接、阳离子和酸性等染料，其脱色率很高。对含不溶性分散染料废水也有较好的脱色效果。但对于以细分散悬浮状存在于废水中的不溶性染料，如还原、硫化染料和涂料，脱色效果较差。

影响臭氧氧化的主要因素有水温、pH、悬浮物浓度、臭氧浓度、臭氧投加量、接触时间和剩余臭氧等。

用臭氧处理印染废水，因所含染料品种不同，处理流程也不一样。对含水溶性染料较多、悬浮物含量较少的废水，可单独采用臭氧或臭氧—活性炭联合处理，一般都与其他方法联用。当废水中含染料以分散染料为主，且悬浮物含量较多时，宜采用混凝—臭氧联合流程。

（3）光氧化脱色法：光氧化脱色法是利用光和氧化剂联合作用时产生的强烈氧化作用，氧化分解废水中的有机污染物质，使废水的 BOD、COD 和色度大幅度下降的一种处理方法。

光氧化脱色法中常用的氧化剂是氯气，有效光是紫外线。紫外线对氧化剂的分解和污染物质的氧化起催化作用。有时，某些特殊波长的光对某些物质有特效作用，因此，设计时应选择相应的特殊紫外线灯作为光源。

光氧化脱色法的特点有：氧化作用强烈，没有污泥产生，适用范围广，可作为废水的高级处理，装置紧凑，占地面积小。光氧化脱色印染废水，除对一小部分分散染料的脱色效果较差外，其他染料脱色率都在90%以上。

3. 电解法 借助于外加电流的作用产生化学反应，把电能转化成化学能的过程，称为电解。利用电解的化学反应，使废水的有害杂质转化而被去除的方法，称为废水电解处理法，简称电解法。

电解法以往多用于处理含氰、含铬电镀废水，近年来才开始用于处理纺织印染废水的治理，但尚缺乏成熟的经验。研究表明，电解法的脱色效果显著，对某些活性染料、直接染料、媒染染料、硫化染料和分散染料的印染废水，脱色率可达90%以上，对酸性染料废水脱色率达70%以上。电解法对于处理小水量的印染废水，具有设备简单、管理方便和效果较好的特点。固定床电解法在工程上也有应用，取得了较好的效果。其缺点是耗电较大、电极消耗较多，不适宜在水量较大时采用。电解法一般作为深度处理，设置在生物处理之后。其COD去除率为20%～50%，色度可以降到50倍以下。

当原废水浓度低，仅用电解法已能达到排放标准时，可考虑只设置电解法处理设施。仅用电解法处理时，COD去除率为40%～75%。

电解法具有下列特点：

（1）反应速度快，脱色率高，产泥量小。

（2）在常温常压下操作，管理方便，容易实现自动化。

（3）当进水中污染物质浓度发生变化时，可以通过调节电压与电流的方法来控制，保证出水水质稳定。

（4）处理时间短，设备容积小，占地面积小。

（5）电解需要直流电，电耗和电极消耗量较大，宜用于小水量废水处理。

4. 活性炭吸附法 活性炭吸附技术在国内用于医药、化工和食品等工业的精制和脱色已有多年历史。20世纪70年代开始用于工业废水处理。生产实践表明，活性炭对水中微量有机污染物具有卓越的吸附性，它对纺织印染、染料化工、食品加工和有机化工等工业废水都有良好的吸附效果。一般情况下，对废水中以BOD、COD等综合指标表示的有机物，如合成染料、表面活性剂、酚类、苯类、有机氯、农药和石油化工产品等，都有独特的去除能力。所以，活性炭吸附法已逐步成为工业废水二级或三级处理的主要方法之一。

吸附是一种物质附着在另一种物质表面上的过程。吸附是一种界面现象，其与表面张力、表面能的变化有关。引起吸附的推动能力有两种，一种是溶剂水对疏水物质的排斥力，另一种是固体对溶质的亲和吸引力。废水处理中的吸附，多数是这两种力综合作用的结果。活性炭的比表面积和孔隙结构直接影响其吸附能力，在选择活性炭时，应根据废水的水质通过试验确定。对印染废水宜选择过渡孔发达的炭种。此外，灰分也有影响，灰分越小，吸附性能越好；吸附质分子的大小与炭孔隙直径越接近，越容易被吸附；吸附质浓度对活性炭吸附量也有影响，在一定浓度范围内，吸附量是随吸附质浓度的增大而增加的。另外，水温和 pH 也有影响。吸附量随水温的升高而减少，随 pH 的降低而增大。故低水温、低 pH 有利于活性炭的吸附。

活性炭吸附法较适宜用作水量小，一般的生化与物化方法处理不能达标时的深度处理方法。其优点是效果好，缺点是运行成本高。

第三节　不同印染废水的治理技术

一、棉产品印染废水治理

棉产品印染废水的治理与其他纺织产品印染废水治理相比较，治理时间较早，治理规模也较大。棉印染废水整体属于有机性废水，且具有城市污水、生活污水的某些特性，其废水的可生物降解性较差，印染废水还具有某些特殊颜色。

20 世纪 70 年代中期，印染废水治理采用较多的技术为生物治理技术和活性污泥法，其后又陆续开发出了不同结构池型（圆形池、方形池），不同工艺形式（合建式、分建式）的多种活性污泥法处理型式。70 年代末至 80 年代初，引进当时国外先进环保治理技术并结合我国具体情况，开发出生物膜法的生物接触氧化法、塔式生物滤池等型式。其后，生物接触氧化法获得较快的发展和应用。随着这种方法的采用，软性填料、半软性填料也研制成功并获得应用。自 80 年代中后期这种型式很快得到推广，并且在棉印染行业逐步取代了表面加速曝气型式。

但是，随着棉印染产品中化学纤维数量的不断增加，废水的可生物降解性能逐渐变差，使原有的生物处理系统去除能力有所降低。为了满足达标排放要求，随后又采用在生物化学处理方法之后再串接化学处理的方式。化学处理中以化学投药法为主，主要采用混凝沉淀和混凝气浮的型式。实践中采用最多的为混凝沉淀池型式，这种方法运行管理较简单。采用生化与物化联合治理工艺，可以充分发挥生物处理法去除大部分有机污染物的能力，而其剩余的有机污染物和色度则由化学处理法承担，这样可以减少药剂投加量，使处理成本降低。实践证明，这是适合当前我国棉印染废水的经济合理的治理方式。

20 世纪 80 年代末，由于棉混纺织物数量的增加，在棉机织产品印染废水中，存在一定数量的化学浆料（聚乙烯醇等）难生物降解物质，因此单纯采用好氧生物处理工艺难以将其氧化分解，不能满足达标排放要求。

为了解决达标排放问题，纺织工业在“七五”期间又开发出厌氧—好氧的低能耗的生物治理工艺。其中的厌氧法主要是利用厌氧过程的产酸阶段，即水解酸化阶段。为了加快其处理过程，应投加经过培养的菌种，使难以降解的大分子量有机污染物变成较易降解的小分子量有机污染物。对染料和表面活性剂都有较为明显的破坏和降解作用，为后面的好氧生物处理提供较为有利条件，使废水处理系统得以正常进行，减少后面化学处理单元的负担。在此期间，为了提高生物处理单元的去除率，也通过实验研究了投加优势菌种，提高去除率的问题。但是，由于棉印染废水量相对较大，长期运行菌种优势难以保证，所以，正常运行中很少采用投加优势菌种的办法。

实践证明，对印染废水采用以生物处理为主，物理处理与化学处理相结合的综合治理方法是当前稳定达标排放的治理路线。

1. 棉机织产品印染废水治理　在各类印染废水中，棉印染废水治理流程较为复杂。一是棉纤维本身所含杂质，二是混纺产品中有较大量的化学纤维，也使废水水质发生变化，可生物降解性能变差，增加了其处理难度，其典型治理流程如下：

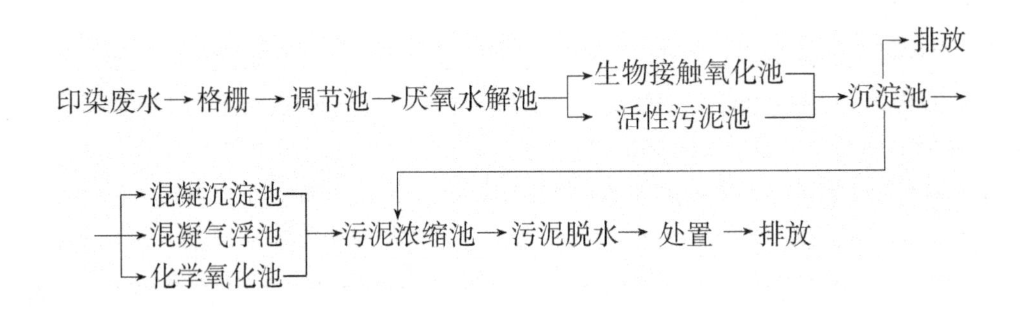

主要工艺参数如下：

（1）格栅：流程中格栅一般设置两道，通常一道为固定式栅条式格栅，一道为自动回转式格栅。

（2）调节池：调节池一般均设有预曝气，气水比为（3～5）∶1。预曝气一方面为防止沉淀进行搅拌，另一方面兼有去除部分有机污染物的作用。调节池调节时间一般为6～8h，其COD去除率平均为8%左右。

（3）厌氧水解酸化池：根据废水中污染物状况，停留时间为4～10h，COD去除率一般为15%～30%，色度去除率可达40%～70%。对泡沫的消除也有明显的效果。

（4）生物接触氧化池：生物接触氧化法实质上是生物膜法与活性污泥法的混合型式。国外又称为浸没式生物滤池法。由于在池中放置一定数量的、而且具有一定孔隙率和比表面积的填料，为微生物的生长提供了栖息场所，具有明显的生物膜法特点。同时它又采用了活性污泥法的曝气方式，并在池体中和填料间也具有一定数量的活性污泥，因此它又具有活性污泥特点。由于它采用鼓风曝气方式，不受池体表面产生的泡沫影响，不产生污泥膨胀，有机负荷高，占地面积少，流程中生物接触氧化法、活性污泥法均采用鼓风曝气方式。

生物接触氧化池停留时间一般为5～7h，COD去除率为55%～60%，色度去除率约为50%，气水比一般为（20～25）∶1。生物接触氧化池通常设计为二段，二段池容积可以相同，也可以第一段比第二段池容大。第一段气水比为（25～28）∶1，第二段为（15～18）∶1。

（5）活性污泥池：活性污泥法中曝气池的停留时间通常为9～12h，COD去除率为60%～70%，色度去除率约为50%。

（6）沉淀池：沉淀时间通常采用1.5～2h。目前，沉淀池主要采用竖流沉淀池型式，当处理水量较大时，多采用辐流式沉淀池型式。斜管（板）沉淀池由于排泥不畅且容易积泥，使污泥反硝化引起污泥上浮，目前在印染废水治理中已很少采用。沉淀污泥通常采用重力或机械排泥方法排入浓缩池，然后进行机械脱水或污泥干化。在厌氧水解池运行初期，为了提高池中污泥含量，也采用部分沉淀池污泥回流方法。

（7）混凝沉淀池和混凝气浮池：混凝沉淀或混凝气浮工艺，都采用化学投药方法。投药品种多为无机聚合铝或无机与有机聚合物，其产生的污泥也排入污泥浓缩池与生物污泥一并处理。其COD去除率为40%～55%，色度去除率为40%～60%。混凝沉淀池或混疑气浮池中投加的药剂采用水力混合或机械搅拌。当好氧生物处理后沉淀池出水略高于排放标准时，亦可在沉淀池前投药，利用水力搅拌。

（8）化学氧化池：化学氧化法主要以去除色度和剩余有机污染物为主，其脱色效果优于混凝沉淀或混凝气浮工艺，其中光化学氧化法或电化学氧化法具有一定的高新技术含量，目前已在工程中获得应用。

当废水pH较高时，在调节池前应考虑加酸中和措施。但是当企业设有三效蒸发丝光淡碱回收装置并严格控制生产过程中碱用量时，印染废水pH为9.0～9.5，一般可不需考虑中和装置。

在流程中，根据各地排放标准要求不同和处理后水质状况不同，又提出了不同的排放部位。可在沉淀池后排放，也可在混凝沉淀池后排放。

2. 棉针织产品印染废水治理　棉针织产品印染废水中，由于纤维织造时经纱不需上浆，其废水中不含浆料成分，因此废水中有机污染物含量低于棉机织物印染废水，其治理流程相对较短，有关设计参数也较低，其典型治理工艺流程如下：

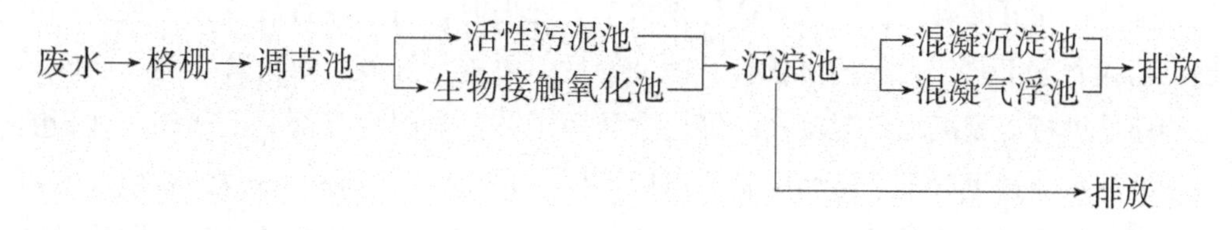

主要工艺参数如下：

（1）格栅：流程中格栅要求与棉机织产品废水处理相同。

（2）调节池：流程中调节停留时间为6～8h，COD去除率平均约8%。通常也采用曝气型式进行搅拌，防止其沉淀及保证其去除率。

（3）生物接触氧化池：停留时间4～6h，COD去除率55%～60%，色度去除率50%，气水比（15～20）∶1。其中的生物接触氧化池可采用一段法或二段法。

（4）活性污泥池：停留时间8～10h，COD去除率60%～70%，色度去除率50%。

（5）沉淀池：沉淀时间通常为1.5～2h。

末端的混凝沉淀池或混凝气浮池，其COD去除率为30%～55%，色度去除率40%～60%。

根据废水水质情况，可适当调整上述有关参数，亦可选用棉机织产品废水治理典型流程，但有关参数需作相应调整。

近些年来，间歇式活性污泥法、SBR法及其变形的CASS法、DAT—IAT法等在印染废水治理中也有应用。由于其运行中有兼氧条件，可以不需设厌氧水解酸化池。因为应用该方法企业较少，有关参数还需不断分析总结。

二、毛纺产品印染废水治理

1. 洗毛废水的治理 毛纺织产品主要是由羊毛纤维加工成的纯毛纺织产品或羊毛纤维与化学纤维按不同比例加工而成的毛混纺织产品。一般毛纺织产品中，羊毛占较大的比例，而化学纤维所占比例较小。

羊毛是天然的动物性蛋白质纤维，从羊身上取下的天然原毛中，除主要为羊毛纤维外，还含有羊汗、羊毛脂及固体杂物等杂质。为了使纤维具有可纺性及染色均匀，必须将原毛中羊毛纤维以外的物质全部除去。洗毛过程中，以水为媒体，另外还需投加一定量的纯碱、洗涤剂等表面活性剂，通过洗毛联合机的机械洗涤作用和各种洗涤物质的物理化学作用，从而达到洗净羊毛的目的。

洗毛加工的不同槽体产生不同浓度的洗毛废水，其中第一槽洗毛废水含泥沙等悬浮颗粒较多，第二、第三槽主要含有一定量的羊毛脂等物质，需进行回收，而第四、第五槽废水主要作为逆流洗涤补充水用。排放的洗毛废水中，含有一定量固体杂物（主要为沙、土等）及羊毛脂、羊汗等有机物，其废水中有机污染物含量高，其COD、BOD_5值均达10g/L以上，属于可生物降解性较好的有机性废水。这种废水单独处理时，治理流程较长，主要采用完全厌氧处理工艺或兼氧工艺，去除相当量有机污染物后，再进行好氧生物处理。为了实现达标排放，可能还需进行混凝沉淀或混凝气浮等化学处理工艺。我国也有部分毛纺织企业设有洗毛车间，洗毛废水经过提取羊毛脂和厌氧处理后，再与企业生产过程中排放的染色废水混合进行好氧处理。其后是否还需进行化学投药处理实现达标排放，应根据洗毛废水与染色废水比例而定。如染色废水量较大，有机污染物含量较低，可能不需再进行化学投药处理。这是经济合理的方法。因为洗毛废水量远小于印染废水量，而且由于经适度处理的洗毛废水加入后，可以改善混合废水的可生物降解性能，提高治理系统的治理效果。为了去除洗毛过程残留的草刺等植物杂质，需加酸使其炭化。洗净毛经炭化排放的废水呈弱酸性，有机物含量较低。这种废水与提取羊毛脂后的洗毛废水混合，可明显降低洗毛废水浓度，处理工艺的有机负荷降低，有利于处理工艺的达标排放。

从洗毛废水中提取的羊毛脂为粗制羊毛脂，其含有一定量的水分和杂质，经过精细加工后，可获得高附加值的精制羊毛脂。精制羊毛脂是高级润滑油和高级化妆品的主要原料。

洗毛废水是指经提取羊毛脂后二槽、三槽废水和一槽的浸洗废水的混合废水，其典型治理工艺流程如下：

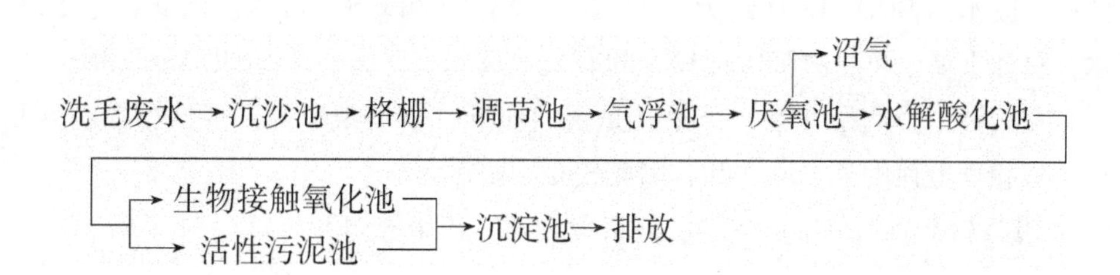

主要工艺参数如下：

（1）沉沙池：停留时间为1.5～2.0h。

（2）格栅：设置三道，一道为粗格栅，一道为自动固液分离机，最后一道为过滤筛板。

（3）调节池：调节时间为8～10h，增加了预曝气后，其COD去除率为30%左右。

（4）气浮池：主要去除废水中残存的羊毛脂等，投药后，COD去除率为40%～60%。

（5）厌氧池：采用UASB型式或固定膜厌氧反应器，当保持中温厌氧条件时，废水停留时间为8～12h，COD去除率可达75%～85%。而在常温条件下，其去除率会降低，此时应适当增加废水停留时间。当洗毛废水量较大时，产生的沼气可以收集利用，否则将采取高空排放。

（6）水解酸化池：实际上是在微氧情况下，主要以继续厌氧水解酸化为主，停留时间为4～6h，其COD去除率为20%左右。

（7）活性污泥池或生物接触氧化池：停留时间一般为10～12h，COD去除率一般为50%～60%。

当企业没有洗毛车间和染色车间时，洗毛车间废水采用厌氧处理，可采用上述有关参数。但是，当洗毛废水厌氧处理后与染色废水混合再处理时，上述有关参数应进行修改。

由于洗毛废水为高浓度有机性废水，其排放标准不执行GB 4287—1992纺织染整工业水污染物排放标准，而执行GB 3544—1992造纸工业水污染物排放标准。

2. 毛纺织产品染色废水治理　毛纺产品分为毛粗纺产品（毛呢、毛毯等厚型织物）、毛精纺产品（毛料等薄型织物）和绒线产品。

毛纺织产品废水主要指毛粗纺织产品、毛精纺织产品及绒线产品在染色过程中产生的各种废水。它包括染色残液、漂洗水、洗呢水、缩绒水等。其中染色残液和初次漂洗水中含有部分剩余染料及大部分或全部染色助剂，而其余各类废水含污染物浓度较低。毛纺织产品废水处理，就是治理这几种废水的混合废水。毛粗纺产品排放废水中，有机污染物浓度及色度均高于毛精纺产品废水相应指标。而绒线产品排放废水介于上述两者之间。

毛纺织产品生产加工过程中，主要污染源是染色，它包括散毛染色、坯呢染色和毛条染色。纯毛产品染色过程排放的染色废水一般呈微弱酸性，但由于采用一定量的化学纤维，毛混纺产品染色废水一般呈中性或弱碱性，毛纺染色混合废水基本呈中性。

纯毛产品染色废水的 BOD_5/COD 约为 0.4，属于易生物降解的废水，而纯毛与毛混纺产品并存的染色废水的 BOD_5/COD 约为 0.3，属于较易生物降解的废水。因此，毛纺织厂产品染色废水，总体上属于可生物降解性较好的有机性废水。另外，毛纺织产品所用染料均为水溶性染料，在染液中呈离子状态，羊毛又是蛋白质纤维，上染率高，残液中染料含量较低，也易于被外加相反电荷的离子所中和，因此较易于脱色。

（1）毛粗纺织产品染色废水治理。其典型治理工艺流程如下：

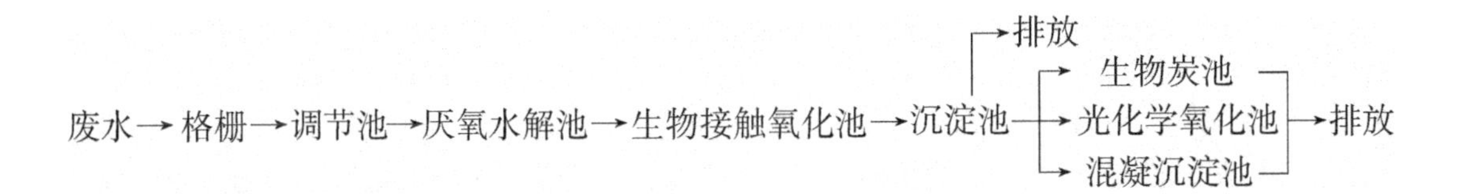

主要工艺参数如下：

① 格栅：流程中格栅一般设置二道，一道采用固定式格栅，另一道采用自动清理回转式格栅。

② 调节池：停留时间为 6 ~ 8h，COD 去除率为 8% ~ 10%，一般多采用预曝气方式。

③ 厌氧水解酸化池：停留时间为 4 ~ 6h，池体 1/3 ~ 2/3 装设填料，COD 去除率为 20% ~ 30%。

④ 生物接触氧化池：可以采用二段法或一段法，内置半软型填料，停留时间为 4 ~ 6h。气水比（15 ~ 20）∶1，COD 去除率为 50% ~ 60%。

⑤ 沉淀池：采用竖流沉淀池，沉淀时间为 2.0h。

⑥ 生物炭池：生物炭池需设有反冲洗设备，停留时间为 0.5 ~ 1.0 h，气水比（5 ~ 8）∶1，COD 去除率为 50% ~ 60%，色度去除率为 70% ~ 80%。

⑦ 光化学氧化池：停留时间为 0.5 ~ 1.0h，COD 去除率为 50%，色度去除率为 80%。

⑧ 混凝沉淀池：投药以聚合铝为主，停留时间为 2.0h，其 COD 去除率为 50%，色度去除率为 50%。

根据排放标准不同，废水可以由不同部位排放。

（2）毛精纺织产品染色废水治理。由于毛精纺织废水有机污染物含量较低，故其流程较短。根据企业实际情况也可采用毛粗纺织产品染色废水治理流程。只要选择合适的设计参数，废水经过厌氧水解和生物接触氧化工艺流程，也可实现达标排放，其典型治理工艺流程如下：

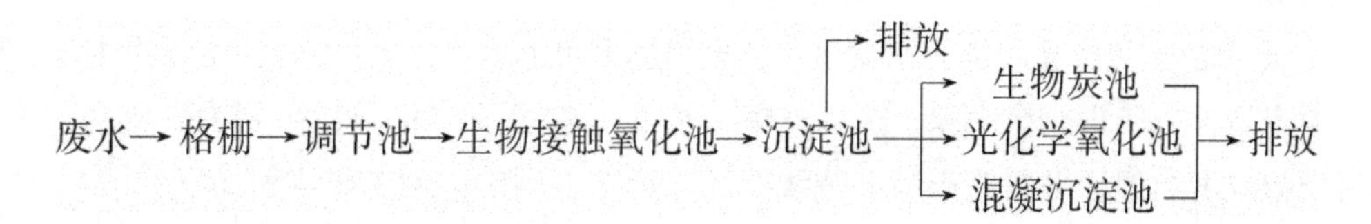

主要工艺参数如下：

① 格栅：流程中设格栅二道，一道为人工清理格栅，一道为自动回转机械格栅。

② 调节池：停留时间为6～8h。

③ 生物接触氧化池：气水比（15～18）∶1，停留时间为3～5h。

④ 沉淀池：沉淀时间为1.5～2.0h。

其后各处理单元的有关参数及去除率，可参照毛粗纺织产品废水治理典型流程中同类单元参数，并作适当修改。

三、丝绸产品废水治理

丝绸印染又分为真丝绸印染和仿真丝绸印染两种。两种产品的染色与印花工艺不同，其使用的染料和助剂也不相同，因而排放废水水质不同，治理的工艺流程也不相同。

1. 天然真丝绸产品废水治理　天然真丝绸产品废水又分为脱胶废水和印染废水两种。

（1）真丝脱胶废水治理。丝脱胶废水为较高浓度的有机废水，可生物降解性能较好。其中，煮茧废水量占7%～10%，缫丝废水量占60%～65%，其余废水为缫丝及废茧处理等工序产生。浓脱胶废水其浓度指标一般为COD为5000～10000mg/L，BOD为2500～5000mg/L，pH为9.0～9.5。一般脱胶高浓度废水水量较少，而脱胶冲洗水量较大，水质浓度较低，其COD为500～1000mg/L，BOD为300～600mg/L。一般采用分质处理后再混合处理，或全部废水直接混合后再进行处理。分质治理工艺流程如下：

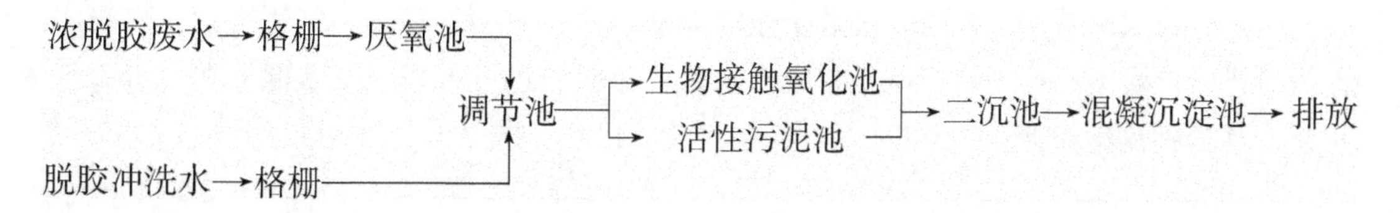

主要工艺参数如下：

① 格栅：流程中设置二道格栅。

② 厌氧池：采用UASB型式，停留时间为8～12h，采用常温发酵，COD去除率80%～85%。

③ 调节池：停留时间为6～8h。

④ 生物接触氧化池：一般采用二段法，停留时间为4～6h，气水比（18～20）∶1，COD去除率为60%左右。

⑤ 活性污泥池：停留时间为8～10h，COD去除率60%～65%。

⑥ 二沉池：通常采用竖流式，沉淀时间为1.5～2.0h。

（2）天然真丝绸产品印染废水治理。天然真丝绸指以天然蚕丝（桑蚕丝和柞蚕丝）为原料的各类产品，其印染废水中除了天然丝绸上所含的蜡质及浆料外，主要为染料和助剂。废水的污染物浓度类似于毛精纺产品和绒线产品，通常采用的治理工艺流程如下：

废水→格栅→调节池→（生物接触氧化池 / 活性污泥池）→沉淀池→（光化学氧化池 / 混凝沉淀池）→排放

主要工艺参数如下：

① 格栅：流程中格栅采用二道。

② 调节池：流程中调节池停留时间为6～8h。

③ 生物接触氧化池：停留时间为4～6h，气水比（15～20）∶1，COD去除率60%，色度去除率50%。

④ 沉淀池：多采用竖流式型式，沉淀时间为1.5～2.0h。

有少数真丝绸印染企业中设有缫丝脱胶车间，也产生部分脱胶废水，根据废水水量的大小，可以对浓脱胶废水单独进行厌氧处理后，再与脱胶冲洗水和染色废水混合，然后继续进行好氧和化学处理。近几年，新建成或改造企业也有采用厌氧水解好氧生物治理工艺，如合理选择参数和构筑物型式，可以满足达标排放要求，从而降低运行费用。

2. 化纤仿真丝产品废水治理 化纤仿真丝产品加工过程中，产生碱减量废水和印染废水。其中碱减量废水是难降解浓度高的有机废水。

碱减量工艺中可分为间歇式和连续式两种。间歇式工艺可以回收部分碱液，再用于生产，并将涤纶织物水解下来的对苯二甲酸通过压滤形式形成泥饼而去除。连续式碱减量工艺可通过多次减量并适当补充碱液后，定期排放残液。此时，残液中含有一定量碱液，但主要是难生物降解的对苯二甲酸，这是一种难生物降解物质。

当采用连续式碱减量工艺时，多数企业将碱减量残液单独处理到一定程度后，再与印染废水混合进行混合废水处理。当碱减量废水水量较小时，也可与印染废水混合在一起进行统一处理。其治理流程如下：

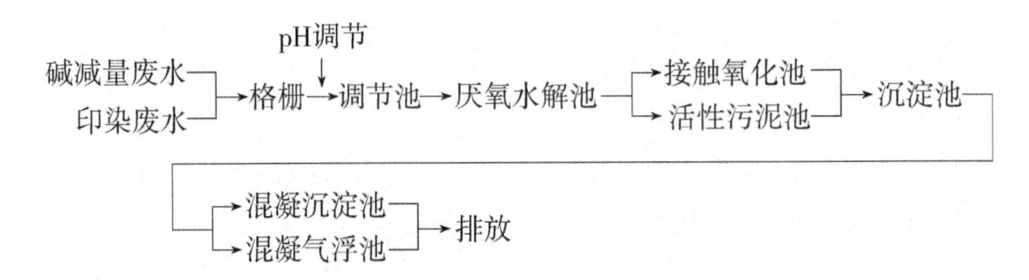

主要工艺参数如下：

（1）格栅：流程中格栅设置二道。其中一道为固定式格栅，另一道为自动回转式格栅。

（2）调节池：为了使处理的废水水质和水量均匀，增加混合条件，调节池调节时间为8h。当废水碱性较高时，需加酸中和至 pH 为 9～10，以利后续生物处理单元正常运行。

（3）厌氧水解池：停留时间为 18～24h，COD 去除率为 15%～20%。

（4）接触氧化池：生物接触氧化池停留时间为 15～25h，COD 去除率 55%～60%。

（5）活性污泥池：停留时间为 20～30h，COD 去除率 60%～65%。

为了提高生物接触氧化池和活性污泥池中曝气池的去除效果，发挥不同微生物菌种的特性，通常将其设计为二段（级）或三段（级）。

（6）沉淀池：沉淀时间为 1.5～2.0h。

（7）混凝沉淀池：混凝沉淀和化学氧化作为达标排放保证单元，其投药量和耗电量根据实际情况确定。

四、麻纺产品废水治理

在麻纺产品加工过程中，主要产生脱胶废水和印染废水。第一类废水为煮练残液，主要为煮练过程中产生可生化性较好的废水，其废水 BOD/COD 为 0.3～0.4，废水呈棕褐色，COD 值一般为 1000～1500mg/L。第二类为洗麻水、浸酸水等中段水，这部分废水水量较大，其 COD 值为 400～500mg/L。第三类为漂酸洗水，其 COD 值为 100～150mg/L。这几种废水混合后，其 COD 值为 2500～4000mg/L，BOD_5 为 800～1500mg/L，SS 为 200～600mg/L，pH 为 9～12，色度为 400～600 倍。

1. 麻脱胶废水的治理　麻脱胶工艺目前基本采用集中式工厂化的脱胶方法，由专业化脱胶厂对脱麻废水进行单独处理。麻脱胶废水为高浓度偏碱性有机废水，可生物降解性较好。其典型治理工艺流程如下：

废水→格栅→调节池→厌氧水解池→（活性污泥池 / 接触氧化池）→二沉池→（混凝沉淀池 / 化学氧化池）→排放

主要工艺参数如下：

（1）格栅：在流程中，格栅设置二道。

（2）调节池：调节时间为 8～12h，其 COD 去除率约为 10%。

（3）厌氧水解池：停留时间为 8～10h，其 COD 去除率为 25%～35%。

（4）接触池：停留时间为 6～8h，COD 去除率 60%。

（5）活性污泥池：停留时间为 8～12h，其 COD 去除率 60%～65%。

（6）二沉池：沉淀时间为 1.5～2.0h。

（7）混凝沉淀池：其投药量按聚合铝计（含 Al_2O_3 7%～10%）为 100～150mg/L，其 COD 去除率为 50%～60%。

（8）化学氧化池：化学氧化法中目前应用较好的为光化学氧化法去除 COD，去除率为 50%～60%。此方法脱色效果明显。

2. 麻纺产品印染废水的治理 麻纺产品印染废水处理中，当含有脱胶车间排放的脱胶废水时，一般采用脱胶废水与印染废水进行混合处理。混合后废水水质根据脱胶废水和印染废水水量的比例来确定。可参照上述脱胶废水治理流程，对有关参数进行修改。

当麻纺厂只有染色和印花工艺时，麻纺产品印染废水水质与棉纺产品印染废水水质基本相近，使用染料和助剂也基本相同，只是颜色较浅。可参照棉机织物或棉针织产品废水治理流程，根据废水水质情况，对有关参数做适当修改或全部采用。

五、印染废水处理新技术

1. 技术简介 随着纺织工业新产品和新技术的应用，印染废水中水溶性染料和化学浆料的数量及种类也在不断增加，从而导致印染废水的可生化性下降，因此，高效的生物处理技术等已成为环境保护领域中的新兴技术之一。

（1）生物技术。在生物技术处理印染废水方面，中科院微生物研究所研究了7种染料脱色降解菌，在处理含氮染料、三苯甲烷染料、聚乙烯醇、洗涤剂、助剂等各种难降解物的印染废水实验中，都取得了明显的效果。另外，也有研究人员根据红色染料去除率偏低的状况，采用特殊的微生物定向筛选培育方法，获得了名为ZE21号的脱色菌群，它是一个兼性厌氧菌群，在有氧及厌氧条件下，对印染废水都有明显的脱色效果。

日本帝人集团在水处理领域的核心装置——多级生物废水处理用的生物反应器系统（MSABP），在中国获得专利认证。其特点是可抑制剩余污泥的产生，缩减污泥处理的费用，并且不需要沉淀池和污泥回流装置，易于运行管理；对于高浓度排水（COD_{cr} < 50000mg/L）也能处理，还能分解难分解的物质，如表面活性剂等。该技术应用在国内某聚酯纤维染色厂的接触氧化池改造中，废水处理稳定，COD去除率高，填料、构架交换具有10年以上不用更换的效果，避免了填料经常脱落，每年需更换圆盘填料的麻烦。

（2）物理化学方法。在物理化学方法处理印染废水方面，日本京都工艺纤维大学采用纤维素系列的吸附剂进行了印染废水的治理，脱色效果很好，处理费用为活性炭吸附的1/4。我国辽源市科研所也研制成功了VS型离子交换纤维，这是一种新型的离子交换材料，呈纤维状，具有物理吸附及离子交换功能，比表面积大、离子交换速度快，具有明显的吸附脱色性能，用阳离子染料印染废水进行实验，脱色率达90%以上。

吸附气浮法综合了吸附和气浮的特点，首先用一些高度分散的粉状无机吸附剂（如膨润土、高岭土等）吸附水中的染料离子和其他可溶性物质，然后加入气浮剂，将其转变为疏水性颗粒，通过气浮除去。该方法具有处理效率高、适应性广、占地面积小等优点，对酸性染料、阳离子染料、直接染料等的去除率达到92%以上。

另外，以天然资源为主要原料经简单的物理、化学加工制成了既含有阳子、又含有阴离子的新型复合混合混凝脱色剂——ASD2，用该试剂对印染厂的还原、硫化、纳夫妥、阳离子和活性染料的染色废水进行絮凝脱色实验，脱色率平均大于80%，最高达98%以上，COD去除率平均大于60%，最高达80%以上。也有资料报道了絮凝氧化法、混凝气浮氧化法的实验研究，这些方法工艺设备简单、占地面积小、操作方便，适用于处理小型印染厂的废水。

（3）电化学方法。在电化学方法处理印染废水方面，日本帝人集团的废水深度处理技术——ELCAT（电解—触媒式处理装置），对染料的分解处理可达98%～100%，COD去除率约70%，色度去除率约90%。$HiPO_x$（添加过氧化氢多段臭氧处理装置）技术，具有高效率的氧化处理能力，可减少运行费用，能处理难降解的物质，如1,4－二噁烷、环境荷尔蒙（EDC_S）等，并可抑制致癌物质溴酸的生成。

2. 发展方向　现在和未来，印染废水处理的主要发展方向都将是微生物方法与其他处理技术相结合，许多环境工程技术人员正致力于筛选高效降解菌和构建基因工程菌，主要包括生物强化技术和固定化微生物技术。

第四节　印染行业的清洁生产

一、推行清洁生产与可持续发展

随着20世纪科技的进步，极大地提高了社会生产力，创造了人类前所未有的物质财富。但工业的高速发展，却导致了资源的过度消耗和浪费，环境受到严重污染，使人类赖以生存的生态环境遭到破坏，从而使工业发展丧失后劲，使经济增长难以持续。

1. 清洁生产的意义　一是清洁生产可大幅度减少资源消耗和废物产生，还可使破坏了的生态环境得到缓解和恢复，排除资源匮乏困境和污染困扰，走工业可持续发展的道路；二是清洁生产改变了传统的被动、滞后的先污染、后治理的污染控制模式，强调在生产过程中提高资源、能源转化率，减少污染物的产生，降低对环境的不利影响；三是企业开展清洁生产，可以避开由于末端治理而付出的高昂费用，使可能产生的废物消灭在生产过程中。纺织工业生产是我国污染物排放量较大的行业之一，推行清洁生产显得特别有意义。

2. 清洁生产的定义　清洁生产是指原料与能源利用率最高、废物产生量和排放量最低、对环境危害最小的生产方式与过程。《中华人民共和国清洁生产促进法》中称：清洁生产是指不断采取改进设计、使用清洁的能源、采用先进的工艺技术与设备、改善管理、综合利用等措施，从源头削减污染，提高资源利用率，减少或者避免生产、服务和产品使用过程中污染物的产生和排放，以减轻或者消除对人类健康和环境的危害。

关于清洁生产，联合国环境规划署与规划中心综合各种说法，给出了以下定义："清洁生产"是指将综合预防的环境策略持续地应用于生产过程和产品中，以减少对人类和环境的风险性。《中国21世纪议程》指出："清洁生产"是指既可满足人们的需要，又可合理使用自然资源并保护环境的实用生产方法和措施，其实质是一种物料和能耗最少的人类生产活动的规划和管理，将废物量化、资源化和无害化，或消灭于生产过程之中。

清洁生产是在产品生产过程和产品预期消费中，既合理利用自然资源，把对人类和环境的危害减至最小，又充分满足人们的需要，使社会、经济效益获得最大的一种生产方式；清洁生产也是一种创造性思想，其将污染整体预防战略持续地用于生产过程、产品和服务中，通过不断改善管理和技术进步，提高资源综合利用率，增加生态效率，减少污染物排放，以降低对环境和人类的危害。

3. 清洁生产的内容 清洁生产包括以下几方面内容：

（1）清洁能源：清洁生产使自然资源和能源利用合理化、经济效益最大化、对人类和环境的危害最小化。在能源使用方面，它包括新能源的开发、可再生能源的利用、现有能源的清洁利用及常规能源采取清洁利用的方法。

（2）清洁原料：在使用原料方面，少用或不用有毒、有害及稀缺原料。

（3）清洁的生产过程：在生产过程中，节能、节约原料，生产中产出无毒、无害的中间产品，减少副产品，选用少废、无废工艺和高效设备，减少生产过程中的危险因素（如高温、高压、易燃、易爆、强噪声、强振动声），合理安排生产进度，培养高素质人才，物料实行再循环，使用简便可靠的操作和控制方法，完善管理等，树立良好的企业形象。

（4）清洁的产品：产品在使用中、使用后不危害人体健康和生态环境，产品包装合理，易于回收、复用、再生、处置和降解。使用寿命和使用功能合理。

4. 清洁生产的特点 清洁生产包括从原料选取、加工、提炼、产出、使用到报废处置及产品开发、规划、设计、建设生产到运营管理的全过程所产生污染的控制。其特点为：是一项系统工程、重在预防和有效性、经济性良好、与企业发展相适应。

5. 清洁生产与可持续发展的关系 清洁生产是通过对生产过程控制，达到废物量最小化，也就是如何满足在特定的生产条件下使其物料消耗最少而产品产出率最高的问题。实际上是在原材料的使用过程中，对每一组分需要建立物料平衡，掌握它们在生产过程中的流向，以便考察它们的利用效率、形成废物的情况。清洁是从生态经济大系统的整体出发，对物质转化的工业加工工艺的全过程不断地采取预防性、战略性、综合性措施，目的是提高物料和能源的利用率，减少以至消除废物的生成和排放，降低生产活动对资源的过度使用以及减少这些活动对人类和自然环境造成破坏性的冲击和风险，是实现社会经济的可持续发展、预防污染的一种环境保护策略。其概念正在不断地发展和充实，但是其目标是一致的，即在制造加工产品过程中提高资源、能源的利用率，减少废物的产生量，预防污染，保护环境。

可持续发展思想产生的背景是随着世界经济的快速发展，人类赖以生存和发展的环境与资源遭到越来越严重的破坏，人类已不同程度地体验到环境破坏的恶果，认识到如果把经济、社会与环境割裂开，只顾谋求自身的、局部的、暂时的经济发展，带来的将是他人的、全局的、后代的经济不发展，甚至是灾难。在此情况下，一个包含了当代与后代的需求、国家主权、国际公平、自然资源、生态承载力、环境和发展相结合等的可持续发展思想逐步形成。可持续发展首先是从环境保护的角度来倡导保护人类社会的进步和发展，号召人们在增加生产的同时，必须注意生态环境的保护和改善。它不仅涉及当代的、一个国家的人口、资源、环境与发展的协调，同时涉及与后代的、国家或地区之间的人口、资源、环境与发展之间的矛盾和冲突。“可持续发展”就是既符合当代人类利益，又不损害未来人类利益的发展，只有这种发展，才可能长久持续，才可能不危及人类的生存。可持续发展的概念结束了长期以来把发展经济与保护环境和资源相互对立起来的错误观念，指出它们应是相互联系和互为因果的。

可持续发展的目的是发展，关键是可持续。目前对此尚无一个统一的定义。在世界环境和发展委员会（WECD）于1987年发展的“我们共同的未来”的报告中，对可持续发展的定义为：既满足当代人的需求又不危及后代人满足其需求的发展。它包含了两个基本观点：一是人类要发展，尤其是人要发展；二是发展有限度，不能危及后代人的发展。

对产业部门来说，转向清洁生产是实施可持续发展战略的标志。因为清洁生产要求环境保护贯穿于整个生产过程的每一个环节。环境污染保护不再仅仅是环保人员的职责，也是各级工业生产管理部门和经营者共同的职责。生产部门只有推行清洁生产，才能把经济发展和环境保护统一起来，使经济建设与可持续利用资源和生态环境保护统一起来。

推行清洁生产已成为世界各国（发展中国家和发达国家）实现经济、社会可持续发展的必然选择。只有推行清洁生产，才能在保护经济增长的前提下，实现资源的可持续利用，不断改善环境质量；不仅使当代人可以从大自然获取所需资源和环境，而且为后代人留下可持续利用的资源和环境。我国政府制定的《中国21世纪议程》中，已将推行清洁生产作为一项重要内容，作为实施可持续发展的一项重要措施，《中华人民共和国清洁生产促进法》于2003年1月开始实施。近年来，可持续发展这个理念已经得到社会、经济及环境方面的重视。走可持续发展道路是必然的选择，“清洁生产”是实施可持续发展战略的最佳模式。

二、清洁生产的途径

清洁生产是工业发展的一种新模式，贯穿于产品生产与消费的全过程，是十分复杂的综合过程。它因产品种类和生产过程特性不同而异，但实现清洁生产的主要途径是相同的。

1. 规划产品方案，改进产品设计，调整产品结构　对产品整个生命周期进行环境影响评价，即对产品从设计、生产、流通、消费和使用后的各阶段进行环境影响分析。对那些在生产过程中物耗、能耗大，污染严重，使用过程和使用后严重危害生态环境的产品进行更新设计，调整产品结构。

2. 合理使用原材料　开发和选用无害或少害的原材料，以替代有害的原材料；采用精料替代粗制原料，以减少产品质量问题，提高产品合格率，减少污染物排放；定量控制原料的添加量，提高原料（转化为产品）的转化率，减少原材料流失和消耗；对原料充分进行综合利用，对流失的原料进行循环利用和重复利用。对原材料的合理选用，可显著降低生产成本，提高经济效益，减少废物和污染物的排放量。

3. 改革工艺与设备　通过改革工艺与设备，可提高生产能力，更有效地利用原材料，减少产品不合格率，降低原材料费用和废物处理、处置费用，给企业带来明显的经济效益和环境效益。改革工艺与设备的主要途径有：革新局部的关键设备，选用先进、高效设备；改变生产线与设备布局，建立连续、闭路生产流程，减少生产运转过程中的原材料流失和产品损失，提高原材料转化率，减少污染物排放量；更新工艺，实现自动化控制，优化工艺操作条件，提高原材料的利用率和减少污染物的产生量。

4. 加强生产管理 经验表明，通过强化生产全过程管理，可使污染物产生量削减40%左右，而花费却很小。加强管理是一项投资少而成效大、实现清洁生产的有效措施。

强化生产全过程管理主要包括：安装必要的监测仪表，加强计量监督；建立环保审计制度、考核制度和环保岗位责任制；加强设备的维护、检修，减少跑、冒、滴、漏；实行对原材料和产品的合理储存、妥善保管和安全运输，减少损耗和流失；加强职工环保培训，建立奖惩制度等。

三、印染清洁生产技术

纺织工业生产是我国环境污染较严重的行业，特别是纺织印染加工中产生的废水，不仅水量大，色度高，而且成分复杂，废水中含有染料、浆料、助剂、油剂、酸碱、纤维杂质及无机盐或重金属离子等，其中染料结构中的硝基和氨基化合物及铜、铬、锌、砷等重金属元素具有较大的生物毒性，严重污染环境。许多科研人员正努力应付各种环境问题，探讨并研究各种物质对环境造成的影响及如何清除污染。对持久的发展来说，补救环境工作是必要的，但其仍有不足之处。

纺织品印染的清洁生产不仅要生产出合格的纺织品，而且生产过程也必须是无污染或少污染的。纺织品的染整加工中需要使用大量的化学品，在生产中产生的污染也最多，主要表现在水污染、大气污染和产品污染。纺织工业中的印染行业是我国排放工业废水量较大的部门之一，其废水排放量占纺织工业废水排放量的80%。纺织品上有害物质的主要来源是染整加工过程，所以推行绿色染整技术是纺织品清洁生产的重要保证。

1. 前处理的清洁生产 在染整的前处理过程中，采用快速短流程，可缩短处理时间，并能够减少助剂和水的用量；低温、低碱前处理既可节能，又可减少废水的含碱量，利于废水的处理。

目前，生物酶在染整加工前处理工艺中已经展现出广阔而诱人的应用前景，其主要用于天然纤维织物的前处理，用生物酶去除纤维或织物上的杂质，为后续染整加工创造条件。退浆、精练等生物酶前处理技术，不但可避免使用碱剂，而且生物酶作为一种生物催化剂，无毒无害，用量少，处理的条件较温和，产生的废水可生物降解，减少了污染，节约了能量。在退浆中使用的主要有α-淀粉酶、β-淀粉酶等，一般使用温度为50～70℃，pH为6～7。应用于棉织物精练加工的生物酶主要是果胶酶、脂肪酶和纤维素酶。由于过氧化氢酶每分钟可以分解五百万个双氧水分子，并且分解温度低。将过氧化氢酶应用于棉织物的过氧化氢漂白，不仅可以去除织物上残留的过氧化氢，而且可以直接染色，比传统的还原剂法具有效率高、节能和无污染的优点，是纺织品清洁生产的重要工艺之一。

为了解决染整加工过程所产生的水污染问题，无水或非水染整加工工艺一直受到人们的关注。近年来，采用等离子体技术或其他离子溅射技术、激光技术、超声波技术和紫外线辐射技术去除织物表面的杂质有了很大进展。特别是用等离子体技术去除织物表面的浆料等杂质，不仅具有污染小的优点，而且还可以在纤维表面引入一些有利于染色、印花和整理的官能团，是即将进入工业化应用阶段的绿色前处理技术。

在前处理加工中除使用一些绿色工艺外，应重视开发新一代的绿色表面活性剂、生态助剂在前处理工艺中的应用技术。

2. 染色的清洁生产　清洁的染色技术在染整加工过程中，既要应用无害的染料和助剂，又要采用无污染或低污染的工艺对纺织品进行染色加工。染色后排放的有色污水量少且容易净化处理，耗能低，染色产品是“绿色”或生态纺织品，故清洁染色技术是今后纺织品染色的重点发展方向。天然染料有利于环境保护，但目前许多天然染料的结构不十分清楚，提取的工艺也很落后，研究和开发天然染料的提取和应用工艺却很有必要。使用天然和生态型的染料和助剂，不仅可以减少染料对人体的危害，充分利用天然可再生资源，而且可以大大减少染色废水的毒性。天然染料的染色废水的COD值比合成染料的COD值低得多，有利于减轻污水处理负担，保护生态环境。

使用对人体安全性高的染料进行染色，不仅可以为消费者提供安全的纺织品，而且有利于突破纺织品贸易中的绿色壁垒。由于生态纺织品标准中有许多禁用染料，故纺织品染色生产过程中应杜绝禁用染料的使用，开发禁用染料的替代技术，应用高固色率及高利用率的染料，开发高染料利用率的染色工艺，如目前新型缓流和气流喷射染色机染色的浴比极小，织物保持快速循环，染色废水很少。

采用喷雾、泡沫以及单面给液辊系统给液，可以极大程度地降低给液率，特别适合轧染时施加染液或其他化学品。涂料染色不发生上染过程，其工艺简单，染后不需水洗或只需轻度水洗，因此废水少、节约能源，目前已有一些符合生态要求的涂料和黏合剂出现。另外，也可通过纤维素纤维改性来提高染料利用率。

非水或无水染色是清洁染色的重要工艺方法，是减少染色废水的一条重要途径。近年来，应用超临界二氧化碳作为染色介质，已成为关注的热点。超临界二氧化碳流体染色应用于涤纶、锦纶、氨纶和醋酯纤维的实验室染色，取得了较好的效果，由于工业生产的设备成本较高，因此推广应用较困难。另外有人研究，将染料制成带电荷或磁性的颗粒，再经过热焙烘、汽蒸或热压等方式，使纺织品上的染料吸附、扩散并固着在纤维中，染后只需经过一般性的洗涤或通过电场或磁场将未固着的染料从纤维上除去，即可完成染色过程。气相或升华染色也不用水作染色介质，它是在较高温度或真空条件下使染料升华成气相，并吸附和扩散到纤维中。目前主要是一些非离子型的分散染料或易升华的颜料，染后也不必水洗，所以也无废水产生，有利于环境保护。

染色加工时温度高、能耗大，因此开发低温染色工艺很有必要，如羊毛纺织品在80～90℃下进行低温染色，活性染料染纤维素纤维采用冷轧堆染色，采用助剂增溶染色，可以降低分散、酸性等染料的染色温度。

利用超声波染色，不仅可使染料上染速度大大加快，而且可显著改善透染和匀染效果。目前对直接染料和活性染料超声波应用研究较多，它还可以减少电解质用量，有利于环境保护。

利用紫外线、微波以及高能射线处理纺织品，也可改善纤维的染色性质，有的直接用于固色。

3. 印花和整理的清洁生产 在印花及整理过程中，产生的污染物主要是印花糊料、树脂整理剂、涂层剂、防水剂、防虫剂及其他助剂。糊料的污染比较严重，目前一些新型糊料主要是通过对天然高分子化合物进行改性和利用石油化工原料合成得到，这些新型的糊料用量低，易于回收和净化。工艺简单、无污水或少污水的涂料印花已广泛应用于纺织品印花，无火油涂料印花糊料已经问世，并逐步推广应用。另外，数字喷墨印花、转移印花、电子照相印花、生物酶整理等绿色印花工艺及生态整理技术也在开发推广应用。纺织品数字喷墨印花与传统印花相比，具有墨水用量少，无环境污染，工艺简单，自动化程度高，颜色丰富多彩，印花精度高等优点，但印花速度比较慢，墨水成本比较高；转移印花虽然在印花后不必蒸化或再焙烘，也不必水洗，节能，无污水，但需要使用大量的转移纸，这些转移纸使用后很难再利用；光电成像印花虽然还未能工业化应用，但它是一种效率极高的、有前途的“绿色”印花技术。

现在有一些新型的机械整理设备，因利用了物理机械整理无化学危害的特点，而使物理整理工艺再次受到重视。生物酶用于纺织品整理，近年来发展很快，不仅用于纤维素纤维纺织品的抛光、柔软等整理，也用于羊毛等蛋白质纤维纺织品的防毡缩、抛光和柔软整理，用于苎麻等纤维纺织品，还可以改善刺痒感和柔软性能，其在Lyocell、黏胶纤维等方面的应用也受到人们的关注。在织物的后整理加工中，用生物酶去除纤维表面的绒毛，或者使纤维减量，改善织物的外观和手感。另外，无甲醛整理剂以多元羧酸类整理剂为突破口，已发展到工业试用的阶段。

复习指导

1. 印染废水的特点：水量大、浓度高、水质波动大、以有机物污染为主、处理难度较大、部分废水含有毒有害物质。

2. 印染废水的危害：印染废水含大量的有机污染物，排入水体将破坏水生态平衡，恶化环境；印染废水的色泽深，严重影响受纳水体外观；印染废水大部分偏碱性，进入农田，会使土地盐碱化；染色废水的硫酸盐在土壤的还原条件下可转化为硫化物，产生硫化氢。

3. 印染废水处理的基本方法以生物处理法为主，同时需辅以必要的预处理和物理化学深度处理法。活性污泥法是目前使用最多的一种方法。

4. 纺织印染废水的特征之一是带有较深的颜色，常用的脱色处理法有氧化法和吸附法两种。氧化脱色法有氯氧化法、臭氧氧化法和光氧化法三种。

5. 化学需氧量（COD）是指在一定条件下，氧化1L水样中还原性物质所消耗的氧化剂的量，以氧的mg/L表示。生化需氧量（BOD）是指在有溶解氧的条件下，好氧微生物在分解水中有机物的生物化学氧化过程中所消耗的溶解氧量。

6. 对印染废水采用以生物处理为主，物理处理与化学处理相结合的综合治理方法是稳定达标排放的治理路线。

7. 清洁生产的特点：(1) 是一项系统工程；(2) 重在预防和有效性；(3) 经济性良好；(4) 与企业发展相适应。清洁生产的内容包括：清洁能源、清洁原料、清洁的生产过程、清洁的产品。清洁生产的途径：(1) 规划产品方案，改进产品设计，调整产品结构；(2) 合理使用原材料；(3) 改革工艺与设备；(4) 加强生产管理。

8. 推行绿色染整技术是纺织品清洁生产的重要保证。

思考题

1. 简述印染废水的特点和危害。
2. 什么是COD、BOD？
3. 印染废水水质指标主要有哪些？
4. 印染废水一般具有较深的颜色，常用的化学脱色法有几种？
5. 试分析活性炭吸附法用于水处理的优点和适用条件，目前存在什么问题？
6. 简述活性污泥净化废水的机理。
7. 为什么不同的印染废水要用不同的处理技术？
8. 推行清洁生产的意义是什么？
9. 你认为采取哪些主要措施可以减少纺织品印染加工对环境的污染？
10. 印染污水会对环境产生哪些影响？
11. 试比较新老印染厂污水排放的指标差异。
12. 印染污水的排放标准是什么？

参考文献

[1] 王菊生．染整工艺原理（第一、第二、第三、第四册）[M]．北京：纺织工业出版社，1982.

[2] 陶乃杰．染整工程（第一册）[M]．北京：纺织工业出版社，1991.

[3] 朱世林．纤维素纤维制品的染整 [M]．北京：中国纺织出版社，2002.

[4] 罗巨涛．合成纤维及混纺纤维制品的染整 [M]．北京：中国纺织出版社，2002.

[5] 郑光洪．染料化学 [M]．北京：中国纺织出版社，2001.

[6] 周庭森．蛋白质纤维制品的染整 [M]．北京：中国纺织出版社，2002.

[7] 罗巨涛．染整助剂及其应用 [M]．北京：中国纺织出版社，2002.

[8] 戴铭辛，金灿．染整设备 [M]．北京：高等教育出版社，2002.

[9] 张洵栓．染整概论 [M]．北京：纺织工业出版社，1989.

[10] 杨丹．真丝绸染整 [M]．北京：纺织工业出版社，1983.

[11] 唐人成．双组分纤维纺织品的染色 [M]．北京：中国纺织出版社，2003.

[12] 宋心远．新合纤染整 [M]．北京：中国纺织出版社，1997.

[13] 章杰．禁用染料和环保型染料 [M]．北京：化学工业出版社，2001.

[14] 张世源．生态纺织工程 [M]．北京：中国纺织出版社，2004.

[15] 房宽峻．纺织品生态加工技术 [M]．北京：中国纺织出版社，2001.

[16] 宋心远，沈煜如．新型染整技术 [M]．北京：中国纺织出版社，1999.

[17] 薛迪庚．涤棉混纺织物的染整 [M]．北京：纺织工业出版社，1982.

[18] 吕淑霖．毛织物染整 [M]．北京：中国纺织出版社，2000.

[19] 盛慧英．染整机械设计原理 [M]．北京：纺织工业出版社，1984.

[20] 黄茂福．织物印花 [M]．上海：上海科学技术出版社，1983.

[21] 周宏湘．染整新技术问答 [M]．北京：中国纺织出版社，1998.

[22] 葛明桥．纺织科技前沿 [M]．北京：中国纺织出版社，2004.

[23] 陈立秋．新型染整工艺设备 [M]．北京：中国纺织出版社，2002.

[24] 徐谷仓．染整织物短流程前处理 [M]．北京：中国纺织出版社，1999.

[25] 朱慎林．清洁生产导论 [M]．北京：化学工业出版社，2001.

[26] 李家珍．染料、染色工业废水处理 [M]．北京：化学工业出版社，1997.

[27] 章非娟．工业废水污染防治 [M]．上海：同济大学出版社，2001.

[28] 杨书铭．纺织印染工业废水治理技术 [M]．北京：化学工业出版社，2002.

[29] 黄铭荣．水污染治理工程 [M]．北京：高等教育出版社，1999.

[30] 税永红．纺织工业清洁生产 [N]．成都纺织高等专科学校学报，2002（1）.

[31] 张瑞萍．纺织品的喷墨印花 [N]．南通工学院学报，2003（4）.

[32] 吴卫刚．纺织品标准应用 [M]．北京：中国纺织出版社，2003.

[33] 张晓琴，章杰．节能减排型前处理剂的新发展和应用 [J]．印染助剂，2010，27（6）：1－3.

[34] 李峻，詹勒杲，章玉钢．棉针织物低温漂白前处理工艺 [J]．针织工业，2012（3）：35－39.

［35］姚继明，吴远明．靛蓝染料的生产及应用技术进展［J］．精细与专用化学品，2013，21（4）：13－17.

［36］章建新，等．液体分散染料的研究动态［C］．2012上海涂料染料行业协会年会论文．

［37］李维贤，师严明．香云纱工艺——一种古老的环保涂层技术［J］．广西民族大学学报（自然科学版），2009（7）：38－41.

［38］宋心远．纺织品结构生色印花技术［C］．2006年全国特种印花和特种整理学术交流论文集．

［39］梁少华．激光表面处理技术在纺织品上的应用［J］．印染，2001，27（4）：50－52.

［40］陈鸿明．浅淡激光在染整行业的应用［C］．“信龙杯”2010年江苏印染学术年会交流论文集．

［41］李珂，张健飞．纺织品泡沫染整加工技术［J］．针织工业，2009（3）：36－41.

［42］孙天镐．现代纺织品泡沫染整设备及技术应用［J］．天津纺织科技，2009（2）：56－59.

［43］朱虹，孙杰，李剑超．印染废水处理技术［M］．北京：中国纺织出版社，2004.

［44］郑光洪，杨东洁，李远惠．植物染料在天然纤维织物中的媒染染色研究［J］．成都纺织高等专科学校学报，2001（04）：8－10.

［45］郑光洪，印飞雪，李振华，等．姜黄在苎麻染色中的应用研究［J］．染料工业，2000（01）：33－35.

［46］郑光洪，任建华，余荣沾．基于激光的纺织品无水印花技术研究［C］．东升数码杯节能减排与印染新技术交流会资料集，2013.

［47］胡毅，刘治君，李晓岩，等．激光雕花技术在服装产品开发中的应用研究［J］．染整技术，2016（06）：30－35.

［48］任建华，郑光洪，李远惠．数码喷墨印花技术研究现状及发展趋势［J］．成都纺织高等专科学校学报，2016（01）：172－176.

［49］郑光洪，蒋学军，赵习．超临界CO_2技术在制备电磁屏蔽材料中的应用［J］．印染，2011（09）：14－18.

［50］郑光洪，蒋学军，陈敏．成衣染整技术［M］．北京：中国纺织出版社，2013.

［51］李国峰．牛仔成衣洗水实用技术［M］．北京：中国纺织出版社，2014.

［52］林丽霞，刘千民．牛仔产品加工技术［M］．上海：东华大学出版社，2009.

附　录

附录一　纺织染整工业水污染物排放标准 GB 4287—2012（摘录）

为贯彻《中华人民共和国环境保护法》、《中华人民共和国水污染防治法》和《中华人民共和国海洋环境保护法》、《国务院关于加强环境保护重点工作的意见》等法律、法规和《国务院关于编制全国主体功能区规划的意见》，保护环境、防止污染，促进纺织染整行业生产工艺和污染治理技术的进步，制定本标准。

本标准规定了纺织染整工业企业生产过程中水污染物排放限值、监测和监控要求。

本标准中的污染物排放浓度均为质量浓度。

纺织染整工业企业排放大气污染物（含恶臭污染物）、环境噪声适用相应的国家污染物排放标准，产生固体废物的鉴别、处理和处置适用国家固体废物污染控制标准。

地方省级人民政府对本标准未作规定的 TOC 等污染物项目，可以制定地方污染环境物排放标准；对本标准已作规定的污染物项目，可以制定严于本标准的地方污染物排放标准。

本标准自 2013 年 1 月 1 日起实施。

1　适用范围

本标准规定了纺织染整工业企业生产过程中水污染物排放限值、监测和监控要求，以及标准的实施与监督等相关规定。

本标准适用于现有纺织染整工业企业或生产设施的水污染物排放管理。

本标准适用于对纺织染整工业企业建设项目的环境影响评价、环境保护设施设计、竣工环境保护验收及其投产后的水污染物排放管理。

本标准适用于法律允许的污染物排放行为。新设立污染源的选址和特殊保护区内现有污染源的管理，按照《中华人民共和国水污染防治法》和《中华人民共和国海洋环境保护法》、《中华人民共和国环境影响评价法》等法律、法规、规章的相关规定执行。

本标准不适用于洗毛、麻脱胶、煮茧和化学纤维等纺织用原料的生产工艺水污染物排放管理。

本标准规定的水污染物排放控制要求适用于企业直接或间接向其法定边界外排放水污染物的行为。

2　规范性引用文件

本标准内容引用了下列文件或其中的条款。凡是不注日期的引用文件，其有效版本适用于本标准。

GB/T 6920—1986《水质　pH 值的测定　玻璃电极法》

GB/T 7467—1987《水质　六价铬的测定　二苯碳酰二肼分光光度法》

GB/T 11889—1989《水质　苯胺的测定　*N* -（1 - 萘基）乙二胺偶氮分光光度法》

GB/T 11893—1989《水质　总磷的测定　钼酸铵分光光度法》

GB/T 11901—1989《水质　悬浮物的测定　重量法》

GB/T 11903—1989《水质　色度的测定》

GB/T 11914—1989《水质　化学需氧量的测定　重铬酸钾法》

HJ 505—2009《水质　五日生化需氧量（COD_5）的测定　稀释与接种法》

HJ 535—2009《水质　氨氮的测定　纳氏试剂比色法》

HJ 551—2009《水质　二氧化氯的测定　碘量法（暂行）》

HJ 636—2009《水质　总氮的测定　碱性过硫酸钾消解紫外分光光度法》

FZ/T 01002—2010《印染企业综合能耗计算办法及基本定额》

《污染源自动监控管理办法》（国家环境保护总局令第 28 号）

《环境监测管理办法》（国家环境保护总局令第 39 号）

3　术语和定义

3.1　纺织染整。对纺织材料（纤维、纱、线和织物）进行以染色、印花、整理为主的处理工艺过程，包括预处理（不含洗毛、麻脱胶、煮茧和化纤等纺织用原料的生产工艺）、染色、印花和整理。纺织染整俗称印染。

3.2　标准品。机织物标准品为布幅宽度 152cm、布重 10 ~ 14kg/100m 的棉染色合格产品；真丝绸机织物标准品为布幅宽度 114cm、布重 6 ~ 8kg/100m 的染色合格产品；针织、纱线标准品为棉浅色染色产品；毛织物标准品布幅按 1500cm、布重 30kg/100m 折算。

3.3　现有企业。指在本标准实施之日前，已建成投产或环境影响评价文件已通过审批的纺织染整企业或生产设施。

3.4　新建企业。指在本标准实施之日起，环境影响评价文件通过审批的新建、改建和扩建的纺织染整生产设施建设项目。

3.5　排水量。指生产设施或企业向企业法定边界以外排放的废水的量，包括与生产有直接或间接关系的各种外排废水（含厂区生活污水、冷却废水、厂区锅炉和电站排水等）。

3.6　单位产品基准排水量。指用于核定水污染物排放浓度而规定的生产单位印染产品的废水排放量上限值。

3.7　直接排放。指排污单位直接向环境排放水污染物的行为。

3.8　间接排放。指排污单位向公共污水处理系统排放水污染物的行为。

3.9 公共污水处理系统。指通过纳污管道等方式收集废水，为两家排污单位提供废水处理服务并且排水能够达到相关排放标准要求的企业或机构，包括各种规模和类型的城镇污水处理厂、区域（包括各类工业园区、开发区、工业聚集地等）废水处理厂等，其废水处理程度应达到二级或二级以上。

4 污染物排放控制要求

4.1 自2013年1月1日起至2014年12月31日止，现有企业执行表1规定的水污染物排放限值。

表1 现有企业水污染物排放浓度限值及单位产品基准排水量

单位：mg/L（pH值、色度除外）

序号	污染物项目	限值		污染物排放监控位置
		直接排放	间接排放	
1	pH值	6~9	6~9	企业废水总排放口
2	化学需氧量（COD_{cr}）	100	200	
3	五日生化需氧量	25	50	
4	悬浮物	60	100	
5	色度	70	80	
6	氨氮	12 20①	20 30①	
7	总氮	20 35①	30 50①	
8	总磷	1.0	1.5	
9	二氧化氯	0.5	0.5	
10	可吸附有机卤素（AOX）	15	15	
11	硫化物	1.0	1.0	
12	苯胺类	1.0	1.0	
13	六价铬	0.5		车间或生产设施废水排放口
单位产品基准排水量（m^3/t标准品）②	棉、麻、化纤及混纺机织物	175		排水量计量位置与污染物排放监控位置相同
	真丝绸机织物（含练白）	350		
	纱线、针织物	110		
	精梳毛织物	560		
	粗梳毛织物	640		

① 蜡染行业执行该限值。

② 当产品不同时，可按FZ/T 01002—2010进行换算。

4.2 自2015年1月1日起，现有企业执行表2规定的水污染物排放限值。

4.3 自2013年1月1日起，新建企业执行表2规定的水污染物排放限值。

表2 新建企业水污染物排放浓度限值及单位产品基准排水量

单位：mg/L（pH值、色度除外）

<table>
<tr><th rowspan="2">序号</th><th rowspan="2">污染物项目</th><th colspan="2">限值</th><th rowspan="2">污染物排放监控位置</th></tr>
<tr><th>直接排放</th><th>间接排放</th></tr>
<tr><td>1</td><td>pH值</td><td>6~9</td><td>6~9</td><td rowspan="12">企业废水总排放口</td></tr>
<tr><td>2</td><td>化学需氧量（COD_{cr}）</td><td>80</td><td>200</td></tr>
<tr><td>3</td><td>五日生化需氧量</td><td>20</td><td>50</td></tr>
<tr><td>4</td><td>悬浮物</td><td>50</td><td>100</td></tr>
<tr><td>5</td><td>色度</td><td>50</td><td>80</td></tr>
<tr><td>6</td><td>氨氮</td><td>10
15①</td><td>20
30①</td></tr>
<tr><td>7</td><td>总氮</td><td>15
25①</td><td>30
50①</td></tr>
<tr><td>8</td><td>总磷</td><td>0.5</td><td>1.5</td></tr>
<tr><td>9</td><td>二氧化氯</td><td>0.5</td><td>0.5</td></tr>
<tr><td>10</td><td>可吸附有机卤素（AOX）</td><td>12</td><td>12</td></tr>
<tr><td>11</td><td>硫化物</td><td>0.5</td><td>0.5</td></tr>
<tr><td>12</td><td>苯胺类</td><td>不得检出</td><td>不得检出</td></tr>
<tr><td>13</td><td>六价铬</td><td colspan="2">不得检出</td><td>车间或生产设施废水排放口</td></tr>
<tr><td rowspan="5">单位产品基准排水量（m^3/t标准品）②</td><td>棉、麻、化纤及混纺机织物</td><td colspan="2">140</td><td rowspan="5">排水量计量位置与污染物排放监控位置相同</td></tr>
<tr><td>真丝绸机织物（含练白）</td><td colspan="2">300</td></tr>
<tr><td>纱线、针织物</td><td colspan="2">85</td></tr>
<tr><td>精梳毛织物</td><td colspan="2">500</td></tr>
<tr><td>粗梳毛织物</td><td colspan="2">575</td></tr>
</table>

① 蜡染行业执行该限值。

② 当产品不同时，可按FZ/T 01002—2010进行换算。

4.4 根据环境保护工作的要求，在国土开发密度已经较高、环境承载能力开始减弱，或环境容量较小、生态环境脆弱，容易发生严重环境污染问题而需要采取特别保护措施的地区，应严格控制企业的污染物排放行为，在上述地区的企业执行表3规定的水污染物特别排放限值。

执行水污染物特别排放限值的地域范围、时间，由国务院环境保护行政主管部门或省级人民政府规定。

表3　水污染物特别排放限值

单位：mg/L（pH值、色度除外）

<table>
<tr><th rowspan="2">序号</th><th rowspan="2">污染物项目</th><th colspan="2">限值</th><th rowspan="2">污染物排放监控位置</th></tr>
<tr><th>直接排放</th><th>间接排放</th></tr>
<tr><td>1</td><td>pH值</td><td>6～9</td><td>6～9</td><td rowspan="12">企业废水总排放口</td></tr>
<tr><td>2</td><td>化学需氧量（COD_{cr}）</td><td>60</td><td>80</td></tr>
<tr><td>3</td><td>五日生化需氧量</td><td>15</td><td>20</td></tr>
<tr><td>4</td><td>悬浮物</td><td>20</td><td>50</td></tr>
<tr><td>5</td><td>色度</td><td>30</td><td>50</td></tr>
<tr><td>6</td><td>氨氮</td><td>8</td><td>10</td></tr>
<tr><td>7</td><td>总氮</td><td>12</td><td>15</td></tr>
<tr><td>8</td><td>总磷</td><td>0.5</td><td>0.5</td></tr>
<tr><td>9</td><td>二氧化氯</td><td>0.5</td><td>0.5</td></tr>
<tr><td>10</td><td>可吸附有机卤素（AOX）</td><td>8</td><td>8</td></tr>
<tr><td>11</td><td>硫化物</td><td>不得检出</td><td>不得检出</td></tr>
<tr><td>12</td><td>苯胺类</td><td>不得检出</td><td>不得检出</td></tr>
<tr><td>13</td><td>六价铬</td><td colspan="2">不得检出</td><td>车间或生产设施废水排放口</td></tr>
<tr><td rowspan="5">单位产品基准排水量（m^3/t标准品）①</td><td>棉、麻、化纤及混纺机织物</td><td colspan="2">140</td><td rowspan="5">排水量计量位置与污染物排放监控位置相同</td></tr>
<tr><td>真丝绸机织物（含练白）</td><td colspan="2">300</td></tr>
<tr><td>纱线、针织物</td><td colspan="2">85</td></tr>
<tr><td>精梳毛织物</td><td colspan="2">500</td></tr>
<tr><td>粗梳毛织物</td><td colspan="2">575</td></tr>
</table>

① 当产品不同时，可按FZ/T 01002—2010进行换算。

4.5　水污染物排放浓度限值适用于单位产品实际排水量不高于单位基准排水量的情况。若单位产品实际排水量超过单位产品基准排水量，须按式（1）将实测水污染物浓度换算为水污染物基准排水量排放浓度，并以水污染物基准水量排放浓度作为判定排放是否达标的依据。产品产量和排水量统计周期为一个工作日。

在企业的生产设施同时生产两种以上产品、可适用不同排放控制要求或不同行业国家污染物排放标准，且生产设施产生的污水混合处理排放的情况下，应执行排放标准中规定的最严格的浓度限值，并按式（1）换算水污染物基准排水量排放浓度。

$$\rho_{基} = \frac{Q_{总}}{\sum Y_i \cdot Q_{i基}} \times \rho_{实} \qquad (1)$$

式中：$\rho_{基}$——水污染物基准排水量浓度，mg/L；

$Q_{总}$——排水总量，m^3；

Y_i——某种产品产量，t；

$Q_{i基}$——某种产品单位产品基准排水量，m^3/t；

$\rho_{实}$——实测水污染物排放浓度，mg/L。

若 $Q_{总}$ 与 $\sum Y_i \cdot Q_{i基}$ 的比值小于1，则以水污染物实测浓度作为判定排放量是否达标的依据。

5　污染物监测要求

5.1　对企业排放废水的采样，应根据监测污染物的种类，在规定的污染物排放监控位置进行，有废水处理设施的，应在处理设施后监控。企业应按照国家有关污染源监测技术规范的要求设置采样口，在污染物排放监控位置应设置排污口标志。

5.2　新建企业和现有企业安装污染物排放自动监控设备的要求，按有关法律和《污染源自动监控管理办法》的规定执行。

5.3　对企业污染物排放情况进行监测的频次、采样时间等要求，按国家有关污染源监控技术规范的规定执行。

5.4　企业产品产量的核定，以法定报表为依据。

5.5　企业应按照有关法律和《环境监测管理办法》的规定，对排污状况进行监测，并保存原始监测记录。

5.6　对企业排放水污染物浓度的测定采用表4所列的方法标准。

表4　水污染物浓度测定方法标准

序号	污染物项目	方法标准名称	方法标准编号
1	pH值	水质　pH值的测定　玻璃电极法	GB/T 6920—1986
2	化学需氧量（COD_{cr}）	水质　化学需氧量的测定　重铬酸钾法	GB/T 11914—1989
3	五日生化需氧量	水质　五日生化需氧量（COD_5）的测定　稀释与接种法	HJ 505—2009
4	悬浮物	水质　悬浮物的测定　重量法	GB/T 11901—1989
5	色度	水质　色度的测定	GB/T 11903—1989
6	氨氮	水质　氨氮的测定　纳氏试剂比色法	HJ 535—2009
		水质　氨氮的测定　水杨酸分光光度法	HJ 536—2009
		水质　氨氮的测定　蒸馏—中和滴定法	HJ 537—2009
		水质　氨氮的测定　气相分子吸收光谱法	HJ/T 195—2005
7	总氮	水质　总氮的测定　碱性过硫酸钾消解紫外分光光度法	HJ 636—2009
		水质　总氮的测定　气相分子吸收光谱法	HJ/T 199—2005
8	总磷	水质　总磷的测定　钼酸铵分光光度法	GB/T 11893—1989
9	二氧化氯	水质　二氧化氯的测定　碘量法（暂行）	HJ 551—2009
10	可吸附有机卤素（AOX）	水质　可吸附有机卤素（AOX）的测定　离子色谱法	HJ/T 83—2001
11	硫化物	水质　硫化物的测定　碘量法	HJ/T 60—2000

续表

序号	污染物项目	方法标准名称	方法标准编号
12	苯胺类	水质　苯胺的测定　*N*－（1－萘基）乙二胺偶氮分光光度法	GB/T 11889—1989
13	六价铬	水质　六价铬的测定　二苯碳酰二肼分光光度法	GB/T 7467—1987

6　实施与监督

6.1　本标准由县级以上人民政府环境保护行政主管部门负责监督实施。

6.2　在任何情况下，企业均应遵守本标准的污染物排放控制要求，采取必要措施保证污染防治设施正常运行。各级环保部门在对设施进行监督性检查时，可以现场即时采样或监测的结果，作为判定排污行为是否符合排放标准以及实施相关环境保护管理措施的依据。在发现企业耗水或排水量有异常变化的情况下，应核定企业的实际产品产量和排水量，按本标准的规定，换算水污染物基准水量排放浓度。

附录二　印染行业准入条件
2010 年修订版（摘要）

为加快印染行业结构调整，推进行业节能减排和可持续发展，根据国家有关法律、法规和产业政策，现对 2008 年发布的印染行业准入条件进行修订。

一、生产企业布局

（一）各省、自治区、直辖市有关部门要根据资源、能源状况和市场需求，科学规划印染行业发展。新建或改扩建印染项目必须符合国家产业规划和产业政策，符合本地区生态环境规划和土地利用总体规划要求。

（二）在国务院、国家有关部门和省（自治区、直辖市）级人民政府规定的风景名胜区、自然保护区、饮用水保护区和主要河流两岸边界外规定范围内不得新建印染项目；已在上述区域内投产运营的印染生产企业要根据区域规划和保护生态环境的需要，依法通过关闭、搬迁、转产等方式限期退出。

（三）缺水或水质较差地区原则上不得新建印染项目。水源相对充足地区新建印染项目，地方政府相关部门要科学规划，合理布局，必须在工业园区内集中建设，实行集中供热和污染物的集中处理。缺少环境容量地区，要限制发展印染项目，新建或改扩建项目要与淘汰区域内落后产能相结合。工业园区外企业要逐步搬迁入园，原地改扩建项目，不得增加污染物排放量。

二、工艺与装备要求

（一）新建或改扩建印染项目要采用先进的工艺技术，采用污染强度小、节能环保的设备，主要设备参数要实现在线检测和自动控制。禁止选用列入《产业结构调整指导目录》限制类、淘汰类的落后生产工艺和设备，限制采用使用年限超过 5 年以及达不到节能环保要求的二手前处理、染色设备。

新建或改扩建印染生产线总体水平要接近或达到国际先进水平（棉、化纤及混纺机织物印染项目设计建设要执行 GB 50426—2007《印染工厂设计规范》）。

（二）新建或改扩建印染项目应优先选用高效、节能、低耗的连续式处理设备和工艺；连续式水洗装置要求密封性好，并配有逆流、高效漂洗及热能回收装置；间歇式染色设备浴比要能满足 1∶8 以下的工艺要求；拉幅定形设备要具有温度、湿度等主要工艺参数在线测控装置，具有废气净化和余热回收装置，箱体隔热板外表面与环境温差不大于 15℃。

（三）现有印染企业要加大技术改造力度，逐步淘汰使用年限超过 15 年的前处理设备、热风拉幅定形设备以及浴比大于 1∶10 的间歇式染色设备，淘汰流程长、能耗高、污染大的落后工艺。支持采用先进技术改造提升现有设备工艺水平，凡有落后生产工艺和设备的企业，必须与淘汰落后结合才可允许改扩建。

三、质量与管理

（一）印染企业要开发生产低消耗、低污染、符合市场需求的产品，鼓励采用新技术、新工艺、新设备、新材料开发具有自主知识产权、高附加值的纺织产品。产品质量要符合国家或行业标准要求，产品合格品率达到95%以上。

（二）印染企业应实行三级用能、用水计量管理，设置专门机构或人员对能源、取水、排污情况进行监督，并建立管理考核制度和数据统计系统。

（三）印染企业要加强管理，健全企业管理制度。鼓励企业进行质量、环境以及职业健康等管理体系认证，支持企业采用信息化管理手段提高企业管理效率和水平。

四、资源消耗

（一）新建或改扩建印染项目单位产品能耗和新鲜水取水量要达到规定要求（详见表1）。

表1　新建或改扩建印染项目印染加工过程综合能耗及新鲜水取水量

分类	综合能耗	新鲜水取水量
棉、麻、化纤及混纺机织物	≤35 千克标煤/百米	≤2 吨水/百米
纱线、针织物	≤1.2 吨标煤/吨	≤100 吨水/吨
真丝绸机织物（含练白）	≤40 千克标煤/百米	≤2.5 吨水/百米
精梳毛织物	≤190 千克标煤/百米	≤18 吨水/百米

注　（1）机织物标准品为布幅宽度152cm、布重10～14kg/100m的棉染色合格产品，真丝绸机织物标准品为布幅宽度114cm、布重6～8kg/100m的染色合格产品，当产品不同时，可按相关标准进行换算。

（2）针织或纱线标准品为棉浅色染色产品，当产品不同时，可按相关标准进行换算。

（3）精梳毛织物印染加工指从毛条经过条染复精梳、纺纱、织布、染整、成品入库等工序加工成合格毛织品精梳织物的全过程。粗梳毛织物单位产品能耗按照精梳毛织物1.3系数折算，新鲜水取水量按照1.15系数折算。

（二）现有印染企业应加快技术改造，单位产品能耗和新鲜水取水量要达到规定要求（详见表2）。

表2　现有印染企业印染加工过程综合能耗和新鲜水取水量

分类	综合能耗	新鲜水取水量
棉、麻、化纤及混纺机织物	≤42 千克标煤/百米	≤2.5 吨水/百米
纱线、针织物	≤15 吨标煤/吨	≤130 吨水/吨
真丝绸机织物（含练白）	≤45 千克标煤/百米	≤3.0 吨水/百米
精梳毛织物	≤230 千克标煤/百米	≤20 吨水/百米

注　（1）机织物标准品为布幅宽度152cm、布重10～14kg/100m的棉染色合格产品，真丝绸机织物标准品为布幅宽度114 cm、布重6～8kg/100m的染色合格产品，当产品不同时，可按相关标准进行换算。

（2）针织或纱线标准品为棉浅色染色产品，当产品不同时，可按相关标准进行换算。

（3）精梳毛织物印染加工指从毛条经过条染复精梳、纺纱、织布、染整、成品入库等工序加工成合格毛织品精梳织物的全过程。粗梳毛织物单位产品能耗按照精梳毛织物1.3系数折算，新鲜水取水量按照1.15系数折算。

五、环境保护与资源综合利用

（一）新建或改扩建印染项目环保设施要按照《纺织工业企业环保设计规范》（GB 50425—2007）的要求进行设计和建设，执行环保设施与主体工程同时设计、同时施工、同时投产的“三同时”制度。印染废水原则上应自行处理或接入集中工业废水处理设施，不得接入城镇污水处理系统，确需接入城镇污水处理系统的，须报经城镇污水处理行业主管部门充分论证，领取《城市排水许可证》后方可接入。接入城镇污水处理系统的印染企业，其排放的废水污染物指标要达到集中废水处理厂或《污水排入城市下水道水质标准》规定的要求。直接排入水体的印染企业，其排放的废水必须达到国家和地方纺织染整工业水污染物排放标准的控制要求。要采用高效节能的污泥处理工艺，实现污泥资源化和无害化处理。

（二）现有印染企业要具备废水、固体废弃物处理条件，加强废水处理及运行中的水质分析和监控，对废水及固体废弃物进行综合治理，废水排放实行在线监控。废水处理设施不能正常运行和废水排放不达标的企业，经有关部门限期整改仍不能达标的，不得继续从事生产活动。

（三）印染企业要按照环境友好和资源综合利用的原则，选择可生物降解（或易回收）浆料的坯布；使用生态环保型、高上染率染化料和高性能助剂；完善冷却水、冷凝水及余热回收装置；丝光工艺必须配置碱液自动控制和淡碱回收装置；实行生产排水清浊分流、分质处理、分质回用，水重复利用率要达到35%以上。

（四）印染企业要采用可持续发展的清洁生产技术，提高资源利用效率，从生产的源头控制污染物产生量。印染企业要依法定期实施清洁生产审核，按照有关规定开展能源审计，不断提高企业清洁生产水平。

六、安全生产与社会责任

（一）新建或改扩建印染项目要按照《纺织工业企业安全设计标准》的要求，建设安全生产设施，并按照国家有关规定和要求，进行安全预评价和安全设施竣工验收，确保安全设施与主体工程同时设计、同时施工、同时投入生产和使用。

（二）鼓励印染企业按照《纺织企业社会责任管理体系》（CSC 9000 - T）的要求，保障劳动者和消费者权益，履行社会责任。

七、监督管理

（一）新建和改扩建印染项目必须符合本准入条件。项目的投资备案、项目建设、土地供应、环评审批、安全许可、信贷融资等管理要依据本准入条件。新建和改扩建项目要在省级投资或工业管理部门备案。项目环境影响评价报告由省级工业管理部门提出预审意见后，报省级环境保护主管部门审批。

（二）投资、工业、国土资源、环境保护、住房和城乡建设、安全监管等管理部门，要依法加强对新建和改扩建印染项目的监督检查，凡不符合准入条件规定的，不得办理相关许可手续。新建或改扩建印染项目达到准入条件并办理相关许可手续后，才能生产运营。对于违反规定的，有关部门要责令其及时改正，并依法严肃处理。

（三）各级工业管理部门要加强对印染行业的管理，督促现有企业按照准入条件要求，加快技术改造，加快淘汰落产能，规范企业各项管理。根据企业申请并经省级工业管理部门核实，国家工业管理部门对符合准入条件的印染企业定期进行公告。

（四）有关行业协会要宣传国家产业政策，加强行业指导和行业自律，推进印染行业技术进步，协助政府有关部门做好行业监督、管理工作。

八、附则

（一）本准入条件适用于中华人民共和国境内（港澳台地区除外）各类所有制的印染企业，具有印染能力的棉纺织、毛纺织、麻纺织、丝绸、色织、针织等企业。

（二）本准入条件采用的标准或数据如有修订，从其规定。

（三）本准入条件自2010年6月1日起实施，2008年2月4日公布的《印染行业准入条件》同时废止。

（四）本准入条件由工业和信息化部负责解释。